# 石化荣光

《石化荣光》编委会 编

中国石化出版社
HTTP://WWW.SINOPEC-PRESS.COM

图书在版编目（CIP）数据

石化荣光 /《石化荣光》编委会编 . — 北京：中国石化出版社，2021.9（2022.3 重印）
ISBN 978-7-5114-5663-2

Ⅰ . ①石… Ⅱ . ①石… Ⅲ . ①石油化工行业—经济史—中国 Ⅳ . ① F426.22

中国版本图书馆 CIP 数据核字（2021）第 174738 号



**中国石化出版社出版发行**
地址：北京市东城区安定门外大街 58 号
邮编：100011　电话：（010）57512500
发行部电话：（010）57512575
http：//www. sinopec-press. com
E-mail：press@ sinopec. com
北京世纪恒宇印刷有限公司印刷
*
889 × 1194 毫米　16 开本　19.5 印张　425 千字
2021 年 11 月第 1 版　2022 年 3 月第 2 次印刷
定价：198.00 元

# 前言
## Preface

习近平总书记在庆祝中国共产党成立100周年大会上的讲话中指出，我们要用历史映照现实、远观未来，从中国共产党的百年奋斗中看清楚过去我们为什么能够成功、弄明白未来我们怎样才能继续成功，从而在新的征程上更加坚定、更加自觉地牢记初心使命、开创美好未来。

中国石化作为党中央缔造的企业，成立38年来，牢记“爱我中华、振兴石化”的光荣使命，以党的旗帜为旗帜、以党的方向为方向、以党的意志为意志，始终从党和国家大局谋划发展，艰苦创业、不懈奋斗，走过了一条产业报国之路、自立自强之路、同心拼搏之路，为构建现代石化工业体系、保障国家能源安全、改善人民群众生活、促进经济社会发展作出了历史性贡献。

在筚路蓝缕的创业过程中，中国石化紧扣时代发展脉搏，站在行业发展前沿，担当使命、勇立潮头，开拓进取、敢于创新，各领域都取得了世人瞩目的辉煌成就，更创造了诸多具有开创意义的“第一”，引领并推动石油石化行业成为国民经济支柱产业，成为国家经济实力、科技实力、综合国力的重要组成部分。这是全体中国石化人的荣光，我们深感骄傲、自豪。

今年是中国共产党成立100周年，也是中国石化全面实施世界领先发展方略的起步之年。我们以庆祝建党100周年和开展党史学习教育为契机，深入挖掘并汇编中国石化成立以来在生产经营、工程建设、科技创新、环境保护等领域的引领性成就，目的是彰显中国石化人敢为人先、开拓进取的责任担当，充分激发干部员工“站排头、争第一”的精气神，满怀信心投身打造世界领先洁净能源化工公司新征程。

当今世界正经历百年未有之大变局，我国已转向高质量发展阶段，中国石化正处于从大起来向强起来、优起来迈进的关键时期。让我们从历史中汲取前行的力量，传承石油精神、弘扬石化传统，锐意进取、接续奋斗，沿着党中央指引的方向，立足新发展阶段，贯彻新发展理念，着眼新发展格局，把中国石化事业推向新境界，为实现第二个百年奋斗目标、实现中华民族伟大复兴作出更大的贡献。

编 委 会

2021年7月

# 目录 Contents

## 一　油气与新能源 / 001

## 二　炼油与销售 / 049



## 三　化工与材料 / 089

## 六　基础设施 / 237



## 七　绿色发展 / 267



## 附　录 / 291

# 一

# 油气与新能源

# 创业 60 年产油超 12 亿吨大油田
## ——胜利油田

1961年4月16日，在华北平原山东东营地区钻探的华8井获得工业油流，标志着胜利油田发现。20世纪60年代末胜利油田初成规模，1978年原油产量达1946万吨，成为全国第二大油田；1987年原油产量突破3000万吨，连续9年实现3000万吨以上高产；1996年进入稳产期，连续20年保持在2700万吨以上；目前年产量稳定在2340万吨以上。截至2021年4月累计生产原油12.5亿吨，油气水井总数达4.62万口。

胜利油田工作区域分为东西部两个油区，先后发现油气田81个。东部油区主要分布在山东省内，主体部分位于东营市，地质单元属于渤海湾盆地济阳坳陷；西部油区分布在新疆、青海、甘肃、宁夏4个省（自治区），主要工区位于准噶尔盆地。

### 背景

新中国成立之初，石油工业十分薄弱，国防和经济建设迫切需要解决石油短缺问题。按照党中央要求，自1955年起针对华北平原有序展开石油地质普查和勘探工作。1961年4月16日华8井试油日产8.1吨，这是华北平原第一股工业油流。经过两年多地球物理普查和钻探，到1963年下半年已有10多口探井出油。1964年1月25日，党中央批准原石油工业部党组《关于组织华北石油勘探会战的报告》，指出华北石油勘探会战是继大庆油田大会战之后的又一次重要的会战。胜利油田的实践证明，陆相小湖盆能形成多种类型的高产大油田，打开了华北平原石油勘探开发局面。党的十一届三中全会以来，胜利油田在党中央改革开放方针指引下，为我国年产原油上亿吨、跻身世界产油大国作出了重要贡献。2011年，胜利油田发现50周年、产油10亿吨，习近平、李克强等党和国家领导人作出重要批示，高度评价胜利油田的成就和贡献，并提出了殷切期望。进入新时代，习近平总书记2014年6月提出“四个革命、一个合作”能源安全新战略，2018年7月21日作出大力提升勘探开发力度、保障国家能源安全的重要指示，为油田可持续高质量发展注入了强大动力。60年来，胜利油田始终牢记“我为祖国献石油”的光荣使命，坚定“以国为重、产业报国”的信念，艰苦创业，勇挑重担，为保障国家能源安全、促进经济社会建设作出了重大贡献。

### 油田勘探

60年来，胜利油田针对不同时期不同油藏特点，持续发展完善适用自身地质特点的勘探理论和技术，不断提高资源发现能力，推进高质量勘探。

1961年4月16日，华北平原打出第一口工业油流井——华8井

创业起步时期，以背斜理论和陆相生油为指导，秉持“区域展开、重点突破、各个歼灭”理念，以东营凹陷为重点，组织三次大会战，使黄河以南地区初具规模，先后发现胜坨、东辛等近40个油田，累计探明储量11亿吨。到20世纪80年代，首创“复式油气聚集（区）带勘探理论”，实现了勘探领域的第二次历史跨越，相继探明孤东、埕岛等30多个油气田，累计新增探明石油地质储量25亿吨。进入21世纪，创新“陆相断陷盆地隐蔽油气藏勘探理论”及配套技术，明确“主攻隐蔽，拓展潜山，持续发展”路径，实现了隐蔽油气藏勘探由“碰”到“找”、由“定性预测”到“定量评价”的跨越，探井成功率大幅提高20%以上，累计新增探明储量19亿吨，持续夯实资源基础。

## 油田开发

胜利油田针对复杂油田特点，依靠理论突破和科技进步，大胆探索、创新实践，推动可持续效益开发。开发初期，整体开发胜坨油田，形成了多层砂岩油藏注水开发技术，年产油量最高达643万吨；探索开发东辛油田，推进复杂断块油田滚动勘探开发，年产油量最高达328万吨；精细开发孤岛油田，高效开发稠油出砂油田，年产油量最高达474万吨。分阶段累计动用储量9亿吨，年产油最高达1946万吨。

1981年开始，油田贯彻落实亿吨原油产量包干政策，实施高节奏、高强度、高速度的开发建设，配套研发和应用适合复式油气区油田开发的钻采工艺技术，相继展开孤东、滨海上产等大会战，创建了油田高速高效开发模式。同时加强和改进老区开发，组织水驱油机理、开发技术政策界限研究，成功探索出油藏描述、水平井等开发技术和方式。1987年原油产量首次突破3000万吨，1991年最高年产原油3355.2万吨。

20世纪90年代末，针对新发现的低渗、稠油和复杂小断块油藏，以及老油田进入高含水、高采出程度、高剩余速度的“三高”阶段，创新形成不同油藏类型开发动用和调整模式；“十三五”以来，坚持一切工作向价值创造聚焦，以变革性思维和举措实施流程再造、组织重构、资源优化，深度推进油藏经营管理，开发质量持续提高。发展陆相水驱剩余油富集理论及配套开发技术，老油田递减率从“九五”的4.7%下降到2.2%；创新高温高盐油藏驱油剂加合增效理论及化学驱油开发，2002—2015年产油连续14年保持在300万吨以上；创新稠油化学蒸汽驱油理论及配套热采开发，“十五”以来实现产量翻两番，形成500万吨年产油能力，年产油占全国稠油产量的1/3；攻关形成低渗透油藏渗流机理认识及配套技术，低渗透油藏实现跨越式发展，年产油达400万吨规模。

## 科技创新

胜利油田主体部分属于多种油藏类型和多构造、多层系、多原油性质的陆相复式油气区，地下构造十分复杂，就像“一个摔碎了的盘子，又被人踢了一脚”，被称为“石油地质大观园”，涵盖世界上2/3以上的油藏类型。60年来，胜利油田坚持科技进步和创新驱动，着力在油气勘探最有潜力的目标抓突破，在油气开发矛盾最突出的领域抓创新，在生产经营最薄弱的环节抓优化提升，探索创

青东5海油陆采平台

渤海湾盆地复式油气聚集（区）带勘探理论及实践获1985年国家科技进步特等奖

造出一系列具有胜利特色、符合油田实际的勘探开发理论和技术，不断为油田上产、高产、稳产提供强力支撑。一是构建行业领先的基础理论与核心技术体系。勘探上，针对世界级复杂油气田，形成以渤海湾盆地复式油气聚集区地质勘探理论、陆相断陷盆地隐蔽油气藏勘探理论、断陷盆地潜山多样性理论为主的勘探理论体系，其中复式油气区和隐蔽油气藏找油理论分别获国家科技进步特等奖和一等奖，有力指导渤海湾地区勘探开发，丰富发展了我国陆相石油地质理论，为资源稳定接替发挥了重要作用。开发上，针对复杂断块、深层（薄层）稠油、滩浅海、高温高盐油藏化学驱等一系列开发难题，形成以陆相水驱油藏剩余油富集区理论体系和“聚合物加合增效”理论、低渗透油藏开发基础理论为主的开发理论体系，配套攻关开发系列技术，为持续效益开发起到了关键支撑。二是锻造行业知名的“撒手锏”技术品牌。打造出单点高密度地震勘探、隐蔽油气藏勘探、精细油藏描述、复杂断块油藏立体开发、无碱二元复合驱油、非均相复合驱油、稠油热化学开发、非常规勘探开发、二氧化碳捕集利用与封存、滩浅海油藏海工工程等一批具有自主知识产权的油气勘探开发科技利器，提升了核心竞争力，形成了行业发展引领力。截至2020年底，胜利油田累计获得国家级科技奖励122项，省部级奖励942项；申请专利7954件，授权专利5752件，获得中国专利奖19项。

## 成就与影响

胜利油田历经60年的建设发展、创业创新和自我超越，截至2021年4月累计探明石油地质储量55.9亿吨，生产原油12.5亿吨，占全国同期陆上原油产量的1/5，累计创收2.39万亿元、上缴利税1.03万亿元。同时，秉持“在保护中开发，在开发中保护”的理念，把绿色发展贯穿勘探开发全过程，综合“气、水、土”治理，构建光伏、地热、余热等多能互补的能源供给模式，推进全系统降能耗、减损耗、控物耗、减排放，为我国黄河流域生态保护和高质量发展作出了积极贡献。截至2020年底，胜利油田新能源占直接能源消费比例达到5%，年节煤11万吨、减排二氧化碳27万吨。融合生产建设与油区发展，油地联手优化实施合作共建项目，涉及城市建设、经济融合、技术转化、新能源利用、民生建设等多个领域，兴建铁路、公路、机场、海港、大桥、农田水利、防海潮大堤等大型工程，形成工农两利的水、电、路、讯、港配套体系，在黄河入海口建设了一座现代石油新城。

执笔人：兰　峰　胜利油田分公司
审核人：王建勇　油田勘探开发事业部
审定人：蔡勋育　油田勘探开发事业部

# 地质家考场中的水乡油田
## ——江苏油田

江苏油田诞生于20世纪70年代，是孕育在充满水乡情韵的历史文化名城扬州、素有“地质家考场”之称的苏北盆地上的一颗璀璨的石油明珠，享有水乡油田、花园油田美誉。主力油区处于我国南水北调水源地之一的淮河流域，地面水网纵横、村镇密布，年均汛期在150天以上，有近1/2的石油储量和1/3的油水井分布在淮河入江水道和高邮湖、邵伯湖之中。江苏油田始终秉承“绿水青山就是金山银山”理念，大力实施清洁低碳高效勘探开发，是石油石化行业首家获得“绿色工厂”称号的油田企业，2019年荣获新华网举办的“最具影响力绿色发展企业品牌”称号。

位于淮河入江处的高集油田

## 背景

1958年2月，时任中共中央书记处总书记的邓小平同志在听取石油工业部工作汇报时指示:“江苏要是有一吨油，就可以说江苏有石油工业了。苏北如果找到油，年产100万吨，就值得大搞”。20世纪70年代，鉴于苏20井、苏58井相继发现工业油流，为尽快改善我国能源结构，扭转“北煤南运”状况，国务院决定在苏北盆地开展石油大会战，加速江苏地区石油勘探开发。1975年4月23日，江苏石油勘探开发会战指挥部在北京成立，标志着江苏油田诞生，拉开了江苏石油大会战的序幕，一大批有志于石油事业的建设者们，满怀“我为祖国献石油”的豪情壮志，从胜利、新疆、四川、长庆等油田四面八方汇聚到苏北大地，掀开了江苏石油工业历史的崭新一页。

## 油田勘探

江苏油田勘探之路是一条艰苦创业和探索创新之路。面对“小、碎、贫、散”的地质特征，水乡石油人发扬大庆精神、铁人精神，以“有条件要上，没有条件创造条件也要上”的勇气，艰苦奋斗、守正创新，形成了一整套复杂小断块油藏滚动勘探开发一体化技术系列，走出了一条科技找油兴油之路。会战初期，经过五年摸索三次转折，确立了主攻第三系的方向，迎来了第一波储量产量快速增长期。20世纪90年代初，因为斜坡带生油理论创新突破，跳出深凹、走向斜坡，迎来了第二波储量产量跨越式增长。21世纪以来，随着高精度三维采集处理解释一体化技术大发展，打开了隐蔽油藏勘探开发之门，苏北页岩油、天然气等新领域取得突破，成为增储上产的重要接替资源。目前，江苏油田油气勘探领域主要包括苏北盆地第三系及苏皖下扬子中古生界、北部湾盆地徐闻区块、广西百色盆地，共拥有探矿权面积20011平方千米，石油地质资源量6.15亿吨，已探明3亿吨、探明率48.9%。其中，在苏皖地区拥有矿权面积18831平方千米，资源量约5.54亿吨；在广东徐闻、广西百色地区拥有矿权面积共1180平方千米，资源量约0.72亿吨。

## 油田开发

江苏油田开发建设分为五个时期。一是开发建产期、快速上产期、高产稳产期。1975年7月20日，会战第一口井——真6井开钻，试获日产40吨工业油流，标志着江苏石油会战首战告捷，之后陆续发现真武、永安、周庄等一批富集含油区块，到1979年原油年产量达30万吨，1985年跨上50万吨台阶，1995年突破100万吨大关，顺利实现油田第一次党代会提出的“赶玉门、超江汉，原油年产一百万（吨）”的“三步走”目标。1995年12月26日，在北京人民大会堂隆重举行座谈会，热烈祝贺小平同志有关发展江苏石油工业的指示公开发表。随后，江苏油田一步一个脚印向上攀登，2007年到2014年创造了连续七年保持171万吨高产稳产的黄金发展期。二是低油价递减期、止跌反转期。2014年低油价以来，随着主力探区勘探开发程度越来越高，原油年产量从最高171万吨降至最低106万吨。从2020年开始，江苏油田深入贯彻落实习近平总书记大力提升国内油气勘探开发力度的重要指示批示精神，响亮提出“扭亏为盈、稳油争气、常非并进”“三步走”发展愿景，制定“聚焦主业、聚力创新”发展战略，构建“四增四升”发展新格局，目前油气当量保持110万吨向上态势，顺利实现“V”

独具特色的水乡油田

形止跌反转，开启了油田可持续发展新征程。

## 科技创新

江苏油田牢固树立“资源有限、创新无限、挑战极限”理念，始终把科技创新作为攻克瓶颈难题的“金钥匙”。勘探开发技术方面，形成了一整套具有水乡油田特色的复杂小断块油气田滚动勘探开发综合配套技术。其中高精度三维采集处理解释一体化技术，给地层做CT，打开了隐蔽油藏之门；水平井、水平分支井等“撒手锏”技术，使油钻头越来越聪明，把躲在狭窄缝隙的油气也采了出来；丛式井整体开发、大斜度井机械采油、微生物防腐等多项技术处于行业领先地位；油气微生物技术工程研究中心被评为江苏省重点工程研究中心。先后获得国家科技进步奖4项，省部级以上科技进步奖122项，取得国家授权专利309项，2017年进入中国石化创新型企业行列。信息化建设方面，2013年被确定为北斗卫星技术示范应用单位，成为全国石油系统唯一获此资格的油田企业，率先建成具有完全自主知识产权的“勘探开发一体化数据中心及业务协同平台”，全面覆盖油田主营业务，并在中国石化上游板块推广应用，被评为全国“两化”融合先进单位。企业管理和人才队伍方面，持之以恒强“三基”、固根本，探索形成“勘探精查细找、开发精雕细刻、经营精打细算、管理精益求精”的“四精”管理模式；持续加强博士后科研工作站和创新团队建设，2013年油田博士后工作站

被评为江苏省优秀博士后科研工作站，2017年作为扬州首家站点被授予江苏省示范博士后科研工作站称号。目前共有博士28人、硕士395人、大学以上文化程度2712人，先后有19人享受国务院政府特殊津贴，17人被评为中国石化突出贡献专家，29人荣获孙越崎、闵恩泽科技人才奖，34人被列为江苏省“333”工程和双创人才计划，37人勇夺全国和中国石化技术比武金奖。

## 成就与影响

江苏油田历经46年开发建设，已成为横跨苏皖两省的重要石油生产基地。截至2020年底，累计生产原油4875万吨、天然气7.74亿立方米，上缴利税484亿元，为保障国家能源安全和地方经济社会发展作出了积极贡献。同时，借助长三角区位优势，积极融入社会市场，加快培育产业优势，业务领域和服务范围延伸到22个省市41个地区，外部市场年收入超过14亿元、年均增长15%以上，以过硬技术和优质服务在社会市场树立了良好口碑。连续33年保持“江苏省文明单位”、连续三届保持“全国文明单位”荣誉称号，两次获得“全国五一劳动”奖状，以实际行动彰显了负责任重担当的央企形象。

执笔人：章　冉、高和兴　江苏油田分公司
审核人：王建勇　油田勘探开发事业部
审定人：蔡勋育　油田勘探开发事业部

# 我国第一个百万吨级浅海大油田
## ——埕岛油田

埕岛油田隶属胜利油田海洋采油厂，位于渤海湾南部的极浅海海域、埕北低凸起的东南端，水深4～20米，区域上为一大型潜山披覆构造，地层呈新近系、古近系、潜山“三层楼”结构特征，共发现有明化镇组、馆陶组、东营组、沙河街组、中生界、古生界、太古界七套含油气层系，已探明石油地质储量4.7亿吨；历经先导试采、快速建产、注水稳产、综合调整+精细注水四个开发阶段，原油产量从10万吨起步，1996年突破100万吨，建成我国第一个百万吨级浅海大油田，2014年迈上300万吨台阶，成为中国石化重要的增储上产阵地。

胜利埕岛油田

## 油田勘探

20世纪60年代，在华北地区相继发现胜利油田、大港油田后，为寻找后备储量，原石油工业部把勘探工作拓展到渤海海域。1975年4月，胜利油田根据陆上勘探形势，把勘探领域扩大到滩海和浅海。1978年11月，胜利1号浅海坐底式钻井平台下水，在埕子口弯弯沟开始海上第一口浅海探井施工，拉开了胜利浅海油田钻探序幕。1988年9月1日，埕北12井试油成功，日产原油107吨、天然气6621立方米，标志着埕岛油田正式发现。同年11月15日，中央人民广播电台报道了埕北海域发现大油田的消息；11月26日，胜利油田将埕北东浅海油田正式命名为“埕岛油田”。

埕岛油田自发现以来，始终坚持走高效勘探、规模增储、效益开发之路。以复式油气成藏理论为指导，先后破解馆陶组窄河道油藏层薄、砂体叠置多样、纵横向变化快、精细刻画难，古近系浊积岩储层埋藏深、相变快、准确描述难，潜山油藏非均质性强、内幕储层构型预测难等技术难题，探井获得工业油流率达50%以上，实现了从构造油藏到岩性油藏，从陆相到海相，从砂泥岩储层到碳酸盐岩、变质岩等复杂油藏的勘探领域扩展。特别是“十三五”步入高成熟勘探阶段以来，年均增储保持在1000万吨以上，多次获中国石化油气勘探商业发现一等奖、中国石化油气勘探重要新发现一等奖，有力支撑了海上原油产量持续稳定增长。

## 油田开发

1994年5月11日，胜利油田海洋石油开发公司（海洋采油厂前身）成立，具体负责埕岛油田的开发建设和管理任务；多年来始终遵循“实践—认识—再实践—再认识”的创新路径，全力推进持续高速高效开发。

20世纪90年代，鉴于国内外尚无成熟的浅海油田开发模式可以借鉴，按照“安全、简易、经济、可靠和重视环保”原则，秉承“稀井高产高速高效”理念，创新“卫星平台——中心平台——陆岸终端”开发建设模式，用4年建产100万吨、7年建产200万吨，实现了产量上得去稳得住、边际油田持续高效开发，胜利油田由此实现了从陆上到海上开发的跨越式发展。“十一五”到“十二五”期间，为破解老区井控剩余储量高、采油速度低、

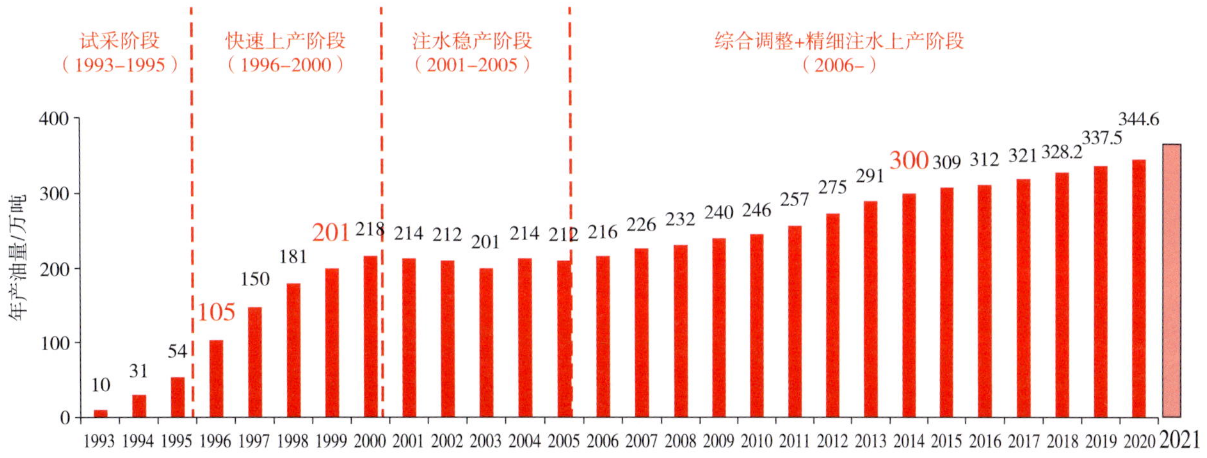

1993—2020年埕岛油田原油年产量

层间矛盾突出等难题，破除海上“开发井网一步到位、稀井高产”等传统认识，实施国内首个海上油田整体加密细分调整工程，覆盖地质储量2亿吨，新增产能233.8万吨，采油速度提高到1.6%，采收率由18.9%提高到39.8%。“十三五”进入高含水阶段以来，按照“科学管理、高效开发、安全绿色”要求，努力做足“水”的文章，全过程强化“水”的管理，实施细分精准注水开发，首创国内空心测调一体化分注工艺，大幅提升开发效果，年均产油增加37万吨，自然递减率控制在7%，桶油成本控制在30美元以下。2021年油气产量预计突破350万吨，成为中国石化产量最高的高效开发油田。

## 科技创新

埕岛油田始终将科技创新作为发展的第一动力，推动关键瓶颈技术攻关，加快科技成果转化应用，构建支撑胜利海上勘探、开发、注采、海工、安全环保和信息的6大技术体系、29个技术系列、147项关键核心技术，形成了胜利特色浅海油田开发技术体系。牵头或参与完成的成果荣获国家科技进步二等奖3项，省部级科技进步奖27项。

埕岛油田开发建设中获国家科技进步奖统计表

| 项目名称 | 获奖年度 | 获奖名称 |
|---|---|---|
| 胜利海上油田高速高效开发与建设 | 2000年 | 国家科技进步二等奖 |
| 浅海导管架式海洋平台浪致过度振动控制技术的研究及工程应用 | 2004年 | 国家科技进步二等奖 |
| 海洋工程安全与防灾若干关键技术及应用 | 2010年 | 国家科技进步二等奖 |

地质勘探上，研究形成河道砂油藏精细勘探技术、浊积岩地震精细描述技术、潜山多参数储层预测技术，有力支撑资源有序接替。油藏开发上，发展浅海特色的稀井网精细油藏描述、井网整体调整、精细注水、油藏动态监测等开发技术，实现海上油田快速高效开发。采油工程上，创新配套大斜度丛式井钻完井工艺、复杂压降剖面油层保护技术，研发长效分层注水管柱、多级测试调配一体化工艺，突破大斜度多层出砂油藏不能分层注水瓶颈，创新集成高密实高导流长效防砂、长寿命高效举升采油工艺。海洋工程上，攻关多井口平台修井作业、管网扩容、高效气液处理等难题，创新形成双侧外挂多井口采修一体化平台、复杂海底油气集输管网布局优化、海上短流程快速高效分水等海工工艺，提高了海上油田创新水平。安全环保上，攻关极浅海复杂地质地貌环境平台安全检测评估、延寿加固及监测预警等难题，创新形成海洋平台检测评估体系、极浅海平台损伤维修与延寿技术，建成海冰灾害监测预警系统，保障了海上油田安全高效开发。信息技术上，积极推进智能海上油田建设，研究开发海上无人值守平台安全生产监控、船舶监控、电力自动化等系统，创新形成海上人员定位技术、VR巡检技术、视频诊断技术、基于GNSS-R的监测技术等海上特色信息技术，海上油田生产运行和安全管理水平稳步提升。

## 成就与影响

作为我国最大的浅海油田，埕岛油田目前累计建成各类海上平台107座、海底管线162条339千米、海底电缆119条310千米、陆地联合站3座、油气接转站2座、石油专用码头1座；累计生产原油6300余万吨、天然气22亿立方米，实现收入1652亿元、完成利润938亿元，为保障国家能源安全和区域经济社会发展作出了重要贡献。同时，埕岛油田在开发建设中培育形成了高速高效开发、优快钻完井、海工集约可持续、设备设施完整性管理和以奋斗者为本的滩浅海油田高效开发理念，配套完善了滩浅海油田高效开发建设模式及技术体系，为国内同类型油田开发建设提供了有效借鉴。

执笔人：孙　伟　胜利油田分公司

审核人：王建勇　油田勘探开发事业部

审定人：蔡勋育　油田勘探开发事业部

# 我国第一个海相古生界大油田
## ——塔河油田

塔河油田位于新疆塔里木盆地北部，隶属西北油田分公司。主要目的层为奥陶系碳酸盐岩，埋深在5000米以下，油气储集空间为古岩溶作用形成的洞穴、孔洞、裂缝。油气主要源自寒武系玉尔吐斯组烃源岩，具有“海西晚期圈闭形成与油气成藏，印支-燕山期油气藏的改造与调整，喜马拉雅期油气再充注与次生调整”的多期成藏特征，是我国第一个海相古生界亿吨级大油田。

### 背景

1980年开始，塔里木盆地勘探重点由塔西南地区转移至塔北地区，以中新生界和上古生界浅层为主，后受克拉通盆地古隆起控油认识影响，改以寻找大型碳酸盐岩古潜山为目标，由前陆盆地转向克拉通盆地，从陆相碎屑岩领域转向海相碳酸盐岩领域。1984年部署在塔里木北部沙雅隆起雅克拉构造的沙参2井获得高产油气流，实现了海相克拉通领域战略突破，拉开了我国海相古生界油气田勘探开发的序幕，成为我国海相油气勘探的重要里程碑。随后，坚持以“近油源、找构造、占高点、靠断层、重视不整合、抓住异常体和尖灭带，在扭应力集中部位上钻”思路为指导，在浅层碎屑岩领域部署探井，发现一批油气田。之后勘探瞄准更深的碳酸盐岩古潜山、残丘，沙46井、沙

47井和沙48井均在奥陶系测试获高产油气流，发现塔河油田。

## 油田勘探

1996年在艾斜克1号圈闭高点部署沙46井，在奥陶系中途测试获工业油气流，日产原油212.5立方米、天然气14.2万立方米；1997年钻探的沙47井日产油227立方米，日产气16.2万立方米；沙48井日产油570立方米，日产气15万立方米。1999年开始把勘探思路从早期的残丘转向岩溶风化壳，由占潜山、打高点转变为找储层、打缝洞，油藏认识由潜山类型转向岩溶缝洞型，迅速实现了主体区的快速探明，结合加里东期岩溶作用的认识实现了外扩，相继发现并探明了艾丁、托甫台和跃进区块。截至2020年12月，塔河油田累计探明含油面积2371平方千米、含气面积2761平方千米，探明原油地质储量14亿吨、天然气地质储量1687亿立方米。

沙48功勋井

## 油田开发

塔河油田开发以古生界奥陶系地层为主，兼顾上覆石炭系、三叠系、白垩系、古近系4套碎屑岩地层，经历三个跨越式发展阶段。一是规模上产阶段（1997—2010年）。沙48井获得重大突破后，按照“整体部署、分批实施，先难后易、加快节奏”的开发部署思路，连续投入开发塔河四区、二

塔河油田新貌

区、三区、六区、七区、五区、八区等奥陶系以及碎屑岩共30个区块（单元），原油年产量从1997年的39万吨快速增长到2010年的700万吨。二是稳产阶段（2011—2014年）。2010年后开发区域向西部外围扩展，开发对象由风化壳储层向内幕岩溶转变，开发阶段由天然能量开发向注水、注气复合开发转变，新投入开发十二区重稠油区、托甫台地区。2013年建成900万吨油当量规模油田，“十二五”期间原油年产量保持700万吨以上，天然气产量保持16亿立方米。三是提质增效阶段（2015年至今）。受2014年油价断崖式下跌影响，油田主动减产降低经营风险。通过深化油藏地质研究、开展理论和技术创新，新井建产率不断提高；同时加强老区综合治理和提高采收率技术攻关，自然递减持续下降，由“十一五”末的21.3%降至“十三五”末的13.2%，实现了效益稳产。截至2020年底，共投入开发区块35个，采矿权面积4426平方千米，动用储量原油10亿吨、天然气1208亿立方米，原油生产能力550万吨/年，天然气生产能力16亿立方米/年，累计生产原油1.2亿吨、天然气290亿立方米。

## 科技创新

西北油田创新发展了“长期生排烃、多期岩溶断裂控储、古隆起（斜坡）控藏、多期充注改造”的海相油气勘探理论，并在实践中不断完善；建立“以缝洞单元为基本开发单元，以差异化开发为基本思路，以单井注水替油、多井单元注水开发为主要能量补充方式，实行油藏评价与油藏开发紧密结合”的缝洞型碳酸盐岩油藏开发模式，首次提出缝洞型油藏流体流动以不规则的“管流”为主，多种流动方式共存的认识。集成了以三维地震技术为主的超深层缝洞型碳酸盐岩储层预测、测井识别与评价技术系列；建立了以超深高温高压复杂地层酸压储层改造、超深超稠井筒举升技术为主的缝洞型碳酸盐岩油藏钻采工艺技术系列。“十五”期间部署塔深1井，钻至井深8408米，刷新7项亚洲纪录，破解了超深、复杂地质条件、井下温度高、压力大等系列难题。经过20多年的勘探开发实践，成功破解岩溶缝洞型油藏勘探开发这一世界级难题，发展和完善了海相碳酸盐岩油气藏成藏理论，初步形成了缝洞型油藏开发理论，两次荣获国家科技进步一等奖。

## 成就与影响

塔河油田的发现，标志着塔里木盆地的油气新突破，结束了我国海相古生界没有大油田的历史，在我国石油工业史上具有重要意义。塔河油田的勘探开发为塔里木盆地北部油气勘探开发指明了方向，奠定了坚实的理论、实践和物质基础，坚定了盆地作为我国油气勘探开发战略接替阵地的信心，推动了新疆库车、轮台地区化工园区的建设及工农业生产快速发展，促进了边疆少数民族地区的繁荣安定团结。

执笔人：杜春晖、刘来宝　西北油田分公司
审核人：王建勇　油田勘探开发事业部
审定人：蔡勋育　油田勘探开发事业部

# 亚洲陆上最深油气田
## ——顺北油气田

2016年8月29日，中国石化宣布在塔里木盆地顺北地区取得重大商业发现，标志着顺北油气田发现。顺北油气田位于塔里木盆地中西部，隶属西北油田分公司，是“塔河之外找塔河”重要战略构想指导下的重大油气发现，实现了继沙参2井突破和塔河油田发现之后在海相碳酸盐岩领域又一个里程碑式的突破，估算资源量17亿吨。目的层系为古生界中下奥陶统一间房－鹰山组碳酸盐岩，平均埋藏深度超7300米，是目前亚洲陆上最深的油气田。油气来源于下伏寒武系中下统陆棚－斜坡相烃源岩，在长期低地温背景下，受大埋深、高压力抑制，烃源岩热演化增长缓慢，扩大了生油窗范围，在喜山期仍具备形成挥发油－凝析油－天然气藏条件。油气沿走滑断裂优势输导通道垂向运移输导成藏，走滑断裂带“控储、控藏、控富”模式较为典型，宏观特征表现为沿断裂带发育展布、钻井过程中表现为放空或漏失。

### 背景

在塔河岩溶缝洞型油藏勘探实践和“逼近主力烃源岩，以大型古隆起、古斜坡为目标，沿不整合面寻找大型油气田”的找油思路指导下，自2012年开始盆地基础地质编图与选区评价工作，将塔里木盆地重新划分为六隆五坳两斜坡、33个二级构造单元，塔北与塔中的关系更加明确，为勘探有利区带评价和目标优选提供了可靠依据。研究表明顺托果勒低隆具备完整的生储盖组合，是油气运移长期有利指向区，据此部署了顺北、顺南两块三维地震采集。

### 油气田勘探

2013年4月—2016年9月，在顺北地区部署的一批钻井相继取得突破，顺南4井日产天然气3万立方米，顺南5井估算无阻流量120万立方米/日，顺托1井日产天然气58万立方米。2015年9月9日，顺北1-1H井常规完井试获日产原油110吨、日产天然气9万立方米；随后部署了2口评价井、4口开发准备井整体评价1号断裂带，6口井均获日产百吨以上高产。2019年7月，向顺北5号断裂带南段拓展获得重大突破，在顺北三区部署的顺北53X井试油获得百吨高产。2021年3月，向顺北5号断裂带以东的NE向大型走滑断裂带拓展获得重要发现，在顺北二区4号断裂带部署的顺北42X、顺北41X井试油均获得日产千吨油当量，基本明确了4号断裂带油气整体富集。在顺北二区8号断裂带部署的顺北8井试获日产350吨油当量，显示8号断裂带也具有较好的资源潜力。通过实钻认识到走滑断裂带是油气垂向运移的通道，控制油气富集，走滑断裂带具有“控制储层发育、控制油气藏分布、控制油气富集”的特点，发现了全新成储机制下的碳酸盐岩缝洞储集体——断控储集体，突破了断裂带不能形成规模储集体的传统认识。

目前，顺北油气田矿权面积2.8万平方千米，发育18条主干断裂，估算资源量17亿吨油当量。截至2020年底，已落实6条主干断裂含油气性，累计提交三级储量4.75亿吨油当量，探明石油地质储量1.3亿吨，天然气地质储量439亿立方米。

## 油气田开发

2018年1月，开始实施《顺北油气田一区奥陶系油气藏开发方案》，该方案加快了主干断裂带评价节奏，先后在5号断裂、7号断裂及1号断裂深层滚动评价获得高产。2020年9月，顺北一区日产油水平达到2850吨，建成百万吨产能阵地。2020年10—11月投产的顺北55X、顺北53-2H、顺北57X三口井均获得稳定的工业油气流，证实了三区主干断裂的整体含油气性。2020年10月编制了《顺北油气田三区5号断裂带奥陶系油气藏试采评价方案》，勘探开发一体化部署新井10口展开试采评价。2021年4月，《顺北油气田二区奥陶系油气藏试采评价方案》顺利通过审核，方案以“少井高产”为目标，按照勘探开发一体化、地质工程一体化、“一井多控”要求，部署新井17口展开试采评价。截至2020年底，顺北油气田动用储量7500万吨，累计生产原油257万吨、天然气8亿立方米。

## 科技创新

顺北油气田的勘探实践建立了盆地早寒武世盆地-缓坡相主力烃源岩分布与演化模式，提出了断

2021年3月29日，顺北41X井获重大突破，日产油289吨、天然气111.4万立方米，合计油气当量1177吨/日，创造了中国西部千吨井新纪录

顺北1-1H井完井试油测试求产现场

2021年7月19日，顺北油田联合站成功投产，标志着顺北一区百万吨产能全面建成

控储集体新类型，形成了板内小尺度走滑断裂综合解析与地质评价技术，创建了新类型的超深断控储集体油气藏成藏模式，丰富了中国海相油气成藏理论。在顺北地区沙漠地表、火山岩体背景、目的层埋深超过7000米、储集体非均质性强等复杂地表地下地质条件下，完善了超深复杂断控储集体地震波场传播与成像理论，创新建立了以顺北超深沙漠区“三层一带”高精度速度建模为核心的断控缝洞体立体成像、“六定法”走滑断裂带地震地质精细解析、“三元一体”断控缝洞储集体量化描述与雕刻法储量计算技术，支撑了断控缝洞油气藏井轨迹优化与储量计算。

## 成就与影响

顺北油气田是继雅克拉风化壳海相油气勘探突破、塔河油田岩溶缝洞勘探转折之后，塔里木盆地海相油气勘探的又一重要里程碑；在勘探目标选择上突破了寻找古地貌风化壳、古岩溶发育区的模式，扩展了海相碳酸盐岩储集空间类型，发现了新的圈闭模式，推动了海相油气勘探理论研究，扩大了塔里木盆地油气勘探格局；为新疆经济建设和社会稳定提供了资源基础，促进了库车、沙雅地区经济建设。

执笔人：汪　洋、曹自成　西北油田分公司
审核人：王建勇　油田勘探开发事业部
审定人：蔡勋育　油田勘探开发事业部

# 我国第一个百万吨级浅薄层超稠油田
## ——春风油田

春风油田地处新疆维吾尔自治区克拉玛依市前山涝坝镇，其构造上位于准噶尔盆地西部隆起车排子凸起东北部。车排子地区2005年取得勘探发现，2009年先导试验开发，2010年产能建设正式投入开发，2011年3月9日被正式命名为胜利油田第77个油田——春风油田。春风油田以浅薄层超稠油油藏为主，自开发建设以来，原油产量连续快速攀升，2010年产油5万吨，2015年达到百万吨产量规模，仅用5年建成百万吨级油田，创造了“春风速度”。截至2020年底，春风油田共建油井1135口，累计产油851.1万吨。

### 背景

2009年9月，中国石化作出西部区块调整的战略决策，胜利油田迅速明确工作思路，将工作重心转移至春光油田北部地区，实施积极进取的发展策略，大力推进勘探工作，解放思想、科学部署，2010年发现春风油田，当年上报探明储量1038万吨，当年建产，当年投入开发。

### 油田勘探

春风油田车排子凸起构造为准噶尔盆地西部隆起的次级构造单元，西面和北面邻近扎伊尔山，南面为四棵树凹陷，东面与红－车断裂带及昌吉凹陷相接。

2005年车排子北部地区部署的排6井取得勘探突破。2009年部署的排601-平1井、排601-平2井两口评价井试采成功，其中排601-平1井试采日产油突破40吨，2010上报探明石油地质储量1038万吨。2010—2020年，春风油田共部署61口评价井，90余口滚动井，先后发现排601、排612、排609、排66、排691、排10西等油气富集区带。截至2020年底，春风油田累计探明石油地质储量1.33亿吨，控制石油地质储量7261.85万吨。

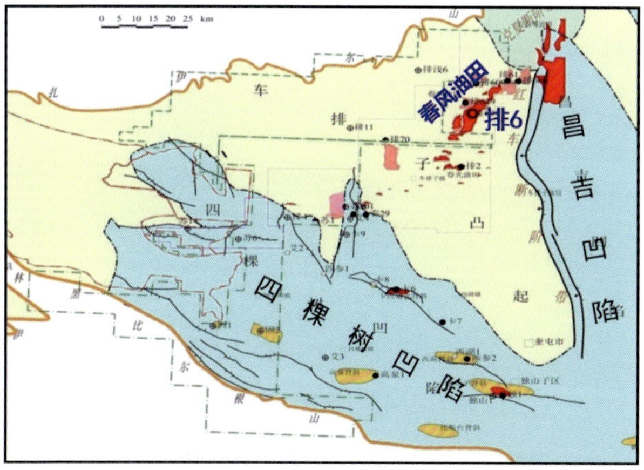


春风油田勘探形势图

## 油田开发

春风油田本着“整体规划部署、分步建产”的原则，有步骤地对各油气富集区带进行新区产能建设，2010年春风油田产油5万吨，2015年达到百万吨产量规模，2020年春风油田产油118万吨。十年主要经历了两个开发阶段：一是快速上产阶段（2010年3月—2015年12月）。2010年，在排6井、排601井获得突破的基础上，针对排601条带进行评价部署，当年建产13.6万吨，自此进入快速上产阶段。期间大力推进高品质区块产能建设，五年累计新钻井742口，年均动用储量854万吨，年均建产能19.2万吨，年均增产19.3万吨，到2015年达到百万吨产量。二是稳步发展阶段（2016年1月—2020年12月）。经过前期快速上产，春风油田高品质主力含油区块基本全部动用，建产区块向外围规模小、品位低的储量延伸。为实现春风油田稳定发展，一方面通过加强方案优化，加快运行节奏，确保春风油田持续稳产百万吨；另一方面，以增加经济可采储量为核心，坚持多算效益账、多干效益活、多产效益油，深化油藏经营管理，老区稳产基础不断夯实，5年累计动用储量2844万吨、新建产能54.5万吨。

## 科技创新

春风油田勘探开发过程中，始终坚持科技引领、创新驱动，深化基础理论研究，加强关键技术攻关，强化储备技术研发，攻关形成具有西部特色的核心技术系列。一是创建“HDNS稠油热化学复合采油方法”，揭示稠油致黏机理，明晰降黏机制，阐明薄储层超稠油“汽剂耦合降黏、氮气保温增能、热剂接替助驱”的协同增效机理，可有效开发厚度2米、地下原油黏度10万毫帕·秒的薄储层超稠油储量，实现了春风油田薄储层超稠油高效开发。二是创建“水平井热力采油裸眼筛管防砂完井工艺”，突破“套管射孔+防砂管柱”传统完井工艺，成功研发空心地锚、热采套管头、热力补

戈壁滩上建起绿色油田

偿器等专用工艺工具，形成7项企业标准，提高了井筒渗流能力。其中应用“水平井热力采油裸眼筛管防砂完井工艺”1355口井，节约投资9.9亿元。三是首创“水平井热力采油专用水平泵注汽采油一体化工艺”，解决了常规抽油泵无法下入油层水平段难题，泵体预制注汽通道，做到不动管柱进行注汽、采油转换，改变了传统注汽、采油需要两次动管柱施工方式，有效降低热损失和生产成本。应用“水平井热力采油专用水平泵注汽采油一体化工艺”后，单井年生产作业费减少75%，年生产时间增加12%。四是发明“污水余热梯级利用和资源化回用方法”，创建“多级闪蒸，放热冷凝”水处理工艺，建成国内首座油田产出水机械压缩蒸发处理站，解决了制蒸汽大量消耗淡水、油田产出水无法利用的难题，年耗淡水量降低58.8%，能耗降低10.1%，实现了绿色低碳开发。截至2020年底，春风油田在开发建设过程中共获得中国专利5项、软件著作权1项，中国石化专有技术5项；获得胜利油田分公司及以上科技进步奖10项，其中国家科技进步二等奖1项、中国石化科技进步特等奖1项，新疆维吾尔自治区科技进步一等奖1项、二等奖1项。

## 成就与影响

春风油田10年的建设发展，在新疆新春石油开发有限责任公司累产原油860.92万吨中贡献了99%。2015年新疆新春石油开发有限责任公司属地注册以来，累计实现产值118.66亿元，其中2020年产值21.12亿元（不含税），成为新疆维吾尔自治区塔城地区产值排名第一的企业；2015—2020年，属地纳税累计19.75亿元，促进了区域经济社会发展。

执笔人：李　龙　胜利油田分公司

审核人：王建勇　油田勘探开发事业部

审定人：蔡勋育　油田勘探开发事业部

# 我国最大的海相高含硫气田
## ——普光气田

普光气田位于四川省宣汉县境内，隶属中原油田分公司，区域构造介于大巴山推覆带前缘褶断带与川中平缓褶皱带相接之间，面积1116平方千米，属复杂山地地形，是我国最大的海相高含硫气田。

### 背景

21世纪进入绿色低碳经济时代，天然气作为清洁能源的地位日益突出，大力开发利用天然气是我国能源战略的重点发展方向之一。我国海相高含硫天然气资源十分丰富，安全高效开发该类资源对我国能源结构调整具有重大而深远的意义。为实现我国天然气发展战略，国务院将普光气田作为川气东送工程的主供气源，并列为国家“十一五”重大工程。

### 气田勘探

普光地区地质调查始于20世纪50年代，1965—1980年开展了区域构造概查及构造预探，施工浅井10余口。在“占高点”的勘探思路指导下，1981—1990年进行了构造带普查、局部构造详查、深层勘探，完成二维数字地震普查，部分测网达2千米×4千米，共完成二维数字地震2581千米；期间位于东岳寨构造的川岳83井，在飞仙关组二段测试获工业气流。1990—1999

国家科学技术进步奖

证 书

为表彰国家科学技术进步奖获得者，特颁发此证书。

项目名称：特大型超深高含硫气田安全高效开发技术及工业化应用

奖励等级：特等奖

获 奖 者：中国石油化工股份有限公司中原油田分公司



2012年12月19日

证书号：2012-J-210-0-01-D01

特大型超深高含硫气田安全高效开发技术及工业化应用获2012年国家科技进步特等奖

普光1井2001年11月3日开钻，2003年4月27日试获高产气流

年实施了3口探井，皆未取得实质性突破。2000年，勘探分公司开始进入该地区勘探，将勘探思路转向“构造－岩性”气藏，并详查高分辨率二维地震，测线长度680.112千米。通过区域构造、沉积储层等大量研究工作，建立了台缘礁滩储层沉积模式，认为普光构造带位于有利的储集相带。2003年4月，部署实施的普光1井在飞仙关组测试获得日产42.37万立方米的高产工业天然气流，由此发现普光气田。截至2020年底，累计上报天然气探明地质储量4157.1亿立方米。

## 气田开发

2005年1月17日，中国石化把普光气田划归中原油田开发建设。中原油田编制完成普光气田主体和大湾区块初步开发方案，2005年12月普光气

亚洲第一、世界第二的天然气净化厂

田第一口开发井——P302-1开钻，标志着普光气田产能建设拉开序幕。2006年3月17日，净化厂场平施工正式开工。在新钻井施工认识的基础上，分别于2008年3月编制完成《普光气田主体开发调整（优化）方案》，2009年12月编制完成《普光气田大湾区块跟踪优化方案》。普光气田主体设计动用储量1811.06亿立方米，开发井数40口，建产能105亿立方米，稳产期8年；普光气田大湾区块方案设计动用储量768.09亿立方米，开发井数14口，产能30亿立方米，采气速度3.9%，稳产期9年。截至2009年6月，普光气田主体完钻39口新井，10月12日普光主体正式投产。2010年8月31日，川气东送工程正式投入商业运营。2012年3月，普光主体37口井相继投产，年产气量逐步上升到80亿立方米以上。2012年4月，普光气田大湾区块正式投产，13口气井2012年7月全部完成投产，年产气量逐步上升到32亿立方米。普光气田大湾区块投产后，普光主体下调了采气速度，年产气量由80亿立方米下调至73亿立方米，两个气藏整体年产量保持在105亿立方米左右。自2017年以来，为了保证气田持续稳产，加大了老区调整挖潜及周边滚动增储力度，相继在分水岭、大湾401井区、毛坝南块开展新区产能建设，保障了气藏年产量92亿立方米稳定。

## 科技创新

“十一五”到“十三五”期间，中国石化针对高含硫气田开发难题，为确保普光气田安全高效开发，组织大型国有企业、科研院所及大专院校近3000人的研发团队，制定了明确的攻关目标和技术路线，形成了高含硫气田安全高效开发五项核心技术（特大型超深高含硫气田高产高效开发技术、特大型高含硫气田腐蚀防护技术、高含硫天然气特大规模深度净化技术、复杂山地高含硫气田安全控制技术、自主研发关键抗硫管材），使我国成为世界上少数几个掌握开发特大型超深高含硫气田核心技术的国家之一，高含硫气田开发装备国产化率达到95%，基本实现了高含硫气田开发关键装备全覆盖。通过技术攻关与工业化应用，在不到5年的时间内，安全高效建成了百亿立方米级高含硫气田和120亿立方米处理能力的天然气净化厂，为国家重点工程——川气东送工程奠定了气源基础。

## 成就与影响

普光气田历经11年安全高效开发，总投资324亿元，税后内部收益率19.1%，投资回收期5.3年，较方案提前2年。截至2020年底，累计生产井口气905.3亿立方米、商品气637.8亿立方米、硫黄1867.7亿吨，为川气东送工程提供了气源保障；2020年实现销售收入1032.39亿元、利润350.51亿元，上缴各类税费148.21亿元，为保障国家能源安全、促进地区经济社会发展作出了重要贡献，在推进绿色低碳发展中发挥了积极作用。

执笔人：姜淑霞　中原油田分公司
邓　剑　勘探分公司
审核人：罗　毅　油田勘探开发事业部
审定人：蔡勋育　油田勘探开发事业部

# 世界第一个超深海相高含硫气田
## ——元坝气田



元坝气田埋深7000米左右，是世界上已开发的埋藏最深、开发复杂性最大、建设难度最高的超深高含硫海相生物礁大气田。气田的成功发现和高效开发，填补了我国勘探开发超深层生物礁气田的空白，推动了我国超深层领域油气勘探开发和石油工程技术的发展进步，为我国乃至世界深层超深层油气资源规模开发提供了成功经验。

### 背景

长期以来，中国石化将四川盆地和周缘地区作为天然气大发展的重中之重。2006年勘探分公司部署实施的元坝1井获得高产工业气流，取得了元坝地区长兴组台缘礁滩气藏勘探重大突破。为加快气田增储上产步伐，中国石化于2009年5月成立一体化领导小组，统一指导、组织、协调和部署勘探评价和开发准备工作。2011年6月，中国石化审查批准西南油气分公司编制的试采区17亿立方米净化气开发方案；同年8月成立产能建设领导小组，构建“集团化决策、项目化管理”新体制、新模式，推进气田高效建设。2013年12月，中国石化审查批准《元坝地区长兴组滚动区17亿立方米净化气开发方案》及其可行性研究报告。2016年12月23日，元坝205-3井测试结束，元坝气田开发产能建设工作全面完成。

### 气田勘探

元坝探区构造位置相对较低，前期认为长兴-飞仙关组储层不发育、勘探潜力不大。2002年，勘探分公司在多年地质研究的基础上，认为元坝地区具备形成大气田的有利地质条件，随即完成了当时四川盆地最后一个探矿权的登记。2003年、2006年分批实施高精度二维地震，初步落实元坝长兴组台缘礁滩岩性圈闭，优选部署元坝1井并于2007年酸压测试，获日产50.3万立方米高产气流，取得元坝地区长兴组台缘礁滩气藏勘探重大突破。2007年部署三维地震勘探、实施9口探井均获突破。至2013年，共实施钻井23口，其中7口探井测试获超百万立方米高产工业气流。2020年底累计探明地质储量2195.82亿立方米，高效探明我国首个超深层生物礁大气田。

钻井三公司
胸怀高远 川北开辟新战场 担当能源战略大
号工程 创勘探 流业绩 铸造中国石化丰碑
中国石化重点探井元一井开钻仪式
中原钻井三公司

元坝1井开钻仪式

## 气田开发

2011年7月，中国石化启动元坝气田开发建设，由西南油气分公司负责组织实施，分前期试采项目和滚动建产项目两期建设。2014年底，元坝气田前期试采项目建成，2015年5月我国第一座具有自主知识产权的大型净化厂——元坝净化厂全面投产。2016年底，全球第一个7000米超深高含硫生物礁大气田——元坝气田全面建成。

## 科技创新

元坝气田历经持续科技攻关和生产实践，形成了超深层高含硫生物礁气藏高效、安全、绿色勘探和开发系列创新技术。勘探方面：一是形成超深层生物礁优质储层发育机理新认识，建立“早滩晚礁、多期叠置、成排成带”发育模式，突破了前期该区处于深水沉积的认识，揭示“孔缝耦合”演化机理，指出超深层能发育优质储层。二是形成超深

元坝气田净化厂

层生物礁成藏富集机理新认识，提出深水陆棚相吴家坪组－大隆组是川北地区二叠系主力烃源岩的新认识，解决了元坝超深层气田的气源问题；建立“三微输导、近源富集、持续保存”的超深层生物礁成藏模式，解决了超深弱变形区大气田富集机理问题。三是创新形成复杂山地超深层生物礁储层地震勘探技术系列，突破超深弱反射层地震采集处理技术瓶颈，提高了超深层反射能量和分辨率；形成基于非均质孔缝双元结构模型的孔构参数反演技术，提高了超深储层预测精度。四是创新形成“四高一超”气田压力控制测试及储层酸压改造技术体系；创新开发高含硫超深层试气地面安全控制技术。开发方面：一是提出生物礁内部强非均质性差异化成储机理，建立生物礁优质储层发育模式，突破了“礁前储层优于礁顶与礁后”传统认识，丰富了碳酸盐岩优质储层形成理论。二是创新形成基于孔隙介质渐进方程非线性反演与相控叠前地质统计学反演的“剔泥除灰”高精度定量预测与精细刻画等地震技术系列，大幅提高生物礁薄储层预测精度。三是提出超深层复杂底水气藏水平井开发模式，建立超深层复杂礁群水平井井眼轨迹设计方法，形成以标志层逼近控制、近井约束反演、随钻岩性快速识别为核心的超深水平井轨迹实时优化调整技术，优质储层钻遇率由早期的39.9%提高到82.1%。四是形成超深层多压力系统水平井优快钻井、超深长水平段多级暂堵分流酸压、超深高含硫气藏水平井完井投产一体化技术，使平均钻井周期由537天缩短至288天、单井增产3.2倍。五是形成复杂山区高含硫气田改良湿气集输综合防腐控制、泄漏检测与系统互联自动控制、智能化风险监控与应急处置控制技术，确保了气田安全高效生产。六是形成“精神化传承、集团化决策、项目化管理、集成化创新”的元坝气田高效开发模式和经验，对国内外同类型气田的开发具有重要的启示与借鉴意义。

## 成就与影响

到2020年底，元坝气田累计生产天然气197.2亿立方米，生产硫黄135万吨，实现销售收入230亿元，新增利润62.6亿元，新增税收25.8亿元。元坝气田的高效开发，对保障成渝地区双城经济圈、长江经济带沿线6省2市70多个城市清洁能源的稳定供应，促进产业结构调整和区域经济发展，缓解国内天然气供需矛盾发挥着重要作用。

元坝气田勘探开发理论和技术创新整体达到国际领先水平，实现了高含硫气田开发专有技术革新和设备国产化，巩固了中国石化在高含硫气田开发、运营领域的世界一流水平，使我国成为世界上少数几个完全掌握高含硫天然气高效开发核心技术的国家之一。

执笔人：吴亚军、郭新江　西南油气分公司
曾　韬　勘探分公司
审核人：罗　毅　油田勘探开发事业部
审定人：蔡勋育　油田勘探开发事业部

# 高效开发碎屑岩致密气田
## ——大牛地气田

大牛地气田位于鄂尔多斯盆地伊陕斜坡北部，面积2003平方千米，隶属华北油气分公司。其上古生界拥有天然气探明地质储量4546亿立方米，储层具有低孔、低渗和低压的“三低”特征，平均孔隙度8.64%，平均空气渗透率0.77毫达西，压力系数在0.85～0.99之间，早期直井压裂后产量小于0.4万立方米/天，属于典型的碎屑岩致密气田。

### 背景

2001年，大牛地气田被列为中国石化“十五”重要资源接替区和五大天然气生产基地之一。2002年9月，大16井、大15井连获高产工业气流，随后开展开发先导试验。2003年先导试验取得重要进展，年底成立中国石化鄂尔多斯天然气开发协调小组，大牛地气田开发的序幕正式拉开。

### 气田勘探

历经60多年接续奋斗，鄂尔多斯盆地先后勘探过元古界、古生界、中生界、新生界；从构造圈闭到岩性圈闭，从盆缘到盆内、再从盆内到盆缘，从海相到陆相、再从陆相到海相，几经曲折，在不断深化碎屑岩致密储层“三低”特征、寻找高产富集带关键认识中形成理论。从2001年开始，华北油气分公司针对大牛地气田多层岩性圈闭叠合和普遍含气的特征，创新建立石炭—二叠系“主源定型、相控储层、高压封闭、近源成藏”成藏理论，指导了针对盒3、盒2的勘探评价、开发准备工作，2003年上报盒3+2段探明储量517亿立方米，推动大牛地气田向大型气田迈出关键一步。2004年起，通过不断攻关实践，以“近源箱型”成藏理论为指导、以“大型岩性圈闭及致密低渗储层地质综合评价技术”为关键，以配套工程技术为支撑的致密低渗气田勘探理论和技术体系日益成熟，有力推动了大牛地气田的高效勘探。2001—2012年累计上报探明储量4546亿立方米，实现了大牛地气田上古生界的整体探明，为气田开发奠定了坚实的资源基础。

### 气田开发

大牛地气田开发之前，由于相邻同类气田储量均未得到规模有效动用，被认定为低孔、低渗和低压，无法经济有效开发。华北油气分公司充分论证大牛地气田的地质特征及开发难点，先后历经开发先导试验、直井单层/多层开发、水平井整体开发、精细调整挖潜几个开发阶段，逐步成功实现边际气田高效开发。2003—2004年的先导试验，深化了气田地质特征认识，优选了开发有利区，明确了气田开发技术指标，形成了配套工程工艺技术，为规模开发提供了技术支撑。2005年开始采用直井单层开采，动用盒3、盒2等一类储层，建成天然气产能10亿立方米/年，实现当年建设、当年投产、当年供气，展现了“大牛地速度”。2006年起，在深化气藏认识和储层分类基础上，寻找二类储层的叠合区进行直井多层合采，2006—2011年累计新建产能22.46亿立方米，2011年气田产量达到23亿立方米，如期实现一类、二类储层直井大规模产能建设。2012年起，针对气田剩余二类、三类储层“薄、散、差”的特点，创建以三维地震储层预测技术、水平井分段压裂技术、水平井整体开发气藏工程优化技术和气田开采精细管理为核心的水平井整体开发模式，2012—2017年累计新建产能37.86亿立方米，2017年气田产量再上新台阶，达到34亿立方米。2018年以来，在对气田开发进行回顾性评价的基础上，系统开展以单砂体精细刻画和剩余气定量表征为基础的精细调整挖潜研究，明确了剩余气的分布特征，制定了以井网优化为主的综合调整挖潜技术方案，2018—2020年累计新建产能9.43亿立方米。大牛地气田从投入开发至今，累计生产天然气超过400亿立方米，目前气田综合递减率低至5.1%，气井开井率达到90%，生产时率96%；气田一类、二类储量区采收率达到45.6%，开发指标在同类气田中处于领先水平。截至2020年底，大牛地气田已在30亿立方米以上持续稳产8年，根据模拟预测，具备再继续稳产10年的资源和技术基础。

2005年7月8日，大牛地气田2号站打开向北京供气的起点闸门

## 科技创新

大牛地气田在勘探开发过程中不断突破认识和技术瓶颈，取得丰硕的创新成果。一是“近源箱型”成藏理论，表述为“主源定型、相控储层、高压封闭、近源成藏”，是在全面研究大牛地气田石炭—二叠系成藏输导体系、天然气成藏示踪、封存箱内幕结构、成藏组合及天然气充注机理的基础上建立的，其动力学过程可概括为生烃增压、幕式排烃，短距离运移、就近连续聚集、择优质储层富集、封存箱内整体成藏，核心是“高压封闭”和成藏动力学。二是直井规模开发配套技术，主要包括相控薄储层及煤系储层综合预测技术、直井开发评价选区和“三统一”井位部署技术、直井开发政策优化技术、致密低渗储层直井高效钻完井技术、致密多层叠合气藏立体改造技术、直井排水采气工艺技术和以“高压进站、加热节流、低温脱水、轮换计量、注醇防堵”为特点的地面集输工艺。三是水平井整体开发配套技术，主要包括水平井开发储量

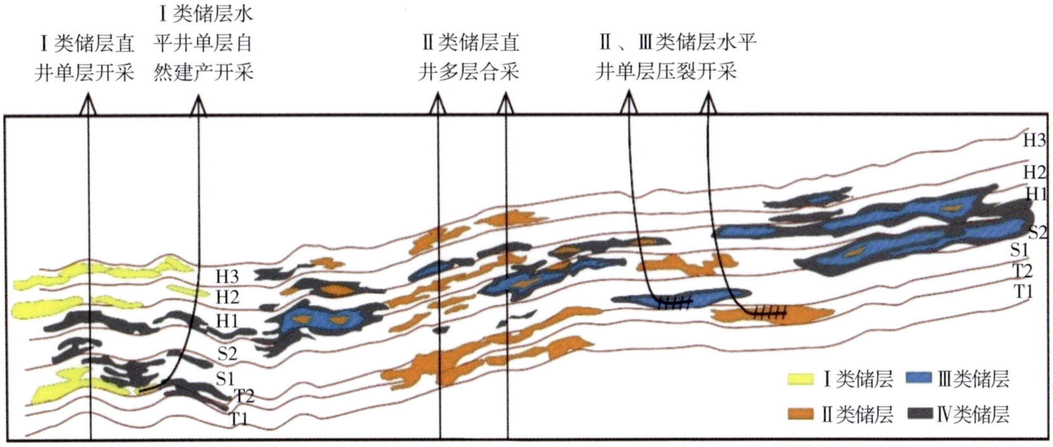


大牛地气田立体开发动用示意图

评价与选区技术、薄储层三维地震综合预测技术、水平井开发政策优化技术、水平井优快钻完井技术、水平井轨迹优化设计与跟踪调整技术、致密低渗储层水平井分段压裂技术、致密低渗储层水平井排水采气技术和"井组"水平井部署设计与钻完井技术、直井与水平井开发配套技术，实现了气田不同类型储层的立体开发动用。四是稳产及提高采收率技术，主要包括致密砂岩气藏多沉积体系单砂体构型技术、多层强非均质致密砂岩气藏剩余气定量表征技术、地质工程一体化高效钻完井技术、低压低产井综合治理技术和"集中增压+单站增压"的二级增压开采技术。依托大牛地气田的科技创新，先后获得国家科技进步二等奖1项，北京市科技进步一等奖、河南省科技进步一等奖、中国石化科技进步一等奖等多项省部级奖项。

## 成就与影响

大牛地气田是大华北地区重要的气源地之一。截至2020年底，累计新建产能83.3亿立方米，累计产气408.5亿立方米，实现产值511.7亿元、利润141亿元、上缴税金20.25亿元。408.5亿立方米天然气相当于4960万吨标准煤，可减排二氧化碳5494万吨，经济和环境效益显著。同时，大牛地气田积极履行社会责任，2005年投产伊始就向北京供气，助力了北京奥运碧水蓝天工程。目前向大华北地区长期稳定供气，确保了沿线民生和企业用气，缓解了国内天然气供需矛盾，促进了西部地区能源转型和经济社会发展。

执笔人：陈　奎、徐兵威　华北油气分公司

审核人：罗　毅　油田勘探开发事业部

审定人：蔡勋育　油田勘探开发事业部

# 我国第一个大型页岩气田
## ——涪陵页岩气田

2012年11月28日，位于重庆涪陵的焦页1HF井测试日产气20.3万立方米，发现涪陵页岩气田。涪陵页岩气田是我国第一个大型页岩气田，使我国成为北美之外首个实现规模化开发页岩气的国家，为全球页岩气开发提供了中国样本。涪陵页岩气田先后被授予国家级页岩气示范区、勘查开发示范基地，获国家科技进步一等奖、国家优质工程金奖、国家优质投资项目特别奖，入选新中国成立70周年百项经典工程。

### 背景

页岩气赋存于富含有机质泥页岩及其夹层中，是以吸附或游离状态为主要存在方式的非常规天然气。中国石化高度重视页岩气勘探开发，坚持从基础研究做起，逐步建立起适合我国地质特点的页岩气勘探开发理论和技术。2006年，启动“中国页岩气早期资源潜力分析”研究项目，落实了中国页岩气资源前景和有利区。2009年积极开展南方海相页岩气地质评价工作，先后部署实施宣页1、河页1和黄页1井，均获低产气流。2011年9月优选出涪陵焦石坝龙马溪组为最有利勘探目标，论证部署该区第一口海相页岩气探井——焦页1井。

涪陵页岩气开发功勋井——焦页1井

### 气田勘探

涪陵页岩气田是中国石化经历不断认识、不断探索、不断总结而发现的。20世纪50—90年代，原地质矿产部通过石油普查和地质详查发现焦石坝、大耳山等背斜构造，之后中国石化勘探分公司坚持评价研究，认为包鸾-焦石坝背斜带是南方海相勘探的最有利区。直至2009年，受全球能源领域掀起页岩气革命的启发，勘探分公司迅速从常规油气勘探转入页岩气勘探，在四川盆地及周缘重新开展老井复查、剖面观察等研究，逐步形成“成烃控储”和“成藏控产”的南方海相页岩气“二元富集”理论，优选出涪陵焦石坝龙马溪组为最有利勘探目标，实施了焦页1井。2012年11月28日，焦页1HF井测试日产气20.3万立方米，成功发现涪陵页岩气田。

## 气田开发

涪陵页岩气田开发建设可分为一期产能建设、二期产能建设、开发调整三个阶段。一是一期产能建设阶段（2013—2015年）。2013年焦页1HF井投入试采，国家能源局设立涪陵国家级示范区，启动气田试验井组评价，实现当年开发、当年投产、当年见效，新建产能5亿立方米/年。2014年，原国土资源部批准设立页岩气勘查开发示范基地，启动一期50亿立方米/年产能建设。2015年建成50亿立方米/年产能，国家级示范区、示范基地建设分别通过国家能源局、原国土资源部验收。二是二期产能建设阶段（2016—2017年）。2016年涪陵页岩气田启动二期50亿立方米/年产能建设，2017年底累计建成产能100亿立方米/年。三是开发调整阶段（2018年至今）。2017年启动开发调整单井试验，2018年开展井组试验，2019年至今推进立体高效开发调整。截至2021年4月底，累产气超过400亿立方米，创造了中国页岩气累产新纪录。

## 科技创新

页岩气开发属世界级难题，中国石化坚持难中求进、大胆探索，在勘探开发理论、组织生产模式及绿色开发等方面不断取得重大突破，走出了一条中国页岩气自主创新发展之路。一是坚持技术自主创新，持续领跑国内页岩气开发。创新集成南方海相页岩气田高效开发五大技术体系，显著提升了气田开发效果。先后创造水平井段最长（3065米）、单井压裂段数最多（29段）、单井钻除桥塞最多（25个）等多项国内页岩气开发纪录。创建页岩气立体开发技术系列，建立国内首个页岩气立体开发模式，使中国石化页岩气开发技术持续领先。二是

多级泵送桥塞射孔联作工艺在焦页1-2HF井成功应用，打破国外垄断

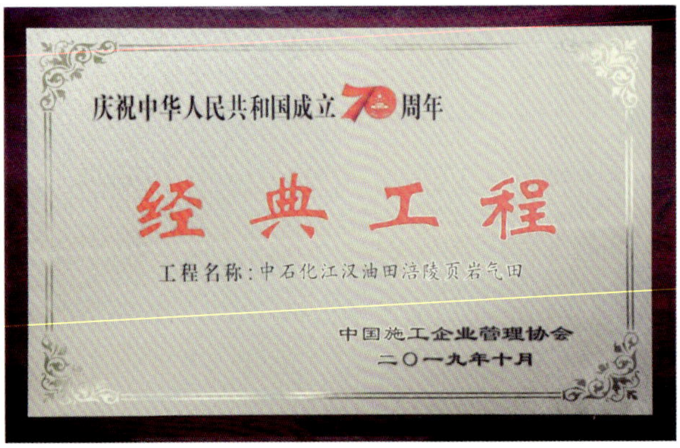

涪陵页岩气田入选新中国成立70周年经典工程

建立高效生产组织运行模式，显著提升气田效率。创新“井工厂”生产组织模式，通过丛式井设计、井工厂施工，单井土地征用面积较常规节约30%，被原国土资源部列入《矿产资源节约与综合利用先进适用技术推广目录》。通过标准化设计、标准化建设、标准化采购和信息化提升四化建设，一期产建地面工程周期比计划缩短32%，节约用地17.3万平方米，荣获新中国成立70周年“百项经典工程”、2018—2019年度国家优质工程金奖。三是打造安全绿色企业典范，实现高效绿色开发。牢固树立习近平总书记“发展决不能以牺牲安全为代价”的红线意识和“绿水青山就是金山银山”的理念，创新建立了基于碳减排的钻试采一体化技术，实现了机组油转电、$CO_2$气体零排放；建立了“生物炭固定微生物”土壤修复技术，钻井平台土地复垦达标率100%；研制了油基钻屑无害化处理装备，处理后石油类含量为0.02%，远优于国家标准（0.3%）。涪陵页岩气田先后获评中国石油和化工行业绿色工厂、重庆市安全生产先进集体。

## 成就与影响

截至2020年底，焦页1HF井连续生产3050天，焦页6-2HF井累产超3.3亿立方米，继续保持国内页岩气井开发时间最长、单井累产最高两项纪录；涪陵页岩气田累计实现销售收入440亿元，其中2020年销售收入82.03亿元、利润27.8亿元。涪陵页岩气田的成功开发，为我国页岩气勘探开发理论创新、技术创新、管理创新树立了典范，显著提升了我国页岩气产业发展的信心。通过川气东送管道源源不断地输往华中、华东等地，为长江经济带发展提供清洁能源，惠及沿线6省2市70多个大中型城市、上千家企业，2亿多居民从中受益。根据热值换算方法测算，400亿立方米页岩气可替代燃煤约8100万吨，可减少二氧化碳排放4800万吨，相当于植树4.3亿棵，约3000万辆经济型轿车停开一年。经济效益和示范效应显著，盈利能力引领行业，成为国内页岩气开发学习的示范基地。

执笔人：郑爱维、王　进　江汉油田分公司
魏祥峰　勘探分公司
审核人：罗　毅　油田勘探开发事业部
审定人：蔡勋育　油田勘探开发事业部

# 我国第一个深层页岩气田
## ——威荣页岩气田

威荣页岩气田位于四川省内江市威远县和自贡市贡井区、大安区境内。地质构造为四川盆地川中隆起白马镇向斜，北面为著名的威远背斜，东南部为自流井背斜。储层为奥陶系五峰组－志留系龙马溪组一段的黑色页岩，距今约4.38亿～4.47亿年。该区是四川盆地油气勘探的老区，传统地质理论认为向斜不利于油气聚集成藏，属于勘探禁区。西南油气分公司通过解放思想和科技创新，勘探发现了我国首个深层页岩气田——威荣页岩气田。

### 背景

四川盆地页岩气资源非常丰富，据四川省能源局2014年发布的数据，四川省页岩气可采资源量4.42万亿立方米，占全国可采资源量的17.67%，居全国第一。2012—2014年中国石化和中国石油先后在涪陵、长宁－威远和昭通获得浅层－中深层（埋深<3500米）龙马溪组页岩气的勘探突破，建成了国家级的页岩气示范区。而对于深层页岩气，由于气藏埋藏深度的增加，导致工程技术难度、成本和效益（页岩气最终采收率仅20%）之间的矛盾呈指数增加，勘探开发风险大，深层页岩气的高质量勘探和效益开发是世界性难题。

### 气田勘探

威荣页岩气田勘探大致可划分为三个阶段：2009—2014年为第一阶段，主要完成页岩气形成条件研究，开展目标优选，评价认为龙马溪组页岩气资源潜力大，但埋藏较深，勘探具有一定风险。2014—2015年为第二阶段，部署实施威页1井，在井深3580米钻遇龙马溪组黑色页岩，厚度约80米，油气显示活跃；随后侧钻1005米水平段，压裂改造后获得15.71万立方米/日的工业气流，实现该区页岩气勘探的重大突破。2016—2018年为第三阶段，实施三维地震勘探143.77

威荣页岩气田威页23-1HF井测试点火

平方千米，部署5口评价井和1个开发试验井组，测试均获商业产能，其中威页23-1HF、29-1HF井分别获得25.99万立方米/日、23.82万立方米/日的高产工业气流。2018年，《威荣页岩气田五峰组-龙马溪组一段（O3w-S1l1）新增页岩气探明储量》经原国土资源部审查通过，新增探明地质储量1246.78亿立方米，标志着探明了我国首个千亿立方米级深层页岩气田。

## 气田开发

按照“整体部署、先易后难、效益开发”思路，威荣页岩气田有序推进产能建设。2018年初，中国石化审查通过《威荣页岩气田龙马溪组页岩气开发方案》，整体部署23个平台166口井，计划动用储量657亿立方米，新建产能30亿立方米/年，最高年产量25亿立方米。同年8月，西南油气分公司按照“整体部署、分步实施、统筹考虑”的原则，启动一期10亿立方米/年产能建设项目。2020年2月，在一期产能建设中期评估和二期开发方案优化部署的基础上，启动二期20亿立方米/年产能建设项目。截至2021年5月，已完钻90口井、压裂69口井，先后投产63口井，累计产气10.8亿立方米，目前日均产气332万立方米。

威页23号平台是威荣页岩气田首个开发平台，2019年7月投产。图为压裂施工现场

## 科技创新

威荣页岩气田聚焦气藏埋藏深（3550～3880米）、优质储层厚度薄（3.5～7.6米）、地层压力系数高（1.94～2.06）、力学脆性指数低（0.38～0.47）、破裂压力高（68.4～73.7兆帕）、水平应力差异系数大（0.25）等难题，大力实施地质、物探、工程等多学科一体化联合攻关，提出深层页岩气“三元三控”的富集理论，形成了深层页岩气高质量勘探和效益开发七项核心技术：一是研发了深层页岩气优质储层分类定级定量评价方法；二是创新建立了以工程甜点为核心的深层页岩气“甜点”地球物理预测技术体系；三是创新形成了现场一体化实时调整优化的工作方法和技术流程；四是制定深层页岩气差异性开发技术政策；五是集成了以“三开制井身、高效钻头、方位伽马旋转导向”为核心的优快钻井技术；六是研发了以“少段多簇密切割、强加砂、变黏压裂液”等为特点的深层页岩气压裂工艺体系；七是集成了以“钻屑资源化利用、网电钻井、压裂液重复利用”为核心的深层页岩气清洁生产技术。

科技创新实现了威荣深层页岩气规模效益开发，目前技术水平整体达到国际先进、部分领先，多个项目获省部级科技进步一、二等奖。

## 成就与影响

威荣页岩气田建成后年产量约25亿立方米，预计年收入31.9亿元、利润3.8亿元，经济和社会效益显著。其规模商业开发，打破了深层页岩气勘探、开发、工程技术壁垒，对于解放四川盆地及周缘五峰组-龙马溪组埋深大于3500米的深层页岩气资源具有示范引领作用。该气田的发现先后获2018年度中国地质学会十大地质找矿成果、2011—2020年国家找矿突破战略行动优秀找矿成果。

执笔人：魏力民、李曙光、郭新江
西南油气分公司
审核人：罗　毅　油田勘探开发事业部
审定人：蔡勋育　油田勘探开发事业部

# 我国第一个常压页岩气田
## ——南川页岩气田

南川页岩气田地处重庆市南川区、万盛区等区县，为目前我国最大的常压页岩气生产基地。其矿权隶属渝黔南川页岩气勘查区，是华东油气分公司2011年7月通过原国土资源部第一轮“招拍挂”获得的页岩气专属区块。经过十余年艰苦攻关，在常压页岩气成藏理论、勘探开发关键技术、低成本工程工艺攻关等方面取得重大突破，发现我国首个常压页岩气田——南川页岩气田，新增探明储量近2000亿立方米，建成首个常压页岩气产能示范区，首次实现常压页岩气商业开发，引领了我国常压页岩气产业发展。

### 背景

我国页岩气资源丰富，按照地层压力系数分为超压和常压两种类型。其中常压页岩气保存条件较差，广泛分布于盆缘与盆外构造复杂区，资源量近40万亿立方米，单井产能低、投资成本高、经济效益差制约了该类资源的动用和开采。南川区块处于盆山转换带，油气勘探长期空白，基础资料少，页岩气赋存条件和开采条件差，一切工作只能从零起步。华东油气分公司自获取矿权后，开展了大量野外地质调查、构造剖面测量、样品采集测试工作，测量露头剖面近百个，编制基础图件数百张，以丰富的第一手资料支撑了页岩气地质研究，逐步破解页岩是否存在、是否含气等难题，科学论证南川地区为常压页岩气勘探有利区。2017年9月，安排部署该区第一口常压页岩气井——焦页10井，喜获成功。

### 气田勘探

2010年，华东油气分公司针对下寒武统页岩实施了中国石化第一口页岩气井——宣页1井，找到页岩，但未发现页岩气。2011—2012年，针对下寒武统、下志留统页岩、上二叠统先后实施黄页1、彭页1、湘页1等井，发现少量页岩气，其中彭页1井于2012年5月获得日产气2.5万立方米，实现了中国石化页岩气勘探战略新突破，明确了川东南地区志留系为页岩气勘探开发重点领域。2013—2016年，围绕盆缘构造复杂区，深入开展基础研究和技术攻关，实施的隆页1、隆页2等探井测试产量逐步提升到4万~10万立方米/日。2017年，以“沉积相带控烃、保存条件控富、地应力场控产”的常压页岩气“三因素控产”地质理论为指导，优选出南川地区平桥南斜坡，实施焦页10HF井，地层压力系数1.18，获得19.6万立方米/日高产工业气流，标志着我国常压页岩气

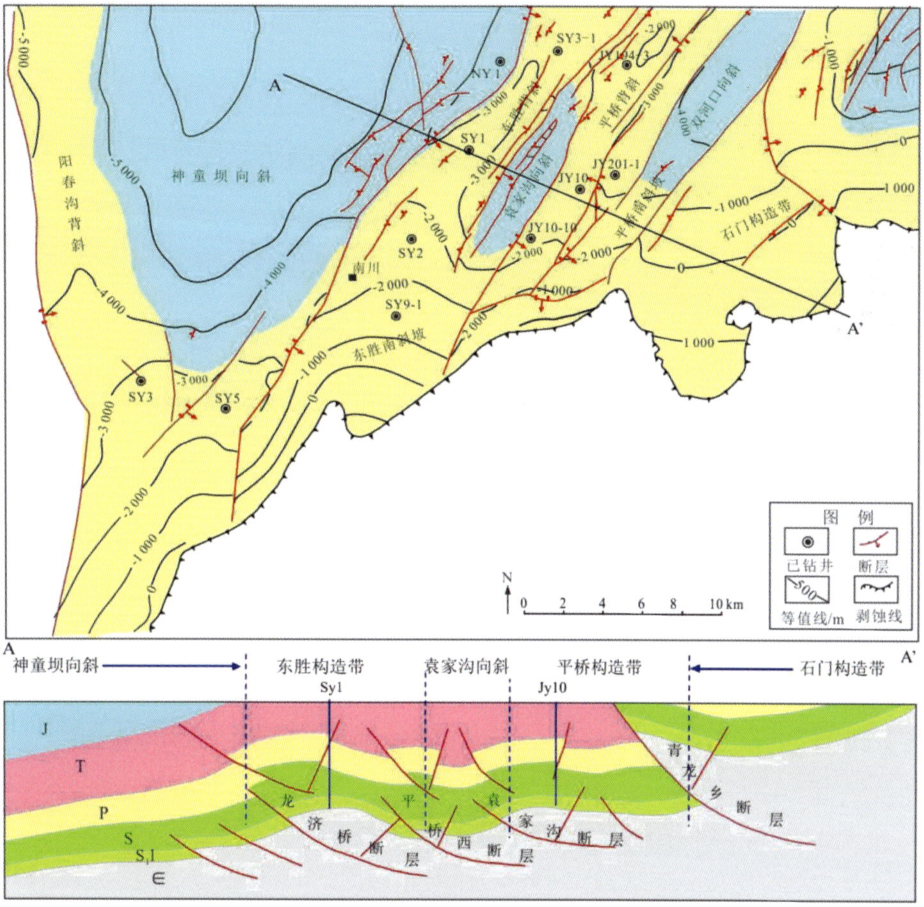


南川页岩气田构造特征与典型地震地质剖面图

勘探取得重大突破，拉开了南川页岩气田商业开发的序幕。2018—2020年，采取滚动评价和甩开勘探相结合，部署探评井15口，测试日产气7.1万~32.8万立方米/日，落实平桥、东胜、阳春沟三个千亿立方米增储区带，提交常压页岩气探明储量1918.27亿立方米，标志着我国首个常压页岩气田正式诞生，荣获自然资源部“找矿突破战略行动优秀找矿成果”奖，中国地质学会“2020年度十大地质找矿成果”奖。

## 气田开发

南川页岩气田按照“整体部署、评价先行、择优建产、效益开发”思路，坚持滚评建一体化，有序推进产能建设。2016年，启动平桥南区页岩气产能建设，2018年底完钻井33口，单井测试日产气15.4万~89.5万立方米，建成产能6.5亿立方米/年。2018—2019年，开展焦页10井区产能建设，完钻井20口，建成产能3.6亿立方米/年。2020年至今，正在实施东胜构造带胜页2、胜页27井区产能建设，部署钻井30口，设计产能5.5

南川页岩气田成功应用全电动压裂施工

亿立方米/年，目前完钻井20口。截至2021年4月底，累建产能15.6亿立方米/年，日产气350万立方米，累计产气28.7亿立方米。

## 科技创新

南川页岩气田依托国家科技重大专项、中国石化十条龙等高层次研究项目，针对常压页岩气地质特点及技术瓶颈，创新地质理论认识，强化低成本技术攻关，创建常压页岩气“三因素控产”地质理论，研发常压页岩气甜点评价体系和储层综合评价方法，制定常压页岩气开发技术政策，创新形成变密度三维地震勘探技术、优快钻完井技术、低成本高效压裂技术等低成本工程工艺技术。通过理论指导和技术应用，先后创造常压页岩气单井产量最高（32.8万立方米/日）、水平井段最长（3583米）、单井钻井周期最短（22.22天）、单井单日压裂段数最多（12段）等多项国内页岩气开发纪录，钻采成本大幅降低，单井产量显著提升，实现了常压页岩气规模效益开发，形成的技术体系在我国南方复杂构造区页岩气勘探开发中得到推广应用，有效支撑了川东南地区、黔北-鄂西地区勘探开发。目前南川页岩气田整体技术达到国际先进水平，其中常压页岩气富集规律研究达到国际领先水平，多个项目获省部级科技进步一等奖。

## 成就与影响

截至2020年底，南川页岩气田已累计提交探明储量1989.64亿立方米，技术可采储量397亿立方米，可建产能50亿立方米/年；累计实现销售收入31亿元、利润6亿元，上缴各类税费1.5亿元，经济效益和社会效益显著。南川页岩气田的高效绿色开发为我国常压页岩气勘探开发树立了典范，通过川气东送管道源源不断地输往长江经济带沿线城市和地区，惠及上千家企业，1亿多居民从中受益。生产的页岩气可替代燃煤约567万吨，可减排二氧化碳17万吨，相当于植树250万棵，对保障国家能源安全、优化能源结构、改善生态环境具有重要意义。

执笔人：高玉巧、何贵松　华东油气分公司
审核人：罗　毅　油田勘探开发事业部
审定人：蔡勋育　油田勘探开发事业部

# 我国最大的中深层地热供暖企业
## ——新星公司

新星公司积极响应绿色发展理念，大力发展地热供暖业务，通过实施“一点、两带、三区”的发展路径，实现了地热业务高质量发展。截至2020年底，累计建成换热站665座、钻凿地热井859口，供暖能力达8000余万平方米，成为目前我国最大的中深层地热供暖企业。

### 背景

地热是一种绿色低碳、能够持续利用、经济可行、有现实竞争力的可再生能源，具有储量丰富、分布较广、清洁环保、稳定可靠等特点，可用于居民供暖（制冷）、农业种植、水产养殖、食品加工、发电等领域，是实现碳达峰、碳中和目标的有效路径之一。中国石化认真贯彻国家能源安全新战略，科学研判国内外能源发展趋势，审时度势，统筹谋划，将所属新星公司定位为新能源专业公司，超前布局地热业务发展。1998年，新星公司发挥自身地质资源勘探优势，钻凿三普1号地热井，迈出探索发展地热的坚实步伐。2006年，与冰岛极地绿色能源集团成立合资公司，引进国外地热开发成熟理念和先进技术，加快地热业务商业化、产业化发展步伐。2019年，积极践行深化国企改革部署，在雄安新区成立混改公司，为地热业务发展开启了新征程。

### 地热勘探

针对我国地热资源特点，新星公司综合利用油气勘探经验和技术先导，1998年在陕西咸阳部署三普1号地热探井，成井深度2980米，自流（关井压力0.56兆帕），水流量180立方米/小时，水温90℃，首次探明新近系蓝田－灞河组热储和高陵群孔隙型砂岩热储，对渤海湾盆地黄骅坳陷、济阳坳陷、临清坳陷，南华北盆地中牟凹陷的馆陶组热储和明化镇组热储勘探开发具有借鉴意义。2018年在河北雄安新区部署大王探采1井，成井深度3500米，水量140立方米/小时，水温93℃，探明蓟县系雾迷山组地热资源，进一步认识华北地区冀中坳陷中央凸起区、沧县隆起南翼、鲁西隆起区、关中盆地北缘和冀鲁豫结合部热储物性好、回灌性能佳的开发潜力。近年来，充分利用油气勘探资料再分析、再解释，在河南濮阳等地探明奥陶系岩溶裂隙型热储，这种类型的地热资源在渤海湾盆地、南华北盆地、太原盆地的部分地区发育较好，为地热业务发展开辟了新的空间。

## 地热开发

新星公司通过实施“一点、两带、三区”的发展路径，大力布局和推动地热业务高质量发展。“一点”就是打造雄安新区地热产业高质量发展样板，占领行业制高点。2009年，新星公司与河北省雄县政府签订战略合作协议，共同科学开发雄县地热资源，将雄县打造成为中国首个地热供暖“无烟城”，开创了“政企合作、市场运行、统一开发、技术先进、环境保护、百姓受益”的“雄县模式”。2014年2月，国家能源局在雄县召开地热能开发利用现场会，向全国推广“雄县模式”。雄安新区设立后，地热业务不断融入新区发展战略和建设规划，“雄县模式”逐步升级为“雄安模式”。通过政

新星公司助力雄安新区建设蓝绿交织水城共融生态城

府与企业的通力协作，实现政府有担当、企业有效益、居民享实惠的多赢局面。“两带”就是围绕黄河流域生态保护和高质量发展战略与长江经济带发展战略，打造两个流域的地热能产业发展示范带。在黄河上游，开展青海干热岩发电示范性工程，创造了干热岩人工热储建造的五项第一；在黄河中游，通过推进咸阳和太原两个大中型城市地热供暖，促进汾渭地区城市群能源革命；在黄河下游，开展豫鲁沿黄城市地热代煤，发展清洁集中供暖。在长江上游，开展地热＋天然气＋水电的综合清洁能源利用研究，积极探索“地热＋”发展新路径。在长江中下游，建设江汉油田潜江中深层＋浅层地热能利用等一系列示范项目，带动沿江城市群浅层地热能冷暖双供发展。“三区”就是重点发展北方地区的冬季清洁取暖、南方夏热冬冷地区的供暖（制冷）和青藏高原地区的地热发电。发展北方地区冬季地热代煤清洁取暖，助力大气污染防治，全面布局“2+26”城市优质地热资源区，地热供暖面积达到1910万平方米。探索南方夏热冬冷地区浅层地热能冷热联供，通过武汉滨江商务区210万平方米江水源供热（制冷）项目辐射，推动贵州、四川、江苏等地区建设集中式地热能开发利用项目，助力长江经济带绿色发展之路。在青藏高原地区开展藏南、滇西、川西地区高温地热田发电利用研究，争取实现高温地热发电突破。

## 科技创新

坚持自主创新为主、联合研发相结合的理念，全面开展地热基础技术、应用技术、前瞻技术研发，发展中深层地热十项特色技术，为打造地热勘探开发利用技术体系奠定了坚实基础。地热勘探评价方面，通过创新研发地震+非震相结合的综合地球物理技术、重点区带地热资源精细评价技术，以及蓟县系岩溶热储与奥陶系断溶储层精细描述，在全国范围内优选出河北雄县等一类勘探靶区39个，山西太原等二类勘探靶区47个；选准靶区，卡准层位，高质量钻井，有效提高钻井成功率和单井产量，保持了地热开发成本基本平稳。地热开发利用方面，充分依托易漏失碳酸盐岩储层安全高效钻井技术、“地热+”多

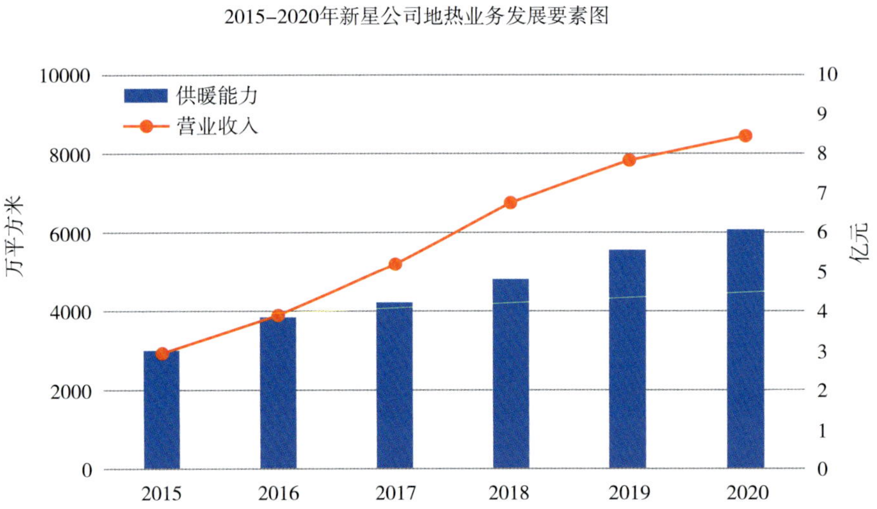


| 年度 | 2015 | 2016 | 2017 | 2018 | 2019 | 2020 |
|---|---|---|---|---|---|---|
| 替代标煤/万吨 | 66 | 85 | 93 | 107 | 122 | 133 |
| 减二氧化碳/万吨 | 175 | 226 | 248 | 283 | 326 | 354 |

2015—2020年新星公司地热业务发展与节能减排情况

能互补供热制冷技术、地热运行数字化信息化智能化技术，建设国内第一套拥有自主知识产权地热调控指挥平台——三维地热资源开发调控指挥系统，融合了地下水位监测、地热水资源调度、室内温度监测等功能，结合气候补偿系统进行供暖工艺全过程自动控制，实现了地热供暖的智能运行。地热环保与可持续开发方面，通过开展地热田开发数值模拟，进行地热温度场、压力场、化学场多场耦合，合理确定地热井间距，科学部署采水井、回灌井位置，优选地热井取水层位，精准止水，高质量固井，使砂岩地热井的出砂率降低90%以上，有效实现了地热井防砂与回灌，确保地热能源可持续开发。已累计获得授权专利51件，获得中国石化科技进步一等奖1项、二等奖1项，国家自然资源部科学技术一等奖1项。

## 成就与影响

新星公司致力于大力发展地热供暖业务，取得了显著的经济和社会效益。一是环境贡献大。截至2020年底，累计建成雄县、山西太原经济技术开发区、河北大名、故城、清河、霸州、容城、辛集、陕西武功、河南清丰10个地热供暖“无烟城”。在全国范围内拥有地热供暖能力8000余万平方米，年可替标煤232万吨，减排二氧化碳603万吨。二是产业贡献大。新星公司承担着国家地热能中心、中冰地热中心、地热能标委会等三个国家级平台的建设和运行；与业内机构组成联合体，代表中国成功赢得2023年世界地热大会主办权，助力中国地热产业登上国际舞台，为全球地热发展贡献中国力量和智慧；协助国家部委编制《地热能开发利用“十三五”规划》《可再生能源发展“十四五”规划》，在《关于促进地热能开发利用的若干意见》和《关于因地制宜做好可再生能源清洁取暖工作的通知》等政策的制定过程中提供技术咨询，建言献策；建立能源行业地热能专业标准体系，在国家能源局立项行业标准57项。三是经济贡献大。新星公司地热业务营业收入持续快速增长，“十三五”期间年均增速17%，2020年实现营业收入8.46亿元、利税总额1.69亿元。预计到“十四五”末，地热业务营业收入将达到20亿元，实现利润2.4亿元。

执笔人：黄嘉超、袁振武　新星公司
审核人：王建勇　油田勘探开发事业部
审定人：蔡勋育　油田勘探开发事业部

# 石化荣光

# 二

# 炼油与销售

# 前瞻性推进加工进口原油

20世纪80年代中后期，中国石化决定积极开展进口原油加工及相关配套工作，这是一项具有前瞻性、战略性的重大决策，对于适时满足国内油品消费需求、做大做强石油化工，起到了重要和长远的作用。

## 背景

从1983年中国石化总公司成立到20世纪90年代初，正是我国从原油净出口国向净进口国转变的时期，国内原油供应由国家计划分配逐步向市场配置过渡，国产原油价格由计划内平价经双轨制和高平并轨向国际市场价格靠拢。在此期间，中国石化作为下游加工企业，原油资源问题成为炼油和石油化工发展的重大制约因素。

当时，国产原油产量增长有限，还要优先保证出口。随着经济社会的发展，国内对油品和石化产品的需求快速增长，对原油的需求量越来越大。在此情况下，供中国石化加工的原油资源难有较多增长。中国石化担负着向全社会供应各类油品和化工原料、合成材料的社会责任，生产能力不断增长，显著增加了对原油资源的需求。由于计划内原油供应不足，许多炼油、化工企业生产装置吃不饱，出现“大马拉小车”和化工原料难以优化的局面，不能发挥出最佳效益。如何解决石化生产的原油资源供应、增加国内石化产品的产量以减少进口和节约外汇支出，成为迫在眉睫的重要问题。

## 决策过程

1988年1月，中国石化专门召开加工进口原油座谈会，研究部署加工进口原油的有关工作。决定从当年起，先选择沿海的茂名、广州、镇海、大连等几个企业进行试点。中国石化的做法得到了党中央、国务院的肯定。1988年7月24日，国务院领导同志批示同意《关于加工进口原油有关问题的请示》。在国务院的支持下，中国石化进一步分析国内陆上原油的发展形势和石油、石化产品消费增长趋势，把“扩大加工进口原油，解决国内资源的不足”列为重要对策，作出了总体部署。由于距离中国结束使用“洋油”的时代仅有20多年，当时国内对进口原油问题还存在不同看法，一些舆论对中国石化压力很大。对此，中国石化采取了多干少说的态度。

“八五”期间，党中央决定将石化工业建成国民经济支柱产业。1992年10月，党的十四大提出，“适当增加进口，更多地利用国外资源。”1993年3月，党的十四届二中全会通过的《中共中央关于调整“八五”计划若干指标的建议》明确指出，

“原油的国内供需缺口比较大，拟通过多进口一些原油来弥补。特别是东南沿海等地区，要更多地利用国际市场，多进口一些原油，以更好地发挥炼油装置的能力和弥补能源的短缺。”中央指示精神推动了进口原油的快速增长。

## 实施过程

大规模加工进口原油是一项系统工程。为搞好这项关系大局的工作，中国石化从不同时期的实际情况出发，研究采取了一系列配套措施。20世纪80年代后期开始探索适合国情的进口原油经营方式，90年代全面规划和大规模加工进口原油。在积极推进原油进口来源及品种多元化的同时，加快进口原油储运环节的完善配套，并在沿海地区建设进口含硫原油加工基地。

对炼厂进行加工含硫原油技术改造，首先要有相应的技术。中国石化决定通过自我开发和技术引进两个途径来解决，一方面加快自有技术开发，1991年开始实施的“十条龙”科技攻关，其中许多项目都是为加工含硫原油设立的；另一方面，引进了一些国外先进炼油技术。利用这些技术对炼厂普遍进行了技术改造，主要有：（1）从原油脱盐到常减压蒸馏的含硫原油加工技术和设备改造；（2）增加以加氢裂化为主的二次加工能力，调整原来二次加工以催化裂化为主的装置结构；（3）开发煤、柴油馏分加氢精制技术，催化裂化原料加氢处理技术，以及多种选择性和非选择性催化汽油加氢处理技术，改善炼厂产品结构，降低汽油的硫含量、烯烃及苯含量，降低柴油硫含量和提高十六烷值，提高油品质量；（4）实现高硫常压重油和减压渣油加氢脱硫技术的国产化，突破高硫渣油处理难关；（5）实现新一代连续重整设计与催化剂的国产化，为生产高标号汽油和芳烃提供最新的技术；（6）开辟高硫渣油经焦化加工后生产的高硫焦的利用途径，包括用作循环流化床（CFB）锅炉燃料等；（7）开发和发展通过气体加工、综合利用以生产高辛烷值汽油组分和化工产品的技术，提高炼厂气体利用效率和经济效益；（8）开发中东原油经减压深拔生产高等级道路沥青的技术；（9）发展油化结合的炼油加工工艺，多产优质化工原料油，包括多种加工方案的加氢裂化技术和中压加氢裂化尾油做乙烯裂解原料等；（10）推进大型炼油设备的国产化，特别是大型加氢反应器及其内构件大型新氢和循环氢压缩机、大型高效换热器、大型机泵等的国产化，以较少投资建设大型进口原油加工基地。同时，为加工含硫原油的气体脱硫、硫黄回收、尾气处理、含硫污水处理等环境保护技术也相应得以发展。

镇海炼化进口第一船原油

## 成就与影响

中国石化前瞻性推进加工进口原油，对于在国内原油产量增长有限的现实情况下，基本满足经济

具有自主知识产权的清洁油品生产技术——柴油加氢系列技术；高桥石化260万吨/年柴油加氢RTS装置

社会发展对油品快速增长的需要和加快发展我国石油化工产业产生了重要作用，作出了重大贡献。一是对保证国内油品供应起到了重大作用。汽、煤、柴三大类成品油合计消费量1990—2000年年均增长8.2%，2001—2005年年均增长8.7%。全国原油加工量由1990年的1.07亿吨增加到2005年的2.95亿吨，在这增长的近2亿吨加工量中，进口原油约占70%。2020年全国原油加工量达到6.74亿吨，其中70%以上是进口原油。二是促进了我国石油化工的快速发展。进口原油，特别是大部分中东原油的轻组分含量高，可提供大量优质化工原料。我国大型乙烯、化纤项目有了原料保证，得以快速发展。我国乙烯产量1990年仅157万吨，2006年达876万吨，2020年达2160万吨，成为居世界第二位的乙烯生产大国。在沿海经济发达地区集中形成若干加工进口原油的基地，也为我国石油化工向大型化发展创造了条件，起了促进作用。三是促进了我国石油炼制水平的提高。我国炼油企业已基本掌握了加工进口含硫原油的成套技术，整体技术水平有了很大提高。新技术应用和设备大型化使炼厂能耗、物耗大幅度降低；提高了各类加氢装置的比例，改善了炼油二次加工装置结构；产品结构更加符合市场需要，油品质量大幅度提高；油化一体化的加工流程大大提高了原油资源的利用效率。

经过30多年的实践和发展，进口原油加工在我国原油加工总量中的比重已超过国产原油。进口的国别和品种已发展到中东、亚太、非洲、俄罗斯、欧洲/苏联地区、西半球地区等40多个国家及地区、上百个品种。进口通道和储运设施不断完善，进口原油管网已覆盖全国所有炼厂。进口原油加工在我国经济社会发展中已占有重要的战略地位。

执笔人、审核人：单洪青

经济技术研究院有限公司

# 引领我国成品油质量快速迭代升级

中国清洁汽油的发展经历了高标号化、无铅化、降烯烃、低硫化的进程，清洁柴油的发展经历了低硫化、低芳化、高十六烷值、高润滑性的进程。在我国成品油质量快速迭代升级过程中，中国石化领衔研究并建立了世界先进的、中国自己的车用汽柴油标准体系，开发了具有自主知识产权、适合不同排放阶段的汽油生产技术路线，以及定向调控汽柴油组成的工艺及系列催化剂，为我国车用汽柴油质量升级提供了完整解决方案，自主创新历程必将成为科技自立自强的中国经典。

## 蹄疾步稳，快速升级

我国成品油质量升级始于20世纪90年代。1992年我国首次提出汽油无铅化，1997年大城市首先供应无铅汽油，到2000年全国实现无铅化，无铅化历程仅用了短短4年。

2000年起，我国汽油实现了从国Ⅰ到国Ⅵ阶段的快速迭代升级。国Ⅰ之前，我国汽油池的烯烃含量是欧洲的4倍，硫含量是欧洲的近10倍，汽油质量与世界水平有显著差距，升级难度极大。现在，我国实施的国Ⅵa阶段排放标准与欧洲目前执行的欧6c限值相比，一些指标更加严格；国Ⅵb阶段对一些指标的限值更是达到了美标ULEV70（2017年）控制水平，实现了与世界先进水平同步。在过去20年间，我国以平均3.5年一个阶段的步伐迅速与国际汽油质量水平接轨。尤其是在北

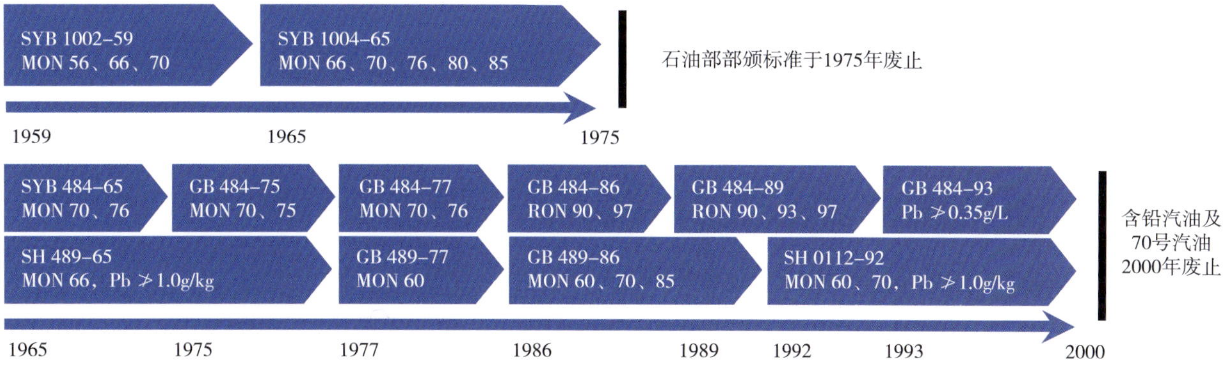


车用汽油（含铅）国家标准牌号演变过程

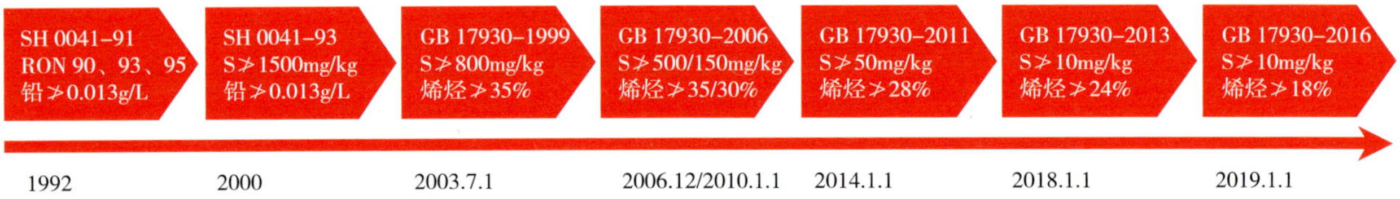

车用无铅汽油国家标准及质量演变过程

京等城市，低硫化进程的升级速度平均为2年一个阶段，而相同阶段欧美升级往往需要6～8年。

中国石化主导开展了我国柴油标准升级的系列研究工作，所属石油化工科学研究院牵头组织炼厂、汽车和发动机制造厂商进行了大量台架和行车试验。先后对GB 252进行了修订，并建立了车用柴油国家标准GB 19147，按照用途对我国柴油进行了细化。2009年发布实施满足国Ⅲ排放的车用柴油标准，2013年升级到国Ⅳ、国Ⅴ阶段，2016年发布满足国Ⅵ阶段排放的柴油标准。目前，我国柴油标准已经达到或超过欧盟和美国同类标准水平，为我国柴油清洁化、低硫化提供了指导和质量控制依据。

## 着眼标准，引领升级

国家标准的建立与制定，在成品油质量升级过程中举足轻重。标准的迭代升级可以指明行业的发展方向，倒逼行业淘汰落后产能，发挥着“提优补弱”的重要作用。同时，又不能脱离实际，既要“稳一稳”，不能大幅超越现有技术水平；又要“冲一冲”，不断鞭策行业发展。

20多年来，中国石化持续为国家标准的制定献计献策，总计投入科研经费超过2亿元，坚持不懈开展标准研究以及各阶段技术条件下的整车和台架试验，总累计试验里程超过千万公里、试验油品数量近150种，开发并建立起具有中国特色的国Ⅰ至国Ⅵ阶段柴油标准体系。

早在1993年，中国石化即开展了符合中国国情的“新配方汽油”研究。2000年，中国石化通过行车试验确定了国Ⅰ阶段汽油标准指标。一年后又通过“清洁汽车行动”等研究项目为国Ⅱ汽油标准中烯烃、芳烃及硫含量限值部分提供了可靠依据。

2003年，中国石化主持完成了国家“十五”科技攻关计划课题，根据课题的研究结果制定了国

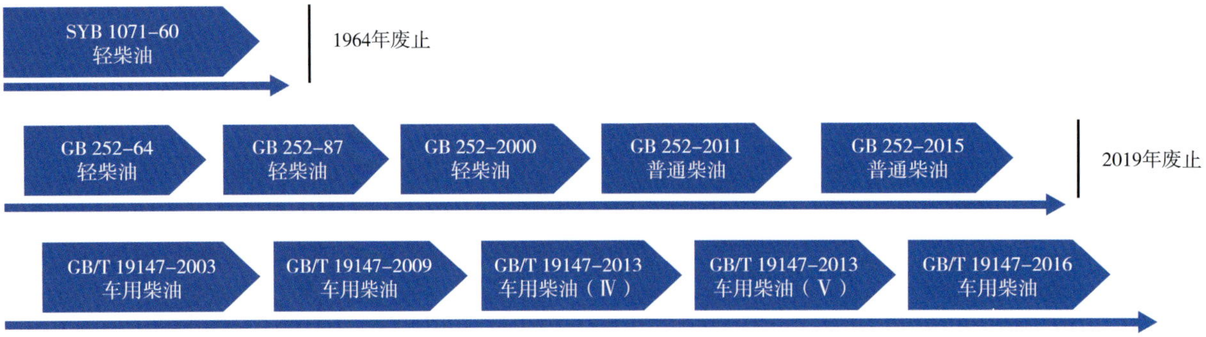

车用柴油国家标准演变过程

Ⅲ阶段汽油标准中的烯烃和芳烃含量限值，开创了独立自主制定中国清洁车用汽柴油标准的先河。同时，把车用柴油标准从轻柴油标准中独立出来，首次制定了车用柴油标准，既满足了柴油的多用途需要，又降低了生产成本。

2006年起，中国石化联合中国石油、日本丰田、德国大众、国家汽车质量监督检验中心及美国西南研究院、欧洲ISP实验室等十余家单位合作承担了国家“十一五”及“十二五”科技攻关计划课题。通过调研我国当时和未来燃油池主要质量指标情况，针对性地开展了理化试验、模拟试验、台架试验以及整车试验等多种专项试验，制定了符合国家第Ⅳ、Ⅴ阶段排放要求的GB 17930《车用汽油》和GB 19147《车用柴油》标准，为我国制定清洁燃料质量升级方案提供了指导。

2017年起，国家重点研发计划课题“适应国Ⅵ清洁汽油生产关键技术”和“适应国Ⅵ清洁柴油生产关键技术”启动。中国石化勇挑重担，研究了不同组成与性质的汽柴油对国Ⅵ排放的影响，并依据研究结果设计了满足不同需求的汽柴油生产方案。同时研究了不同乙醇含量对排放和燃油经济性的影响，以及全国乙醇替代现行含氧化合物之后的排放变化情况，为国家制定未来乙醇汽油实施政策及相关标准提供了数据支持。

## 创新技术，支撑升级

除了“创标”，配合建立起具有中国特色的国Ⅰ至国Ⅵ阶段汽柴油标准体系，中国石化还针对我国以催化裂化汽油为主的汽油池结构特点，自主研发了一系列生产高质量油品的关键技术，从供给侧入手助推我国成品油质量升级。

油品中的硫燃烧后会产生硫化物，不仅污染大气，更是导致酸雨的“元凶”。中国石化从降低催化裂化汽油中的硫含量入手，针对性地开发出了催化原料加氢预处理催化剂及工艺技术、渣油加氢与催化裂化优化组合改善汽油质量的RICP技术、降低催化汽油硫及烯烃的RIDOS技术、催化汽油选择性加氢脱硫系列技术，大幅提升了油品的清洁性。

汽油中的烯烃会导致油品在储存过程中氧化并生成沉积物，降低发动机使用性能，同时还会产生

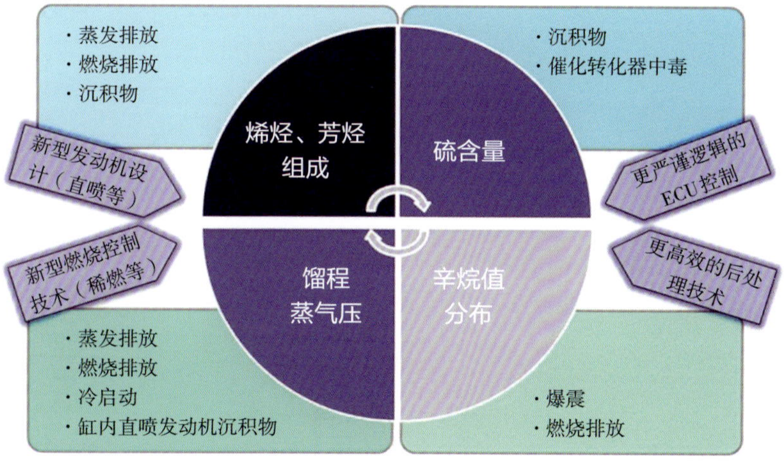

中国石化成品油质量升级研究领域

氮氧化物、二烯烃等有毒排放物。基于我国车用汽油是以烯烃和硫含量高的催化裂化汽油为主的情况，中国石化提出先降低催化裂化汽油烯烃、后降低催化裂化汽油硫含量的思路，巧妙化解了脱硫伴随着辛烷值损失的世界级难题，开发出独有的降低催化裂化汽油烯烃的MIP及CGP系列技术和配套催化剂，同时通过引进消化吸收再创新开发出独有的S-Zorb技术。由此，中国石化首次创建了降烯烃与脱硫先后分步集成的组合工艺路线，这是中国独有的技术路线。

辛烷值是衡量汽油质量的重要指标之一，我国汽油牌号中的数字就代表该汽油的辛烷值，汽油的辛烷值越高，其抗爆震性能就越好。中国石化为生产高辛烷值汽油先后开发了硫酸法烷基化技术、固体酸烷基化技术、连续重整生产高辛烷值汽油组分成套技术以及$C_5$/$C_6$异构化等技术，优化了我国的汽油池结构。

同时，中国石化针对我国加工原油品种多、质量杂的特点，开发出原油管道调合技术、汽油管道调合技术，以及炼油过程的先进控制系列化技术，通过智能化手段实现了汽油生产过程的安稳长运转，保证了汽油质量的稳定控制及低成本生产。

## 深耕厚植，着眼未来

在我国成品油快速迭代升级的过程中，中国石化结合我国炼油工业特点，基于我国不同阶段的环保和汽车排放要求，建立了适应我国国情的成品油标准体系，开发了满足不同阶段标准要求的汽柴油生产技术，通过“标本兼治、内外兼修”的总体升级方案解决了我国汽柴油质量升级、消费快速增长与环保减排压力三者之间的协同发展难题，为国家和石化行业作出了重要贡献。未来，中国石化将加快打造世界领先洁净能源化工公司的步伐，为改进我国汽柴油标准体系、提升我国成品油质量作出更大贡献。

执笔人：郭　莘、黄燕民、许友好、周云帆
石油化工科学研究院
审核人：李　鹏　炼油事业部
审定人：伊光明　炼油事业部

# 世界第一套催化裂解（DCC）装置在济南炼化建成



20世纪80年代末期，中国石化济南炼油厂（以下简称济炼）实施了催化裂解工艺工业放大试验，建成世界第一套催化裂解（DCC）装置，实现了炼油工艺向石油化工的延伸。

## 实施过程

1988年初，中国石化安排在济炼进行国家重大科技攻关项目——催化裂解工艺工业放大试验，将30万吨/年催化裂化装置改造为6万吨/年催化裂解工业试验装置。1988年7月1日开始改造，1990年11月开车成功。1991年7月，中国石化提出将6万吨/年催化裂解工业试验装置扩建为15万吨/年，为催化裂解装置进一步大型工业化提供操作和设计经验，同时为济炼"八五"期间新建的甲基叔丁基醚装置以及丙烯利用项目提供充足的原料，并将该项目列入中国石化"十条龙"攻关项目之一。

1992年9月，扩建15万吨/年催化裂解装置开始建设，采用催化裂解工业化技术（Ⅰ型）、CHP-Ⅰ催化剂和催化裂解工程设计技术，针对工业试验装置存在的系统易结焦堵塞、高密度堆积使催化剂不易流化、分馏塔下部进料温度高、塔顶气体负荷大等问题，裂解反应采取了提升管加床层反应器、分馏塔顶两段冷凝分离等工艺。1994年4月完成全部改造内容，工程质量验收合格，1994年5月10日交付生产管理，1994年6月21日实现一次开车成功。之后连续运行4个月零8天，10月28日完成技术标定后停工。投料试车期间设备运行情况良好，工艺参数达到设计要求，产品质量合格，符合国家竣工验收条件。

济南炼化旧貌

1990—1996年催化裂解装置生产情况

| 年份 | 开工天数 | 加工量/吨 | 干气收率/% | 液化气收率/% | 汽油收率/% | 轻柴油收率/% | 重柴油收率/% | 油浆收率/% | 烧焦收率/% | 损失率/% |
| --- | --- | --- | --- | --- | --- | --- | --- | --- | --- | --- |
| 1990 | 46 | 6539 | 10.4 | 24.61 | 15.64 | 0 | 19.71 | 2.29 | 10.29 | 17.06 |
| 1991 | 68 | 12909 | 9.08 | 40.04 | 21.15 | 0 | 19.74 | 0 | 8.81 | 1.45 |
| 1992–1993 | 检修改造 | — | — | — | — | — | — | — | — | — |
| 1994 | 133 | 49037 | 10.75 | 36.03 | 22.94 | 17.38 | 0 | 0 | 9.69 | 3.21 |
| 1995 | 138 | 66308 | 6.2 | 34.73 | 31.95 | 18.06 | 0 | 0 | 7.73 | 1.34 |
| 1996 | 120 | 59464 | 5.97 | 31.58 | 30.73 | 21.91 | 0 | 0 | 8.83 | 0.98 |

## 成就与影响

催化裂解工艺突破了蒸汽裂解的传统工艺，把以生产汽油为主的催化裂化技术，发展为可生产高辛烷值汽油和低碳烯烃的新技术，开创了一条以重质油为原料、直接制取低碳烯烃的新途径。根据对15万吨/年装置的标定结果，干气中$C_{2+}$的组分含量一般在1.02%（体积）以下；液化气中$C_{4+}$的组分含量一般在1.0%（体积）以下，$C_3$以下的组分含量一般在0.5%（体积）以下。

催化裂解工艺工业放大试验装置开车成功后，催化裂解工业化成套技术（Ⅰ型）获中国石化科技进步特等奖，CHP-Ⅰ催化裂解催化剂获中国石化科技进步一等奖，催化裂解过程设计技术获中国石化科技进步二等奖。催化裂解（Ⅱ型）工艺及CIP-Ⅰ、CRP-Ⅰ催化剂及工艺应用获得中国石

济南炼化夜景

济南炼化全貌

化科技进步一等奖。该技术许可泰国、沙特和印度等国的6套装置，及应用于安庆石化的40万吨/年装置和大庆炼化的30万吨/年装置，均取得较好的经济效益。

执笔人：陈书聚　济南分公司
审核人：李　鹏　炼油事业部
审定人：伊光明　炼油事业部

石油重质组分催化裂解（Ⅰ型）制取低碳烯烃工艺及催化剂获1995年国家技术发明一等奖

# 世界第一套多产异构烷烃催化裂化（MIP）装置在高桥石化建成

我国车用汽油是以烯烃和硫含量高的催化裂化汽油为主，降低其烯烃和硫含量是车用汽油质量升级的关键。降低烯烃和硫含量又保证辛烷值不损失是一个世界级难题。石油化工科学研究院通过对实验结果和烃反应化学分析，发现通过流化床变径可以构建裂化和转化两个反应区，提出了多产异构烷烃的催化裂化工艺（MIP）。MIP工艺可选择性控制裂化反应、氢转移反应和异构化反应，从而定向调控汽油组成，灵活调节汽油中的烯烃含量。

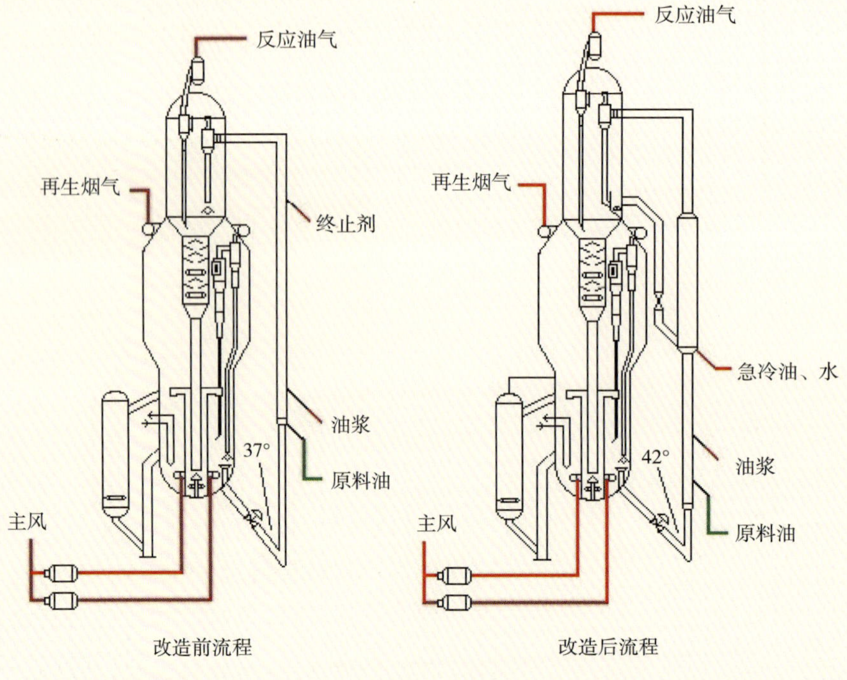


两器改造前后简图对比

高桥石化140万吨/年MIP装置

## 背景

随着汽车工业的发展，汽车尾气中污染物的排放造成的大气污染问题引起世界各国普遍关注。我国于1999年发布了国家标准《车用无铅汽油》（GB 17930—1999），于2000年1月1日实施。该标准规定车用汽油中烯烃含量不大于35%（体积），芳烃含量不大于40%（体积），苯含量不大于2.5%（体积），硫含量不大于0.1%（质量）。当时我国车用汽油是以烯烃和硫含量高的催化裂化汽油为主，降低烯烃和硫含量是车用汽油质量升级的关键。为此，中国石化将MIP项目列入2001年“十条龙”攻关项目。

## 实施过程

2001年4月27日，中国石化审查通过高桥石化3#催化裂化装置改造为140万吨/年MIP装置的方案，8月10日又组织专家对MIP设计方案进行论证，在论证基础上确定了最后的设计方案。2001年12月15日开始进行改造，2002年2月4日实现世界首套MIP工业装置开车一次成功。

## 成就与影响

工业应用结果表明，MIP技术在大幅度降低催化裂化汽油烯烃的同时，产物分布优于常规技术，

MIP装置近景

总液体收率增加，汽油硫含量降低，是降低催化裂化汽油烯烃含量最佳和最经济的工艺技术之一。高桥石化催化裂化装置改造为MIP装置后，按吨原料计，收益由改造前的894.83元增加到916.91元，催化剂费用由改造前的16.46元降低为12.82元，能耗费用支出减少1.39元。2003年MIP加工量为144万吨，实现经济效益3503余万元。

MIP技术先后获100多项中国和外国发明专利授权。MIP工艺专利获2003年度中国专利优秀奖，反应器专利获2016年度中国专利金奖。中国石化MIP技术荣获2004年度国家科学技术进步二等奖，入选《烃加工》杂志出版的《2011年炼油工艺手册》，并在2011年美国NPRA年会上被评为生产清洁燃料的下一代催化裂化技术。

MIP工艺自2002年工业化应用以来，以其大幅度改善催化裂化汽油性质并同时改善产品分布、低能耗、操作简单等优势，在国内得到迅速推广应用，已应用到中国石化、中国石油、中国海油、延长集团和民营炼油企业的百余套装置，生产汽油量占我国汽油消费总量的50%以上，在我国车用汽油质量升级过程中发挥着不可替代的作用。伴随MIP技术开发，发明了变径流化床，首创变径流化床反应器的催化反应工程技术，为复杂气固催化反应提供了更加有效的开发平台。

执笔人：李　海、沈富春　高桥石化公司
审核人：李　鹏　炼油事业部
审定人：伊光明　炼油事业部

# 我国第一套重油催化裂化装置在石家庄炼化建成

1982年，石家庄炼油厂（现石家庄炼化分公司）与北京设计院、石油化工科学研究院、洛阳石化工程公司等单位合作，将原设计120万吨/年蜡油催化裂化装置改造为我国第一套渣油催化裂化装置，实现了加工60万吨/年大庆常压渣油的能力，为我国炼油技术进步作出了重要贡献。1987年该项目获得国家科技进步一等奖。

## 背景

20世纪80年代初，石家庄炼油厂350万吨/年原油加工能力具备雏形。然而随着国民经济调整，要求进一步压缩基本建设规模，不再铺新摊子，走技术进步的内涵式发展之路。1981年1月2日，石家庄炼油厂被缓建。为探索企业重生之路，石家庄炼油厂按照“前进中调整，调整中前进”的方针，创造性提出缓建工程维护方案，即常减压装置、催化裂化装置大改小。装置原设计为120万吨/年蜡油催化裂化加沥青路线，为充分利用资源并节约投资，计划寻找短流程、深加工的技术路线。渣油催化裂化与其他工艺相比，没有固体焦炭、沥青、低值瓦斯等二次产品的处理问题，比原来加氢工艺投资省、流程短，完全符合石家庄炼油厂追求的重生之路。当时，国外有几套100%加工常压渣油的催化裂化装置，国内只有小型试验成果，在控制焦炭生成、控制重金属污染、再生器剩余热取出和利用方面存在一定差距。尽管国内技术还没有在大型工业装置上应用过，有一定风险，但对石家庄炼油厂却是难得的机遇。将原设计120万吨/年蜡油催化裂化装置改造为60万吨/年渣油催化裂化装置，对弥补原料不足，尤其是对大设备进行小炼量维护性生产的情况，更为适合。经过不懈努力，最终得到正式批复。

## 实施过程

石家庄炼油厂委托北京石油设计院将原方案修改为加工大庆常压渣油（100%）的工业试验方案，并于1982年5月召开设计审查会讨论通过。设计审查会主要针对原料重、残炭值高，因而产焦多、热量过剩，原料中重金属含量高、催化剂严重污染导致产品分布变差的问题进行深入探讨和分析。石家庄炼油厂和设计院多次沟通商讨，全面制订开工和试验方案，双方共同负责试运、标定总结和申请技术鉴定等工作，确保了建设工程顺利进行。

重油催化裂化是一项全新的深度催化裂化技术，工业化试验创新点多、实施难度大，集中了

"六五"国家科技攻关奖状

设计、科研、生产等多方力量。科研单位开发的分子筛催化剂和提升管裂化技术是核心创新点。为抑制反应深度、降低生焦率，设计院开发了专用渣油进料喷嘴，优化喷嘴位置，适当加大进料雾化蒸汽量以及部分富气或干气循环进提升管。为了减少催化剂严重金属污染，在提升管反应器内加入金属钝化剂，创新性增设提升管中注水设施，通过大量喷水以降低渣油汽化和脱附的困难，提高提升管中气体速度，降低生焦率和重金属污染活性。为适应高放热要求并便于施工，设计院与施工单位密切配合，优化了再生器内盘管结构，在再生器内增设42根取热盘管，取热盘管采用立式结构，并在再生器密相床内沿器壁分组布置。这种结构比原有方案设备改动少、便于施工、传热效率高，满足热平衡回收利用再生余热。考虑取热盘管暂停通水后需要采取降温维护措施，为防止再次通水取热时因为急冷损坏盘管，在盘管上下弯头处都设防护挡板，增加了操作灵活性。

## 成就与影响

石家庄炼油厂常压渣油催化裂化装置成效显著。处理量由1000吨/天（减压馏分油）提高到1400吨～1700吨/天，使装置的主要设备如反应器、再生器、分馏塔、主风机、气压机、设备和加热炉等不需较大改动而处于较合理运行，便于设备维护和恢复，节约了大量投资。只开常压蒸馏（停掉减压蒸馏）、催化裂化加工常压渣油方案，与开常减压蒸馏、催化裂化加工馏分油方案比较，以年加工100万吨大庆原油为基准，经济效益从22000万元/年提高到32540万元/年，经济效益显著。在相同的原油加工量下，常压渣油催化裂化比馏分油催化裂化每天可多获利税约20万元。

石家庄炼油厂常压渣油催化裂化工业试验，为后续重油催化裂化设计和生产提供了经验和数据。石家庄炼油厂常压渣油催化裂化装置建设成功，使炼厂效益大幅跃升，把企业从缓建中"救活了"！

执笔人：王彦伟　石家庄炼化分公司

审核人：李　鹏　炼油事业部

审定人：伊光明　炼油事业部

# 我国第一套 200 万吨 / 年重油加氢装置在茂名石化建成

茂名石化于1999年12月建成投产我国第一套200万吨/年重油加氢装置，采用中国石化自主开发的渣油加氢脱硫（S-RHT）工艺技术及渣油加氢系列催化剂，实现了工艺技术和工程设计的国产化，结束了渣油加氢技术依赖进口的局面，对于提高加工高含硫原油的适应能力、降低原油成本、提高原油加工效益具有重要意义。

茂名石化200万吨/年渣油加氢装置

## 背景

加工进口原油，是保障国家能源安全和经济社会发展的重要举措。要在较长时期内获得稳定可靠的进口资源，原油来源必须立足于储量在世界上占绝对优势的中东地区。中东原油含硫量高，含硫原油特别是高含硫原油加工成为我国炼油行业在“九五”期间要解决的首要问题。中国石化在“九五”期间《原油资源和加工能力配置的规划意见》中，将茂名石化列为加工进口含硫原油的重点企业。茂名石化建设200万吨/年渣油加氢脱硫装置可使含硫原油加工能力接近1000万吨/年，其中高含硫原油近800万吨/年，占当时我国进口高含硫原油总量的1/3。

## 实施过程

新建200万吨/年渣油加氢脱硫装置纳入茂名石化1350万吨/年加工进口含硫原油改扩建工程实施。该工程从1994年开始规划，1997年2月完成总体设计，1997年11月获批准。该装置由洛阳石化工程公司实行项目总承包，1997年6月开工建设，1999年8月高标准中交，1999年12月30日引渣油开工，31日产出质量合格产品。

## 成就与影响

茂名石化200万吨/年渣油加氢脱硫装置采用中国石化“十条龙”攻关项目之一的渣油加氢脱硫

建设中的茂名石化200万吨/年渣油加氢脱硫装置

（S-RHT）工艺技术及渣油加氢系列催化剂，实现了工艺技术和工程设计的国产化，结束了渣油加氢技术依赖进口的局面。该装置投产以来，为茂名石化油品轻质化、产品质量升级、技术经济指标和经济效益提升作出了巨大贡献。

200万吨/年渣油加氢脱硫装置是我国首套采用国内固定床渣油加氢技术及催化剂，主要设备自行设计、制造和安装的国产化装置。它的建成及成功投产，填补了我国在渣油加氢技术领域的空白，标志着我国渣油加氢技术在赶超世界先进水平的历程中迈上了一个新台阶。

执笔人：杨庆伟、谭博文　茂名石化公司

审核人：李　鹏　炼油事业部

审定人：伊光明　炼油事业部

# 我国第一套国产化加氢裂化装置在镇海炼化建成



20世纪90年代初，由我国自行设计、制造、安装的第一套国产化大型加氢裂化装置在镇海石化总厂（现镇海炼化分公司）建成投产，对我国炼油工业和机械制造工业水平的提升产生了深远的影响。

## 背景

20世纪80年代末，航空运输蓬勃发展需要大量优质航空煤油，塑料工业和精细化工需要更多的优质原料，迫切需要实现加氢裂化装置国产化。拥有自己制造的代表石油化工前沿水平的加氢裂化装置，结束加氢裂化装置长期依赖进口的历史，一直是老一辈石化人的梦想。中国石化决心摆脱加氢裂化关键核心设备依赖进口的现状，依靠自己的力量建设大型加氢裂化装置。然而加氢裂化装置中有大量高压氢气，项目建设万一发生事故，后果不堪设想。中国石化决定把这个艰巨任务交给镇海炼化。1986年7月26日，国家计委、国务院生产办公室批复《镇海石油化工总厂80万吨/年加氢裂化装置可行性研究报告》，项目进入启动阶段。1988年5月13日批复初步设计，项目正式进入建设阶段。

## 实施过程

在一片滩涂地上建成第一套国产化大型加氢裂化装置是前所未有的挑战。在建设过程中，镇海炼化秉持担使命、勇奉献、敢负责的态度，强化设计力量、严把制造质量、管控运输安装、落实工艺措施，1993年9月23日装置一次试车成功。

为在装置源头设计上取得最佳成效，洛阳石化工程公司汇集数十年石油化工装置设计经验，经过反复比较、修改，历时2年多，完成了主要施工图的设计。加氢裂化装置的多数关键设备在我国都是第一次制造，原国务院重大装备国产化办公室组织全国相关专业的专家进行技术攻关，原机电部派出我国设备制造方面的最强阵容，对加氢裂化反应器、新氢压缩机、循环氢压缩机、原料泵等关键设备开展研制工作。

为确保国产化设备质量，镇海炼化抽调人员常驻关键设备制造厂，对设备制造质量进行全过程管控，把关设备选材、焊接和装配。其中上海锅炉厂和上海重型机械厂联合制造的加氢裂化反应器重达560吨，是我国当时制造的单体最重的化工设备。为保证“全国第一重”从上海安全运达镇海，镇海炼化与沪浙两省市的多个单位通力合作，最终选用东南亚最大的2500吨“大力号”浮吊和800吨平

镇海炼化1#加氢裂化装置1

镇海炼化1#加氢裂化装置2

板车，同时对从大件码头到工地近10千米的道路进行整修，对沿途所有桥梁进行加固，于1991年6月12日将反应器顺利吊装就位。

在80万吨/年加氢裂化装置高压设备安装过程中，镇海炼化严把设备安装质量关，对每根安装在管道口上的高压螺栓做材质检查；对每片法兰垫片进行硬度测试，确保每个部件都达到设计要求。高压系统的安装、焊接均达到优质标准，装置气密性运行仅用1个多月，耗时仅为进口同类装置的1/3左右。

经过140多个日夜的艰苦努力，于1993年9月23日凌晨打通分馏部分流程，生产出第一批航空煤油、柴油和石脑油等产品。试车人员一鼓作气，于4日后实现全流程贯通，产品全部合格。试车时间比同类进口装置短2～6个月，创造了我国加氢裂化装置试车新纪录。

## 成就与影响

镇海炼化新建第一套国产化大型加氢裂化装置自1993年4月底中交到1993年9月27日产品全部合格，标志着我国自行设计、制造、安装的第一套国产化大型加氢裂化装置投产一次成功。1993年10月，中国国产航空油料鉴定委员会组织相关单位进行联合化验，确认镇海炼化生产的航空煤油质量完全符合国家标准，其中多项指标远优于进口产品。

镇海炼化第一套国产化大型加氢裂化装置一次试车成功且长周期平稳运行，意味着我国具备了独立设计、制造、安装代表石化行业前沿水平的加氢裂化装置的能力，摆脱了依赖进口的局面，为石化行业走创新发展之路打下了坚实的基础。

1991年6月，560吨加氢裂化反应器起运

执笔人：孙　兴　镇海炼化分公司
审核人：李　鹏　炼油事业部
审定人：伊光明　炼油事业部

# 我国第一套单系列千万吨级炼油装置在青岛炼化建成

21世纪初，中国石化实施了我国首套单系列千万吨级炼油项目——青岛炼化1000万吨/年大炼油工程。青岛大炼油工程具有规模经济、技术先进和环保领先的特点，是国内管理机制最新、企业定员最少的特大型炼油企业，打造了炼油业务新标杆，为后续建设大型炼化基地提供了实践经验。

## 背景

20世纪90年代，受国内原油资源的限制，新增石油需求主要依靠进口原油解决，其中多为通过海运进口的中东、西非和亚太地区原油。从全球看，原油重质化、劣质化、高硫化趋势明显，建设大型重质原油加工基地成为我国炼化产业结构调整的重要方向，也是国际炼油产业的发展趋势。青岛是我国重要的原油进口和输转基地，地理位置优越，具备发展大炼油的条件。

90年代初，青岛大炼油项目由山东省、青岛市和中国化工进出口总公司、沙特石油公司、韩国双龙株式会社发起，并向原国家计委报送了项目可研报告。由于国家计划的调整，项目暂缓进

2007年12月31日，青岛大炼油工程中间交接仪式

2007年6月13日，大件设备吊装现场



行。2001年2月，山东省政府、青岛市政府和中国石化签署合作协议，再次启动青岛大炼油项目。2002年7月17日,原国家计委批准项目立项。2003年6月，中国石化、山东省和青岛市将青岛大炼油项目可研报告上报国家发改委。同年12月，国家发改委办公会审查通过该可研报告。2004年6月，国务院常务会议讨论通过该可研报告，工程正式启动。2004年10月，青岛炼化公司注册成立。2005年11月，中国石化批复工程总体设计。

## 实施过程

建设单系列千万吨级炼油装置在国内没有先例，在我国石化工业史上具有开创性意义。青岛大炼油工程采用当时世界先进的“IPMT（工程一体化项目管理）+EPC（设计、采购、施工总承包）+工程监理”的模式进行建设，充分发挥中国石化集团化优势，努力把青岛大炼油工程建设成为“投资省、工期短、质量优、效益高、符合HSE要求”的优质工程，建设成为21世纪“国际一流、国内领先”的高水平炼厂。

为建设“效益工程”，注重项目管理机制和制度创新。成立IPMT管理小组，全面负责项目管理工作。修订完善财务、安全和生产管理等25类、301项规章制度，形成了较为完善和规范的项目管理制度体系。

为建设“优质工程”，健全质量管理体系，加强质量控制。坚持“早介入、细检查、严落实”，重要工程技术方案先组织专家论证后付诸实施，对工程质量控制点实行ABC分级严格管理。建设期间，共检查和整改质量隐患等工程问题15700余项，为工程顺利中交和投产奠定了扎实基础。

为建设“安全工程”和“绿色工程”，高度重视全过程、全员和全方位HSE管理。采用业主、监理、EPC、施工单位“四级”HSE管理方式，健全HSE岗位责任制和HSE管理体系。高度重视对HSE工作的检查和考核，建设期内共发出HSE整改通知书5000余份，确保了HSE工作始终处于受控状态。

青岛大炼油工程共建设15套工艺生产装置和相应的公用工程、辅助设施，采用中国石化自主知识产权的炼油技术，技术设备国产化率达96%以上。2006年5月开工建设，2007年12月31日如期建成中交，历时20个月，刷新了国内外同类装置建设史上的新纪录。2008年4月12日以常减压装置备料开车为标志，历时42天打通全厂流程，实现投料开车一次成功，为确保奥运用油和青岛奥帆赛的成功举办作出了贡献。

## 成就与影响

青岛炼化按照国际先进的管理模式进行运作，主营业务实行扁平化管理，生产生活服务依托社会化管理。持续推进体制机制创新、制度创新和管理

青岛炼化全貌

创新，努力建设资产结构优良、员工结构精干、管理结构精简的现代化企业。按照国际专业评价体系，生产经营指标达到炼油行业亚太地区领先水平。劳动生产率处于行业世界领先水平，吨油现金操作费用、吨油利润、人均利润在中国石化大型炼化企业中保持领先；连续8年蝉联“能效领跑者标杆企业”榜首；连续7年在中国石化炼油专业竞赛中排名第一；多年入围山东百强企业、青岛十强企业，被国家人力资源和社会保障部和国资委联合授予“中央企业先进集体”荣誉称号。

青岛炼化1000万吨/年大炼油工程建成投产，标志着我国石化工业朝着现代化大炼油基地建设迈进了坚实的一步，为后续千万吨级大炼油项目建设提供了经验。同时，在能源综合利用、节能减排等领域开拓了热量整体利用、能源耦合的新思路，实现了建设21世纪“国际一流、国内领先”炼厂的既定目标，为国家炼化产业结构调整、建设大型重质原油加工基地丰富了实践经验。

执笔人：刘　煜　青岛炼化公司
审核人：李　鹏　炼油事业部
审定人：伊光明　炼油事业部

# 我国第一个大型海外炼化项目——沙特延布炼厂

沙特延布炼厂坐落在沙特西部海岸、红海之滨，是中国石化和沙特阿美公司合资建设的世界级、全转化型炼厂，占地520万平方米，主要包括常减压、柴油加氢、加氢裂化、延迟焦化、干气脱硫、石脑油加氢、异构化、连续重整、苯抽提等9套工艺装置，设计加工能力2000万吨/年（40万桶/日），原料为阿拉伯重油，每年生产符合美国标准的汽油380万吨、符合欧Ⅴ标准的柴油1160万吨、石油焦200万吨，以及硫黄、苯、液化气等产品。

沙特延布炼厂是典型的大型石化工程建设项目，具有建设周期长、工程量大、技术水平高、投资金额大、管理界面多、质量要求高等特点。自2006年启动FEED工作，到2014年建成投产，

历时8年。完成的工程量主要包括：混凝土44.4万立方米，钢结构8.8万吨，设备17万吨，地下管道213千米，地上管道3920千米，电气电缆4552千米，仪表电缆4033千米。延布炼厂的装置规模均为世界级，其中2000万吨/年常减压装置和650万吨/年延迟焦化装置是世界单套能力最大的装置。

项目自2010年8月15日启动EPC工作，于2014年10月15日机械完工，2015年1月顺利实现产品出厂，按照既定工期完成项目建设，实际完工投资低于计划投资，质量指数达89%（根据沙特阿美标准，达85%则为优秀），实现安全人工时1.6亿个。

沙特延布炼厂项目于2015年荣获普氏全球能源大奖（Platts Global Energy Awards）之“年度最佳建设工程（Construction of the Year）”。2016年获得中东经济文摘（MEED）颁发的海湾地区最佳工程奖（the MEED Project Awards）“双冠王”，被评为“年度最佳油气项目（GCC Oil & Gas Project of the Year）”和“年度最佳特大项目（GCC Mega Project of the Year）”。该项目还获得中国驻沙特大使馆、沙特中资企业协会授予的“2014—2015年度沙特优秀中资项目”奖。

2016年1月20日，国家主席习近平在访问沙特期间出席了延布炼厂投产启动仪式，和沙特国王萨勒曼一同按下了炼厂投产运营启动按钮，标志着延布炼厂项目成为中沙经贸合作史上的典范项目。习近平指出，中沙在能源领域的互利合作给两国人

延布炼厂焦化装置

灯火辉煌的延布炼厂

民带来了实实在在的利益。延布炼厂项目既符合沙特经济优化升级、能源产业升级的国家发展战略，也契合中国同丝绸之路沿线国家在“一带一路”框架内开展互利合作的发展思路，双方的合作必将为提高两国经贸和能源合作水平、推动中沙战略关系全面深入发展作出更大贡献。

执笔人：门宽亮　工程建设公司
审核人：李　鹏　炼油事业部
审定人：伊光明　炼油事业部

# 首推 IC 加油卡 实现“一卡在手、全国加油”

中国石化是国内首家推出大规模商业应用IC卡交易模式的企业。自2003年投入运行以来，中国石化加油卡作为客户加油服务的载体，在提高客户忠诚度、增强品牌影响力等方面发挥了巨大的作用，彰显了中国石化为经济社会发展、人民美好生活服务的央企责任。

## 实施过程

中国石化早在2000年就将加油卡系统作为信息化建设的重要内容，推进成品油零售支付电子化，解决现金找零不便、资金管理风险等问题，实现支付高效便捷、交易功能齐全、资金管理安全。

早期计划与国内商业银行合作，由银行投资进行工程建设。2000年6月，与三家银行正式签署中国石化金卡工程银企合作协议，组建“一司三行”联合工程建设办公室，完成《中国石化加油集成电路（IC）卡应用规范（V1.0版）》《中国石化金卡工程总体方案》的设计及评审工作。后因国家规定商业银行不允许直接投资企业进行项目建设等金融政策限制，2001年底中国石化决定利用自有资金，借助银行网络和服务，按照前期与银行合作原有技术方案和标准，加快IC卡项目的实施进程。

2002年1月，中国石化加油卡工程立项启动。2003年在北京、苏州、福州三个城市试运行。2004年底，中国石化加油卡实现在主营区内19个省市全面推广。建设之初，突出“加油快捷、使用方便、积分回馈、用油管理”特色功能，结合加油站网络条件的实际情况，系统设计采用联机充值和脱机加油相结合的模式，加油卡卡片采用具有卡钱包功能的智能IC卡，形成加油卡系统的基本框架，为快速发展奠定了坚实基础。目前，主营区内加油卡系统已建成1个全国数据管理总中心、1个全国客户服务总中心、23个省级数据及管理中心。

2004年开始组建销售企业加油卡客服中心，开通客服热线（95105888、95105988），为超过1.7亿持卡客户提供咨询与服务。

加油卡全国机场广告图

中国石化加油卡自发行以来，紧紧围绕客户需求，不断完善服务功能，提高服务效率，提升品牌形象。2005年开始，制定“统一策划、统一宣传、统一营销、统一客服、统一积分增值服务”的推广策略，发挥集团化运作优势，通过电视、广播、网络、平面广告等多种媒体宣传；围绕F1、奥运会、全运会、柴油大客户开发、军队服务等不同主题，发行了全运会纪念卡、冬奥会纪念卡、中交兴路柴油专业卡、军队卡等各类特色卡。

2012年，主营区外加油卡系统正式上线后，采取大集中的架构开发模式，IC加油卡覆盖加油站3.1万座，联网发卡充值网点2.3万个，实现了“一卡在手，全国加油”。2014年推出加油卡网上营业厅（www.sinopecsales.com和www.jyk365.com）和手机客户端，客户足不出户即可办理自助充值、预分配及查询、挂失、小额退款、异地圈存等业务。

大力推广加油卡“进集团、进政府机关、进物流企业、进社区、进村镇、进车展”活动，组建专职加油卡客户经理队伍，做好大客户开发与维护。统一推出“油中感谢”积分活动，积极拓展丰富多

2022年冬季奥运会加油卡

2008年奥运会加油卡营销宣传

2014年1月推出加油卡网上营业厅

彩的增值服务项目，通过与银行、保险、汽车等多平台多品牌合作，在统一App、企业自建App及微信公众号等平台拓展加油卡客户线上充值引流渠道，为客户提供服务新体验，提升加油卡知名度和美誉度，彰显企业品牌形象。

## 成就与影响

截至2021年7月，中国石化加油卡累计发卡量3.1亿张，持卡消费比例达50%，拥有1.7亿加油卡客户、超1800万个终端企业忠诚客户群体。“一卡在手，全国加油”成为引领成品油零售市场的新潮流。中国石化加油卡成为国内最有影响力的预付费卡，两次被商务部评为“最有品牌影响力”的企业预付费卡，获得人民网评选最受消费者欢迎的预付卡第一名。

加油卡系统提升了企业管理水平，实现了交易支付电子化、数据采集自动化、油价变更快捷化，规避了油票时代的假油票、倒卖油票带来的问题，

中国石化加油卡在2013年、2014年连续两年获得全国“最具影响力品牌奖”

减少了现金找零不便和现金收取风险，提高了车辆加油通过率。同时，依托综合实体服务平台，以1.7亿个加油卡客户为纽带，吸引了诸多企业合作资源，促进向综合能源服务商转型发展，不断拓展新的效益增长点。

执笔人：陈　莉　油品销售事业部
审核人：段义彭　油品销售事业部
审定人：张　刚　油品销售事业部

# 我国最大“人·车·生活”综合服务生态圈
## ——易捷

易捷自2008年创建以来，从无到有、从小到大，拥有2.78万座便利店，数量居全国连锁便利店第一，现已从单一的便利店业态发展成为集便利店、汽服、快餐、广告、咖啡、保险等多种业态为一体的“人·车·生活”综合服务生态圈，并推广了“易捷到车”“易捷到家”等加油购物新场景，打造特色商品销售平台，实现了线上线下一体化融合发展。

### 背景

我国汽车产业发展迅速，汽车日益进入寻常百姓家，传统加油站单一的加油服务难以满足有车一族的多样化需求，在加油的同时能享受到多功能、综合性、一体化的服务越来越成为人们的迫切愿望。2008年起，中国石化在国内成品油行业率先发展非油品业务，把旗下加油站改造为集加油、中途休息、餐饮、购物及汽车维修于一体的综合性服务场所。2008年1月9日，中国石化北京龙禹玉泉加油站得来速餐厅汽车服务站落成，为消费者提供车辆加油、便利店购物、麦当劳快餐、汽车美容保养快修等一站式服务，开创了国内加油站服务的全新模式。

2008年1月9日，中国石化北京龙禹玉泉加油站得来速餐厅汽车服务站落成

2014年3月17日，中石化易捷销售有限公司正式揭牌成立

2010年2月11日，商务部发布《关于促进加油站非油品业务发展的指导意见》，要求进一步提升加油站整体服务水平和服务质量，以发展加油站便利店为契机，建立健全集加油、购物、用餐、休息、汽车保养与维修等为一体的综合服务体系，为消费者提供系列化、便利化服务。这为中国石化非油品业务发展提供了政策支持。

## 发展历程

2005年4月，确定“易捷”为中国石化非油品业务中文名称，“跳跃的人”图案为非油品业务形象标识，该造型从中国石化辅助图形的圆点设计引申而来。2010年7月，中国石化明确非油品业务是主营业务之一，把加油站打造成汽车生活驿站，拉开了新形势下进一步做强营销网络的第三次战役。2011年易捷便利店达到近2万家，作出了“易捷万店无假货”承诺。

2014年3月，易捷公司正式揭版成立，精选适销商品种类，积极推出自有品牌，跨界联手各大知名企业，拓展汽服、快餐、保险、广告、汽车环保用品等产品和服务，探索出具有自身特色的加油站综合服务运营模式，非油品业务进入提质加速期。2015年，荣获中国商业创新十佳领导品牌；赞助北京国际田联世界锦标赛，成为官方供应商，易捷卓玛泉成为官方唯一指定用水。2016年，赞助国际田联挑战赛和长城马拉松，易捷便利店突破2.56万座。2017年，赞助全运会等体育赛事，全面彰显易捷积极向上的品牌形象。2017年6月8日，易捷公司与宝利德控股集团合资成立易捷澳托猫汽服专业公司，推动汽服专业化发展。为使客户享受到更加便捷的多元服务，易捷发展汽服、餐饮、广告、金融等多种业态，提供生活缴费、ETC充值、处理违章代办等多种便利服务，进一步拓展服务范围，建成加油站汽服网点8000余座，拓展餐饮门店1000余座，开发广告媒体14万块。

2018年9月，为了让消费者享受“钜惠购物”，易捷首创线下便利店购物节——易捷易享节，在全国百城万店推出购物狂欢盛会。打造易捷易享节，以节为媒，企地联合，把各地优质、特色产品通过易捷带到全国，为广大客户提供高品质放心国货，让更多消费者认识并熟悉易捷品牌。2019年，第二届易捷易享节发布全新品牌“易捷咖啡”，首批易捷咖啡店在苏州9家中国石化加油站同步开业；举办中国石化扶贫商品展销会，践行消费扶贫，全国易捷便利店在售扶贫产品达880种；上线小程序活动，线上线下结合，引发市场广泛关注。2020年，第三届易捷易享节在湖南长沙启动，精心策划“点亮行动”，相继点亮12座城市地标，凭借专属营销IP，店庆三天的销售额突破10亿元，创历史新高。

易捷积极拓展微信、App等线上渠道，搭建线上营销及客户服务平台，提供加油相关服务、商城购物服务、会员服务及第三方合作等业务，实现线上线下业务相互引流，相互促进。在国内消费升级的大环境下，跨境电商市场高速发展，推出自有跨境电商平台易捷国际。易捷国际依托香港及燃料油公司的地理和资金优势，通过境外直采、一级代理等方式，为消费者提供各品类进口商品。

2020年推出“易捷到车”业务

2020年初，针对疫情肆虐下“市民买菜难、农民卖菜难”问题，易捷迅速推出“加油不下车、购物不接触、一键送到后备厢”“易捷到车”业务，在特殊时期为客户提供无接触式的安心服务。随着业务发展及全国统建能力提升，易捷整合全国资源，围绕加油充值、线上购物、会员服务等核心业务，推动建成全国统一线上平台（加油中石化App&小程序），并逐步拓展“易捷到家、易捷到车、易捷自提”等不同业务场景，具备易捷商城、在线直播、车主福利、平台分销及扫码购等应用功能。

## 成就与影响

多年来，易捷坚持“大格局、大合作、大发展”理念，加大线上线下融合，跨界整合资源，多业态聚合，着力与广大消费者、合作伙伴、员工一起打造共享共赢平台。如今，中国石化加油站业态丰富、服务多样，逐步成为“人·车·生活”综合服务生态圈，全方位满足车友的生活需要。2021年，易捷品牌价值达到184.61亿元，连续4年保持高速增长，成功入选“2021我喜爱的中国品牌”“人民匠心品牌”，成为中国石化品牌价值最高的子品牌。

易捷坚持打造更美好的“人·车·生活”综合服务生态圈的探索与实践，逐步实现了线上线下渠道融通、一站式服务和精准营销，是打造具有中国石化特色的“互联网+”商业生态圈中的重要环节。同时，易捷在抗疫保供、脱贫攻坚等重大事件和国家战略中积极作为，推动消费高品质发展，助力畅通国内大循环，赢得了社会各界广泛赞誉。

执笔人：吕志亭　易捷公司

审核人：段义彭　油品销售事业部

审定人：叶慧青　油品销售事业部

# 我国第一座商用油氢合建站在广东佛山建成

2019年中国石化在广东佛山建成全国首座商用油氢合建站——樟坑油氢合建站，为当地现有氢燃料公交车提供加氢服务，也为中国石化构建氢能一体化产业链作出有益探索。

## 背景

在绿色可持续发展大背景下，能源变革加快推进，以氢能为代表的新能源发展迅猛。一直以来，广东省在新能源拓展方面走在全国前列，出台政策为氢能落地提供了可靠保障，氢燃料电池车辆推广量也稳居全国前列。从广东全省看，佛山市在氢能发展方面最具优势，早在2017年就制定了“佛山市氢能源产业发展规划”，积极提前部署。经过反复论证，中国石化最终确定将佛山作为发展加氢站的突破口。

经过多次现场勘查和评估，在充分听取专家意见的基础上，选定樟坑加油站作为加氢站的选点。该站位于佛山市南海区一条氢能公交线路的起点，比邻南海氢谷产业园，相对空旷，人流不密集，周边的氢燃料电池车前来加注也很便利。综合考虑后续路网成本、客源类型、建站成本、运营模式，确定以油氢合建作为发展方式，即在已有的加油站中增建加氢设备设施，不仅集约土地、降低成本，也能快速完成新能源网络建设，也是未来加氢站的发展方向。

## 实施过程

油氢合建站当时在国内没有先例工程，是我国加氢站发展史的创新性项目。在樟坑站的建设中，中国石化加强对质量、进度、合规三方面的控制，成功创新了加氢站建设模式，开创了综合加能站的先河。

为确保工程质量，在项目建设前、方案确定前、试运营前，专家全程介入、全程服务。项目建设前，多次组织人员实地调研国内在营加氢站及相关设备生产基地、组织专家召开技术研讨会，充分学习加氢站的工艺流程、加氢站技术规范、设计规范、氢气使用安全技术规程、成套设备选型等相关专业知识，做好技术储备；方案确定前，组织专家评审方案，对项目进行HAZOP分析，并邀请业内顶尖专家把关方案，确保项目安全、规范、合理；试运营前，组织系统内驻粤中石化企业氢能设计、建设、运管等方面的专家对油氢合建站进行“三查四定”内部验收，重点锁定材料完备性、设备设施规范性、安全性，通过定整改要求、定责任单位、定时间节点、定整改措施，为油氢合建站安全运营奠定专业基础。

为确保工程进度，建设过程中严格按节点进行安全质量管控，并调动中国石化全系统的力量为该站保驾护航。组织设计方、施工方、集成商、监理方、中国石化在粤企业的氢能专家，进行施工图详细会审及技术交底，大到布局尺寸，小到氢支架结构均进行详细审查及大样图确定。随后，科学组织工程施工，施工过程主要分为土建准备、设备吊装、工艺装配、试压测漏、联调联试、生产试运行等环节，均要求严格遵循施工方案，每周工程调度例会及时协调解决施工中存在的问题，人员、材料、机具、工艺安装等实现有效衔接，加氢站扩建施工从设备制造到完工用时3个月（含雨季），达到预期目标。项目建设基本实现安全第一、质量可靠、工艺领先、投资可控的目标。

为确保合法运营，多次与佛山市政府各职能部门沟通，通过氢标委及住建局的联合验收，取得系统内首张氢气充装许可证、营业执照车用氢气经营增项、氢气经营许可审批，完成了油氢合建站依法合规的商业运营手续。

## 成就与影响

樟坑油氢合建站的建成投运，为中国石化氢能产业发展发挥了示范作用。首创在35兆帕充装体系采取加氢预冷系统，加注效率显著；压缩机前增设预冷系统，提高氢气压缩效率；在传统罩棚增加自然排放设施和强排风机，满足规范要求；经与当地消防部门沟通，消防水系统可从市政消防水管接入，取消站内消防水池，为其他加氢站设立消防水系统提供了借鉴。建设油氢合建站，形成氢能行业高地优势，是激活氢能产业链的“催化剂”，为销

2019年4月6日，广东佛山樟坑油氢合建站储氢罐吊装

广东石油佛山樟坑油氢合建站

售企业后续战略发展提供了全新可行的思路。

樟坑油氢合建站自投运以来，日加氢量峰值达722千克，目前已实现盈利，积累了氢站经营经验、品牌及市场份额等“无形资产”，助力企业提升核心竞争力。同时，中国石化加油站的经营范围得到扩展，开创了“油气氢电服”一体化综合加能站的先河，为客户提供更方便、更多元的优质服务。

执笔人：唐广宇、路宇歆　油品销售事业部

审核人：段义彭　油品销售事业部

审定人：冯　云　油品销售事业部

# 三

# 化工与材料

# 自筹资金恢复建设4套大乙烯

20世纪80年代初期，中国石化在国家政策支持下，决定自筹资金恢复大庆、齐鲁、扬子、上海4套30万吨/年乙烯工程建设。这一决策的成功实施，对我国乙烯工业的快速发展起到了重要作用，同时探索了利用外资的途径和方法。中国石化自筹资金搞建设，是我国投资体制改革的早期实践。

## 背景

1978年2月，经党中央批准，由原国家计委汇总向国务院提出引进国外先进设备的规划，在1978年签约、用汇约60亿美元的22项大工程中，包括大庆石化总厂、齐鲁石化公司各1套30万吨/年乙烯和南京的2套30万吨/年乙烯（1983年5月经国务院批准将其中1套易地到上海建设），这是继1976年在燕山石化建成我国第一套30万吨/年乙烯之后，国家批准引进的又一批大型乙烯项目。

1979年4月，党中央决定对经济工作采取"调整、改革、整顿、提高"的方针。1978年引进的4套乙烯项目，因资金严重短缺，成为当时经济调整的重点，1980年被正式列为停缓建项目，已签约进口的设备器材实行"接（收）、保（管）、检（验）"。考虑到国民经济发展对石化产品的迫切需求，1982年4月国务院决定大庆和扬子乙烯先着手恢复建设，此后齐鲁和上海乙烯也先后被批准恢复建设。

1983年中国石化成立后，承接了从原石油工业部、原化学工业部划归的这4套乙烯项目。国务院领导同志多次指示中国石化抓紧开展工作，想办法把4套乙烯建起来。恢复建设4套乙烯，需要投入200多亿元，中国石化资金紧张，国家财政、银行贷款不足，建设资金缺口严重。在这种情况下，中国石化按照党中央、国务院提出的"应当用经济办法办好经济事情"的要求，决定自找渠道、自筹资金。

经过反复慎重研究和多方案比较，中国石化提出5种办法：一是"四分政策"，即按照集资的比例分产品、分利润、分计税额、分算产值，同地方合作筹集资金；二是用石化产品集资，因当时石化产品供不应求，在批准额度内向地方供应产品，并向地方筹集资金；三是"以产顶进"，用部分产品顶替进口，取得的外汇专项用于还贷；四是发行企业债券，主要是为建设上海乙烯发行了8期企业债券，累计金额20.55亿元；五是借用国外贷款，包括政府贷款、混合贷款、出口信贷及其他多种渠道融资方式，共向国外贷款40亿美元。40亿美元在当时是一笔巨额外债，国务院和有关部门多次听取汇报，权衡利弊，最终批准了这个方案。

## 实施过程

中国石化1984年成立集资办公室，1985年又专设外资管理处，集中力量积极筹措国外贷款，一面同国外银行商谈贷款、签署合同，一面陆续开始工程建设。同时积极采取多种方式筹措国内资金，为石化工业快速发展提供资金支持。

大庆乙烯1982年4月正式恢复建设，一期工程1986年4月建成、6月投料试车，二期工程1988年8月全部建成并一次投料试车成功；工程总投资54.81亿元，其中利用外资折合当时人民币29亿元，占总投资的52.9%。扬子乙烯1982年4月恢复建设，1984年6月一阶段工程开工建设，二阶段工程及整个工程1990年3月全部建成投产；工程总投资80.09亿元，其中利用外资折合当时人民币45.23亿元，占总投资的56.5%。齐鲁乙烯一、二期工程分别于1984年4月和1986年4月恢复建设，1990年9月全部建成投产；工程总投资70.15亿元，其中利用外资折合当时人民币42.35亿元，占总投资的60.4%。上海乙烯工程总投资90.89亿元，其中利用外资折合当时人民币23.9亿元，占总投资的26.3%。

为筹集这些外资，中国石化从两个方面采取多种筹款方式。一是由总公司统借统还。1985年，国家批准中国石化总公司可以自主对外借款。从1986年开始，总公司更多地采用直接对外借贷的

扬子石化30万吨/年乙烯装置

方式，主要采取双边贷款和银团贷款两种形式。二是由项目单位自借自还。1986年6月，国务院决定把上海乙烯作为国家深化基建和金融体制改革的试点，将对外筹资权下放给生产企业，由企业自借自还。

国外贷款借入后，项目本身直接使用外汇极为有限，大部分外汇需转换成人民币才能用于项目建设。在国家政策的支持下，中国石化创造性地主要采用4种方式将外汇转换为人民币：一是通过乙烯工程项目单位自用的物资材料进行转换；二是通过其他单位需要的进口物资在石化系统内转换；三是使用外汇抵押贷款；四是使用中国银行的特种甲类贷款。

中国石化对借用的国外贷款进行全过程监督和管理：精心测算、严格审批对外借款；谈判争取最优贷款条件；清理转入债务以减轻项目负担；贷款执行过程中规避市场风险。同时，在实践中积累了一些成功经验，如签署了很多附带浮动利率和固定利率选择权的国外贷款。

上海石化30万吨/年乙烯装置

## 成就与影响

在党中央、国务院的正确领导及有关部门和地方政府的支持帮助下，中国石化通过自筹资金，成功建成四大乙烯工程，这一举措意义重大。

一是为我国石化产业大发展奠定了坚实基础。新增生产能力：乙烯120万吨、合成树脂143万吨、合成纤维68万吨、合成橡胶14万吨、基本化工原料226万吨。这四大乙烯项目后来都成为我国重要的石油化工基地，对振兴石化发挥了骨干作用。这是我国石油化工发展史上的一次重大飞跃。

二是提高了中国石化的国际信誉。中国石化成立后到1990年的7年多时间，与13个国家和地区的近百家金融机构建立了双边和多边的融资关系，累计获得国外贷款40多亿美元并如期还本付息，在国际金融界的信誉大大提高。

三是“以产顶进”和核留产品收取外汇在政策执行期内，每年都为国家节约原计划用于进口石化产品30多亿美元的外汇资源，改善了国家外汇来源和支出结构，有力缓解了当时国家外汇资源紧张程度，对国家外汇资金平衡作出了贡献。

四是开创了中国石化财务运作的新局面。自筹资金建设四大乙烯工程，积累了利用外资建设大型骨干项目的经验，通过市场手段增强对国际汇率波动的承受能力，为国家进行外汇管理体制改革作出了积极探索和有益尝试。同时，培养了一批既懂经济管理又通晓国际资本市场的金融人才。

执笔人、审核人：单洪青

经济技术研究院有限公司

# 以我为主建成当时世界最大芳烃联合装置

1987年，针对扬子乙烯二阶段工程建设（主要包括45万吨/年芳烃联合装置和45万吨/年精对苯二甲酸装置等大型引进装置）的实际情况，中国石化审时度势、果断决策，提出以我为主的建设方针，将原来成套引进装置由外方负责建设的交钥匙工程，改为由中方自行负责建设。1990年3月14日，45万吨/年芳烃联合装置成功打通全流程，比原计划提前30天产出合格对二甲苯，标志着这一当时世界规模最大的芳烃联合装置建成投产，也标志着我国新建大型石化企业——扬子石化全面投入运营。

## 背景

扬子30万吨/年乙烯工程是1978年国家批准引进的4套30万吨乙烯工程之一。1978年底由原化工部所属南京化学工业公司开始筹建，中间经过一段时间停缓建，于1982年正式恢复建设。1982年11月原国家计委确定工程分两个阶段建设：第一阶段先建30万吨乙烯及聚乙烯、聚丙烯、乙二醇和常减压蒸馏等5套装置；第二阶段建设45万吨芳烃、45万吨精对苯二甲酸及乙醛、醋酸和渣油轻质化等5套装置。1983年4月，国务院决定将乙烯工程划归中国石化。同年9月，扬子石化成立，具体承担这套乙烯工程的建设工作。

一阶段工程于1987年7月建成并投料试车成功。二阶段工程从1986年四季度开始陆续施工，但面临很大困难。由于一度停缓建，1981年开始交货时，国外总承包商提供的图纸、资料没有达到规定的深度，提供的设备也有缺陷。另外，成套引进合同早已过期，经谈判按延期建设考虑的修改合同也已过期，如若延用过去引进装置建设的老办法，需要聘请一批外国专家，额外支付昂贵的费用。面对这种情况，中国石化认识到建设二阶段工程已不可能依靠国外技术力量，必须以我为主。同时，中国石化集中了一批炼化骨干企业及科研、设计、施工、制造单位，形成了集团化优势，为实施以我为主的方针提供了重要保障和基础条件。

## 实施过程

中国石化在积极争取外方理解、合作和支持的同时，统筹组织所属单位的人力物力资源，在技术咨询、物资采购、施工组织、攻关抢建等方面都对扬子乙烯工程给予了充分的支持，为大芳烃建设创造了良好条件。扬子石化认真贯彻执行以我为主的建设方针，对国外设计和资料进行补充、完善、修改，着力解决工程设计消缺问题；聘请外国专利商和制造厂的技术专家，及国内有关设计、安装、生产单位的专家，指导关键设备的安装和试车；努力拓宽物资供应渠道，在国内外补充采购短缺的设备、材料、备品配件和试车用各类原材料。

1987年5月，各建设单位开进5个建设片区。1988年施工进入高峰，扬子石化精心组织打好“三大战役”，全年5个主控点全部“拿下”。1989年3月29日实现400号环丁砜抽提单元高质量、高水平中交；4月底，芳烃5片区率先实现全面中交，其中700单元提前3个月完成，工程质量验评合格率达100%，优良率达60.14%。开车过程中，狠抓员工队伍作风整顿，系统培训上岗操作，撰写整套技术文件，建立健全各项规章制度，保证了装置一次开车成功。

## 成就与影响

随着当时世界最大芳烃联合装置的建成投产，扬子石化形成了以乙烯、芳烃为核心的协同发展格局，使我国对二甲苯生产能力增加了1倍，甲苯生

扬子石化芳烃装置启动建设

产能力增加了4倍，大大缓解了当时国家基础化工原料的燃眉之急。同时，装置采用的先进重整技术，从生产第一步就可改进芳烃收率，得到符合工业规格的苯和对二甲苯产品，每1000吨原料可生产130吨纯苯和329吨对二甲苯，每1000吨原料可生产606吨芳烃，比国外同类装置收率提高3.1%。扬子石化45万吨/年芳烃联合装置成为当时同类生产装置的“世界之最”，标志着我国石化工业迈上了一个新的台阶。

以我为主建成当时世界最大芳烃联合装置，从一个侧面展示了我国对外开放引进国外先进技术设备工作中，从成套引进到以我为主、再到自主创新所经历的发展过程，提升了科研开发、工程设计、设备制造、施工建设水平，充分展现了中国石化良好的系统管理能力，为我国大型石化工程建设积累了宝贵经验。

执笔人：凌　锋　扬子石化

审核人：张　炜　化工事业部

审定人：官调生　化工事业部

扬子石化芳烃装置全景

# 内涵发展的样板
## ——燕山乙烯第一轮改造

20世纪90年代初期，燕山石化完成30万吨/年乙烯装置扩建至45万吨/年技术改造，这一转变经济增长方式、走内涵发展之路的成功实践，为探索新型工业化道路作出了积极贡献。

### 背景

20世纪80年代末90年代初，党中央高度重视石化等基础工业的发展，反复强调以内涵为主的发展方针，要求尽量在技术改造上做文章，不要再铺新摊子，做到投资省、见效快、效益高。燕山石化30万吨/年乙烯装置始建于1973年，是我国第一套大型乙烯装置，也是世界上第一套以轻柴油为原料的大型乙烯装置。到20世纪末，国际乙烯技术进一步发展，突出表现为大型化、一体化、规模化，相比之下，燕山石化乙烯装置相对落后、设备日趋老化、原料路线单一、不具规模优势。借鉴国外先进经验，结合国内实际情况，中国石化决定走内涵发展之路，依托老企业进行“少投入、多产出，适时投入、快速产出”的技术改造，发展壮大我国石化工业。

通过与国外专利商深入交流，1991年1月，中国石化决定将燕山石化30万吨/年乙烯装置改扩建到45万吨/年，在土地不新征、人员不增加、公用工程不新建的情况下，通过充分发挥燕山石化多年形成的科技、管理和人才等优势，用较少投入使存量资产的潜能得以充分发挥。同年3月19日，项目建议书正式上报原国家计委。时任国务院副总理朱镕基充分肯定燕山石化乙烯改扩建方案，

1991年10月批示指出："燕化改扩建工程可以体现投资省、工期短、效益好的优势，一定要落实好改扩建方案。改扩建项目要抓紧再抓紧，确保立项后两年半完成。"同时还提出3项指标："一是28亿元投资不能超过；二是两年半建成；三是保证工程质量，设计能力能够达标。"1992年1月11日，原国家计委、原国务院生产办公室批准项目建议书。同年6月9日原国家计委、原国务院经贸办公室批准项目可研报告，项目正式启动。

## 实施过程

将30万吨/年乙烯改扩建到45万吨/年，国内没有先例，在我国石化工业发展史上具有创新性意义。在项目建设中，坚持传统管理与现代管理相结合，实施进度、投资、质量"三大控制"，成功创新了石化工程建设模式。

工程进度控制方面，各参建单位打破常规、超前行动，各项工作交叉进行，实行立体作战。从工程设计、材料购置到现场施工，从地下管道、地面土建到空中吊装，纵横交错、全方位展开。用倒计时的办法编制统筹控制计划，列出土建、设备安装等8个主要控制点，实行目标管理。发挥集中力量办大事的优势，统一调配大型施工机具及施工力量，实行设计、施工、生产三结合。工程投资控制方面，深度优化改造方案，积极推进技术、装备国产化，新建14万吨/年低压聚乙烯装置、增建4万吨/年聚丙烯生产线等均采用国产化技术，设备

1994年7月19日，燕山乙烯改扩建工程召开决战动员大会

基本由国内制造。同时，财务、物资等部门提早介入，按计划筹资，减少利息支出；实行投资切块包干和限额设计，利用经济手段调动各方积极性。工程质量保障方面，实行全员、全过程质量控制，各项工程都有质量标准，每个岗位都有质量责任制，乙烯和聚丙烯装置的单位工程优良品率均为100%，低压聚乙烯装置为98.8%。各装置技术性能指标均达到设计要求和合同保证值，工程施工质量符合设计和规范要求，工程质量评定为优良。

## 成就与影响

燕山石化乙烯改扩建工程从1992年6月9日可研报告获批正式启动，到1994年9月27日成功生产出低压聚乙烯合格产品，施工工期27个月零18天，比原计划工期缩短13天；总投资27.22亿元，比概算节省7800万元，比新建同等规模装置投资节省一半，工期缩短一半，效益提高一倍；技术、装备国产化率达到75.3%，创造了建设速度、工程质量、投资控制、施工组织和国产化率的新水平。

燕山石化45万吨/年乙烯改扩建工程成功实施，为后续国内同类装置扩能改造积累了宝贵经验，标志着我国石化工业走出了一条内涵挖潜的发展道路，丰富了探索中国新型工业化道路的实践经验。1994年10月28日，时任国务院副总理朱镕基视察改扩建工程，充分肯定该项目在建设思想、建设模式、建设方法上有了创造性的发展，为国民经济的发展作出了重要贡献，其意义远远超过了增加15万吨乙烯生产能力和新增的一些经济效益。依托老企业，依靠技术改造，走内涵为主的发展道路，符合世界石化工业发展规律和我国石化企业实际，对全国工业企业的发展具有普遍意义，值得在全国推广。

执笔人：赵书萱　燕山石化公司
审核人：张　炜　化工事业部
审定人：官调生　化工事业部

燕山乙烯装置

# 新世纪我国石化工业标志性工程
## ——上海赛科乙烯

新世纪初的上海赛科90万吨/年乙烯工程，是当时我国最大的中外合资一体化石化项目，也是我国投产最早的合资乙烯项目。项目通过中外合资方式，引进先进技术、管理理念，在建设规模、建设管理、工艺技术、市场化运作等方面，领行业之先，成为我国石化工业加快与世界先进水平接轨的标志性工程。

### 背景

20世纪90年代中后期，我国石化工业已具备一定规模，但与国际先进水平相比，在技术、管理等方面仍有差距。为加快石化工业发展，中国石化积极推动以合资合作方式引进世界先进技术，建设世界级、高科技、有竞争力的大型石化装置。1996年10月21日，中国石化、上海石化、英国BP公司签署65万吨/年乙烯项目合资意向书。1999年10月，时任中共中央总书记江泽民率团访问英国时，国家计委在伦敦宣布该项目建议书获中国政府批准。2000年，项目建设规模调整为90万吨/年乙烯，由中国石化、上海石化和BP公司分别按30%、20%、50%比例出资，总投资约27亿美元。当年6月15日，项目调整方案获国家计委批准。2001年8月，国务院批准工程可行性

上海赛科乙烯远景

研究报告。2004年，成为我国“十五”规划重点项目之一。

## 实施过程

2001年6月18日启动总体设计工作，11月16日正式成立一体化项目管理组（IPMT），IPMT模式首次应用于国内大型石化项目管理，12月3日启动乙烯裂解装置工艺包设计工作。项目设计体现“大型、先进、系列、集约”理念，按照当时世界最先进环保标准，以“零排放”为评估和选择生产工艺的起始点。“增设烯烃转换装置（OCU）”“中央控制室”“现场总线控制”“低NO*x*排放新型燃烧器”等多项设计，均开创了国内大型石化工程的先河。

2002年3月28日，工程正式开工建设。2004年12月30日，实现整体机械完工。借鉴BP公司RAP管理系统，建立赛科风险评估作业系统，运用施工危险性分析（JHA）等工具，实现了现场作业安全管理标准化规范化，施工全程无重大伤亡事故，连续安全人工时达1700多万个，累计安全人工时达4870万个，成为当时世界石化工程建设的安全标杆。2005年3月18日，实现一次投料开车成功，仅用10.75小时产出合格产品，创造世界同类装置首次投料开车新纪录。

作为我国“十五”规划重点项目，上海赛科乙

烯坚持“少投入、多产出，适时投入、快速产出”理念，既吸收引进国外先进技术、装备，保证先进性、可靠性和竞争力，又充分考虑技术、装备的适用性和经济性，实现了进度、质量、安全、成本四方面有机结合，达到当时世界石化工程建设领先水平。2006年初，经项目竣工决算审计，工程费用较总体设计预算节省25亿元。

## 成就与影响

2009年，上海赛科乙烯进行扩能改造，产能达到109万吨/年。2010年，上海赛科乙烯年产量在国内首次突破120万吨，达到129.43万吨。至2020年底，上海赛科乙烯累计为社会提供商品总量4843万吨，实现销售收入3881亿元、利税520亿元。

上海赛科乙烯在建设规模、项目管理模式、工艺技术、市场化运作等方面，对我国石化工业发展产生了深远影响。建设规模位居世界乙烯装置单套产能排名前列，引领国内石化装置建设“大型化、集约化”发展方向。项目管理采用IPMT模式，强化了工程设计、采购、施工、生产准备、投料试车等各阶段和环节的统筹协调，现已广泛应用于大型石化项目建设。设立“中央控制室”，采用总线集散控制方式，实现全厂管控一体化，现已成为新建石化装置的普遍做法。引入并应用的HAZOP技

上海赛科乙烯夜景

术，被推广为一种提高工厂生产安全性、可靠性的有效评价方法，国家安监总局于2013年10月发布了《危险与可操作性分析（HAZOP分析）应用导则》。结合东西方先进管理经验，确立以业务经理负责制、市场化业务驱动、市场化跨职能团队合作为基石的业务运营机制，有效提升了管理效率。坚持扁平化管理，各项业务直插到底，避免了机构臃肿。坚持市场化用工、市场化薪酬，用最少的人做尽可能多的事，人工成本利润率保持业内领先。坚持市场化协作，对非主营业务主要采用委托外包方式，公用工程等主要依托上海化工区，避免了“大而全”“小而全”，探索了一条专业化、社会化、市场化新路。

上海赛科乙烯是中国石化加快国际化、市场化发展的缩影，为我国石化工业高质量发展提供了成功范例。2017年4月，高桥石化收购BP公司在上海赛科持有的50%股权。

执笔人：严　峻　上海赛科公司
审核人：张　炜　化工事业部
审定人：官调生　化工事业部

# 我国第一个百万吨级乙烯基地在茂名石化建成

21世纪第一个十年中期，茂名石化实施100万吨/年乙烯改扩建工程，建成我国首个百万吨级乙烯生产基地，标志着我国单一企业乙烯产能达到了国际先进水平，在我国石化工业发展史上具有里程碑意义。

## 背景

茂名石化1955年建厂，是我国“一五”期间156个重点建设项目之一。1996年8月，30万吨/年乙烯工程在茂名石化建成投产。进入21世纪，对乙烯行业来讲，产能就是竞争力，南京、上海、惠州相继规划建设70万～90万吨/年规模的乙烯装置，国外投产及在建的乙烯装置最大规模已达120万吨/年。为应对竞争，中国石化统筹考虑市场环境、产业配套、企业管理等因素，决定在茂名石化打造百万吨级乙烯生产基地。

2001年11月，原国家经贸委将茂名石化80万吨/年乙烯改扩建工程列入第二批国家重点技术改造“双高一优”项目导向性计划。2002年6月原国家经贸委、原国家计委批准项目立项，并于同年7月列入原国家经贸委第七批国债技术改造贴息项目。2003年9月，项目在国务院常务会议上获得通过，并于同年10月13日获得国家发改委可研批复。2004年2月18日，中国石化召开改扩建工程第一次现场办公会，确定将乙烯生产能力由80万吨/年扩大到100万吨/年。2006年4月，项目获得广东省发改委核准备案。

## 实施过程

茂名石化100万吨/年乙烯改扩建工程概算总投资81亿元，是中国石化“十五”重点项目，也是广东省加快率先实现现代化步伐的“十大工程”之一，得到了企地双方的高度重视和大力支持。中

2006年11月18日，茂名石化100万吨/年乙烯改扩建工程新建64万吨/年乙烯装置中间交接仪式

国石化先后6次召开现场办公会，及时协调解决工程建设中的问题，推动项目于2004年12月15日顺利开工建设。本着“坚持自主创新，打造节约工程”“工程建设要抢，生产准备要早、投料开车要稳”等原则，加强统筹，积极协调，在保证安全质量的前提下全力拼抢建设进度，项目于2006年7月28日建成中交，2006年9月16日一次开车成功。

实施过程中，组织了1个“百日会战”和3个“施工战役”，参建单位1万多名建设者无私奉献、加班加点，仅用21个月建成投产，创造了当时国内大乙烯建设用时最短纪录。成本控制方面，充分依托原有设施与公用工程，全面实行预算管理，严控工程费用，实际投资比概算节约2.3亿元，新增吨乙烯生产能力投资仅1.2万元，远低于当时国内新建乙烯每吨2.5万～4万元的投资强度。自主创新方面，新建乙烯装置采用了中国石化与美国鲁姆斯公司合作开发的裂解炉和乙烯回收新工艺，裂解气压缩机、冷箱等部分核心设备实现了国产化，乙烯装置设备国产化率达87.8%；新建聚丙烯装置采用国产二代环管法工艺，并实现了主要设备国产化；汽油加氢、芳烃抽提、丁二烯抽提等改造项目，均采用中国石化自主技术。装置开车坚持“稳字当头、稳步推进、稳中求好”，创造性实施了乙烯装置“变投料试车为投料开车”“深度倒开车”等方法，仅用19个小时就打通全流程，产出了合格乙烯，技术经济指标快速达到设计值，被誉为我国大型乙烯改造高速度建设、高标准中交、高水平开车的典范。

茂名石化百万吨乙烯装置全景

茂名石化厂区

## 成就与影响

项目投产后，茂名石化年化工商品量由100多万吨增至300多万吨，实现了百万吨乙烯日创效益千万元的高回报。2006年11月18日，时任中共中央政治局委员、广东省委书记张德江在茂名100万吨/年乙烯改扩建工程投产庆祝暨广东省重点工程劳动竞赛表彰大会上指出："茂名大乙烯的建成投产，是中国石化发展史、广东发展史，更是茂名石化发展史上的大事。这说明我国的乙烯生产迈上了一个新台阶，达到了国际先进水平，值得大书特书！"

茂名石化100万吨/年乙烯改扩建工程建成投产，标志着我国首座百万吨级乙烯生产基地诞生，对改善国内乙烯生产布局、推进我国石化工业创新发展具有重要意义。2007年2月，根据中央领导指示，在中央宣传部的组织下，《人民日报》《光明日报》《经济日报》和新华社、中央人民广播电台、中央电视台等媒体集中报道了茂名石化自主创新的成果与经验，产生了重大社会反响。2007年12月，《实现重大自主创新的百万吨乙烯改扩建工程精细化管理》获得第十四届国家级企业管理现代化创新成果一等奖。

执笔人：谷学良　茂名石化公司
审核人：张　炜　化工事业部
审定人：官调生　化工事业部

# 我国第一个国产化率最高的大乙烯
## ——武汉乙烯

武汉80万吨/年乙烯装置首次采用中国石化自主研发的全流程成套技术，乙烯“三机”和催化剂首次全部国产化。以购置费为基数，武汉乙烯设备国产化率达到87%，为当时国产化率最高的大型乙烯，有力支持了我国制造业的发展。

### 背景

经过几代石化人的不懈努力，中国石化乙烯攻关团队积累了丰富的科研开发、工程设计、工程建设以及生产管理经验，掌握了全部关键核心技术，为全面开展国产化百万吨级乙烯成套技术开发和工业应用奠定了坚实基础。

2003年5月8日，时任中央政治局委员、湖北省委书记俞正声到武汉石化调研，希望通过石化工业的发展带动全省经济发展。2004年6月12日，项目规划领导小组在武汉召开第一次会议，同意建设80万吨/年乙烯及下游衍生物装置。2005年10月27日，中国石化、湖北省、武汉市三方联合向国家发改委上报了《关于报批中国石化股份有限公司武汉分公司80万吨/年乙烯项目申请报告的请示》。2006年12月30日，国家环保总局批复了项目环境影响报告书。2007年4月2日，国家发改委核准批复，项目正式启动。

### 实施过程

武汉80万吨/年乙烯项目作为中国石化2007年工程管理体制改革后推行的第一个由总部直接组织管理的项目，采用“联合项目管理小组（IPMT）+项目管理部+承包商（EPC、E+PC和E+P+C+监理）”的三层架构管理模式，充分

中韩石化乙烯项目全景

发挥中国石化在工程建设上的整体优势和经验，变“分散管理”为集中专业化管理，进一步促进了项目管理专业化发展和打造专家型项目管理团队，确保了项目安全、质量、进度、投资、合同“五大控制”的顺利实施。项目于2010年3月31日打桩开建，2012年12月28日建成中交，2013年8月13日一次开车成功、全面投产。

## 成就与影响

武汉80万吨/年乙烯装置采用国产新型前脱丙烷前加氢工艺及配套的碳二加氢、碳三加氢和高空速低温甲烷化催化剂及技术，具有流程简单、投资低、选择性高、运行稳定等优点，各项指标达到或优于国外同类技术水平。首次实现了裂解炉、“三机”（裂解气压缩机、丙烯制冷压缩机及乙烯制冷压缩机）、冷箱、大型塔器、旋液分离器及换热器等关键设备在同一套装置上全面国产化，以购置费为基数，设备国产化率达到87%，为当时国内国产化率最高的大型乙烯项目。乙烯项目实现安全开车、稳定运行、当年达标、当年盈利，创造了行业新纪录。基于显著的竞争优势，武汉80万吨/年乙烯项目吸引了韩国最大的综合能源化工集团——SK集团的合资合作，2013年底就武汉80万吨/年乙烯项目成立了中韩（武汉）石油化工有限公司，并在2014年1月正式商业运营。根据2015年度所罗门全球乙烯绩效评价结果，武汉乙烯装置进入世界石脑油群组先进水平。

中韩石化利用2020年大修时机，采用中国石化自主研发的百万吨级乙烯成套技术完成了装置脱瓶颈改造，乙烯产能由80万吨/年扩至110万吨/年，装置潜能进一步发挥，大大提升了企业竞争力。

武汉乙烯建成投产，填补了我国中部地区没有大型乙烯项目的空白，对促进中部地区崛起、推动区域经济协调发展和优化中国石化产业布局、提高整体竞争力具有重要意义。

执笔人：杨丽萍　中韩石化公司
审核人：张　炜　化工事业部
审定人：官调生　化工事业部

# 我国第一套具有自主知识产权的芳烃装置在海南炼化建成

2013年12月27日，我国首套采用自主知识产权技术建设的60万吨/年芳烃装置在海南炼化建成投产，各项关键技术指标均达到或优于国际同类装置水平。以此为标志，中国石化成为全球第三家拥有芳烃成套生产技术的专利商，实现了我国芳烃技术从引进跟跑到创新领跑的历史性跨越，结束了我国芳烃核心技术长期依赖国外引进、受制于人的历史。

## 背景

芳烃成套技术是复杂的系统工程，系统集成度高、开发难度大。2013年以前，全球只有西方发达国家的两家公司掌握了芳烃成套技术，国内生产装置全部依赖引进国外技术，技术费用昂贵。为保障经济社会发展，突破受制于人的局面，开发自主芳烃成套技术成为一条必行之路。

从20世纪70年代开始，中国石化逐步攻克了催化重整、芳烃抽提、二甲苯异构化、甲苯歧化和烷基转移等芳烃生产工艺及其催化剂技术。2004年自主研发的对二甲苯吸附剂工业应用成功，但对二甲苯吸附分离技术一直未能攻克，成为芳烃成套技术最后的壁垒。

## 实施过程

面对国外技术垄断，2009年7月中国石化提出开发自主知识产权芳烃成套生产技术。2009年11月4日，中国石化成立芳烃成套技术攻关领导小组和工作组。2010年4月确定将海南炼化60万吨/年芳烃项目作为自主芳烃成套技术大型化工业应用的首套装置，并将该项目列入“十条龙”攻关，工

艺包设计开发与扬子石化3万吨/年对二甲苯工业示范装置建设交叉进行。2011年10月，扬子石化对二甲苯示范装置顺利投产，验证了自主对二甲苯吸附分离技术的可靠性，突破了芳烃成套技术最后一个关口，为大型化工业应用奠定了基础。

在海南炼化60万吨/年芳烃装置建设和投料试车过程中，各技术攻关和参建单位发扬“一家人、一条心、一个目标、一股劲”精神，攻坚克难，狠抓安全、质量、进度、合同、投资“五大控制”，克服现场施工条件差、长时间高温酷暑等诸多困难，严抓现场安全，做到全方位、全过程、全天候的现场安全监管。项目2012年11月开始地管施工，2013年6月30日建成中交，2013年12月27日投产运行，创造了特大型石化项目建设全过程无一伤亡和建设周期、开车时间最短的新纪录。

海南炼化60万吨/年芳烃装置

## 成就与影响

海南炼化60万吨/年芳烃联合装置建成投产，标志着中国石化自主芳烃成套技术大型工业化应用

海南炼化芳烃装置远景

海南芳烃装置全景

取得圆满成功，成为全球第三家拥有芳烃成套生产技术的专利商和工程EPC承包商，同时取得5项创新突破：一是首创原料精制绿色新工艺，精制剂寿命延长40～60倍，固废排放减少98%；二是首创芳烃高效转化与分离新型分子筛材料，重芳烃转化能力提高70% ～80%，资源利用率提高5%，吸附分离效率提高10%；三是集成创新控制方法实现智能控制，确保了装置长周期本质安全与高效精准运行；四是首创芳烃联合装置能量深度集成新工艺，装置运行实现“由外部供电”到“向外部输电”的历史性突破，单位产品综合能耗降低28%；五是创新设计方法与制造工艺，实现了关键装备“中国创造”。

荣获2015年度国家科技进步特等奖

中国石化自主芳烃成套技术开发成功并实现工业化应用，是我国石化工业发展的一座里程碑。该技术累计获得40余件国内外专利授权，形成了完整自主知识产权，出版专著1部，获中国发明专利金奖1项，荣获2015年度国家科技进步特等奖，彻底打破了国外对芳烃成套技术的垄断，取得特别重大的技术突破、经济效益和社会效益。2019年9月，采用第二代自主芳烃成套技术建设的海南炼化100万吨/年对二甲苯装置顺利投产，实现了国产技术迭代升级，国际竞争力持续提升。

执笔人：周骥飞　海南炼化公司
审核人：张　炜　化工事业部
审定人：官调生　化工事业部

# 自主研发的甲醇制烯烃技术（S-MTO）在中原石化实现产业化

中原石化60万吨/年甲醇制烯烃装置，是中国石化首套拥有完全自主知识产权的煤化工工业示范装置，为我国实施石油资源替代、推进化工原料多元化作出了积极贡献，具有里程碑意义。

## 背景

进入21世纪以来，我国的石油对外依存度不断上升，发展石油资源替代品、推动烯烃生产原料多元化成为国家能源结构调整的重大课题。“十一五”以来，我国甲醇行业迅猛发展，在烯烃原料供应长期紧缺情况下，国内甲醇产能规模持续扩大，为发展甲醇制烯烃提供了广阔空间。

2007年，采用中国石化自主研发的甲醇制烯烃技术（S-MTO）建设的燕山石化万吨级中试装置实现良好运行，标志着S-MTO技术达到工业化应用条件。2008年4月，中原石化在前期充分调研论证的基础上，初步拟定在不新征土地、充分利用现有公用工程和副产品的基础上建设甲醇制烯烃装置的实施方案。2009年3月6日，河南省与中国石化签署60万吨/年甲醇制烯烃项目合作框架协议。2009年12月16日，中国石化批复项目可行性研究报告，项目正式启动。

## 实施过程

2010年4月6日，中原石化甲醇制烯烃项目开工奠基。实施过程中，中国石化充分发挥研发、设计、采购、施工、生产一体化优势，采用“IPMT+项目经理部+监理+EPC（部分E+P+C）”的管理模式，加强工程管理。中原石化与设计、施工、监理等单位紧密合作，发扬“一家人、一条心、一个目标、一股劲”的协作精神，强化安全、质量、进度、投资、合同“五大控制”，实现了“人身伤亡、重大火灾为零；HSE培训率100%、施工作业票持证率100%”的HSE目标。依靠科学组织和强有力措施，在参建各方的努力下，甲醇制烯烃装置于2011年8月10日机械交工，10月10日产出合格乙烯、丙烯产品，实现一次开车成功。

## 成就与影响

中原石化甲醇制烯烃装置采用中国石化自主研发的S-MTO工艺技术，并自主研发制备催化剂、

中原石化MTO装置全景

制造特种设备，主要设备全部实现国产化。中国石化高效甲醇制烯烃全流程技术，获2017年度国家科技进步一等奖。截至2020年，中国石化S-MTO成套技术获国内授权专利295项、国际授权专利49项。该项目从2010年8月15日开工建设到2011年10月10日产出合格产品，仅用14个月就完成全部建设任务，并实现一次开车成功，创造了我国同类装置建设工期最短、设备国产化程度最高的新纪录。

中原石化甲醇制烯烃装置建成投产以来，共实施184项技术改造，“三废”排放达到国家标准，“双烯”选择性、剂耗、能耗等主要技术经济指标明显优于同类装置，“双烯”能耗由开车初期的600多千克标油/吨降至2020年底的280千克标油/吨。相较于高油价下的蒸汽裂解，甲醇制烯烃具有显著的成本优势。截至2020年底，累计生产乙烯88.6万吨、丙烯89万吨。

中原石化甲醇制烯烃装置建成投产，标志着中国石化自主研发的甲醇制烯烃技术S-MTO步入产业化，实现了中国石化在煤化工领域发展的又一个重大突破，为煤炭资源清洁利用开辟了一条新的途径，为后续大型煤化工装置的设计、建设、开工和运行提供了经验和人才支撑，对我国实施石油资源替代、实现化工原料多元化具有重要的战略意义。

执笔人：刘　超　中原石化公司
审核人：张　炜　化工事业部
审定人：官调生　化工事业部

中原石化厂区夜景

# 世界最大煤经甲醇制烯烃装置在中天合创建成

2017年9月，世界上规模最大的煤经甲醇制烯烃装置在中天合创能源有限责任公司建成投产，年产甲醇360万吨、聚烯烃产品137万吨。这是中国石化立足我国国情、推进煤炭清洁高效利用的战略之举，也是落实创新驱动发展战略、促进民族地区繁荣发展的重要实践。

## 背景

在国家积极推进煤炭清洁高效利用的背景下，煤制烯烃作为工业示范被列入石化产业振兴规划。依托内蒙古丰富的煤炭资源，2006年7月，中国石化、中煤集团会同内蒙古自治区政府等启动了共同开发集煤炭、电力、煤化工产品生产为一体的二甲醚项目前期工作。2007年4月，国家发改委批准同意开展前期工作，同年10月中天合创能源有限责任公司注册成立。内蒙古自治区政府为项目配置煤炭资源52.7亿吨，2008年3月取得国家发改委的矿区总体规划批复。在项目前期论证过程中，根据二甲醚市场变化和评估结果，公司董事会决定把项目产品方案调整为煤制烯烃（MTO）方案，项目名称由“鄂尔多斯300万吨/年二甲醚项目”变更为“中天合创鄂尔多斯煤炭深加工示范项目”。2012年7月，中国石化、中煤能源和内蒙古自治区政府向国家发改委报送拟建设360万吨/年煤制甲醇和137万吨/年聚乙烯、聚丙烯产品项目一期核准请示文件。一期项目于2013年8月获得自治区发改委核准，配套的2个煤矿于2014年3月获得国家发改委核准。

中天合创煤化工装置

## 实施过程

中天合创化工项目概算投资387亿元人民币，为特大型煤化工项目。项目由中国石化主导建设，以自主工艺技术为主，贯彻节约资源、保护环境的建设方针，严格遵守工程建设程序，坚持工厂设计模式改革，共有75家承建单位参与，项目里程碑节点40项，主要控制节点66项，长周期设备420台套，施工高峰期现场人员近3.3万人，投资、进度、质量、费用、HSE全面受控。项目自2013年4月全面开工建设，到2017年7月全面建成中交，累计安全施工1576天，连续安全人工时8548万个。项目建设中，技术人员和建设者突破了一个又一个工程和技术难题，许多核心技术和装

备材料工业化应用都是第一次，填补了国内空白。通过各参建单位的紧密协作，实现了所有装置开车一次成功、当年投产当年见效的目标。

## 成就与影响

2018年是中天合创全面投入商业运营的第一年，生产MTO级甲醇398万吨、聚烯烃127万吨，实现营业收入114亿元，装置负荷率达105%。截至2020年底，累计生产MTO级甲醇1535万吨、聚烯烃产品478万吨，创效48亿元。

中天合创煤化工装置实现了多项突破：一是煤化工装置采用中国石化自主研发的S-MTO技术，该技术获得2017年度国家科技进步一等奖；二是实现了全面采用国产DCS在大型复杂煤化工装置应用的"零突破"；三是实现了重大装备国产化研发"中国制造"的新突破，甲醇合成气压缩机组及大型水冷—气冷合成反应器的各主要技术指标达到国际先进水平，成为重大装备国产化的典范。中天合创共申请发明专利12件、实用新型专利34件。安全环保上，采用"源头消减、过程控制、综合治理"相结合的方式，努力实现高盐污水"零排放"，呈现了世界规模最大的煤化工项目与天蓝草绿的内蒙古大地和谐共处的美好画面。

中天合创鄂尔多斯煤炭深加工示范项目，是中国石化贯彻落实习近平总书记"要把内蒙古建设成为国家重要能源和战略资源基地"的具体行动，是心怀"国之大者"助力煤炭清洁高效利用、促进民族地区发展的责任担当。作为中国石化特大型煤化工清洁能源示范企业和内蒙古龙头企业，中天合创高水平推动煤制烯烃产品高端化、差异化发展，给地方经济社会繁荣注入了强大动力。

执笔人：毛新萍　长城能化公司
审核人：张　炜　化工事业部
审定人：官调生　化工事业部

# 从零起步快速建成世界最大熔喷布生产基地
## ——仪征化纤

2020年初，新冠肺炎疫情突如其来，中国石化认真贯彻党中央、国务院的部署，闻令而动、果断决策，从零起步紧急启动在燕山石化、仪征化纤分别建设4条和12条熔喷布生产线。仪征化纤用35天建成投产首条生产线，76天12条生产线全部投产，合计年产能6000吨，建成了全球最大的熔喷布生产基地，开创了大规模熔喷布装置投产速度新纪录，在抗击疫情关键时刻彰显了中央企业顶梁柱式责任担当，为全国抗疫斗争取得重大战略成果作出了积极贡献。

### 背景

2020初新冠肺炎疫情暴发，1月23日武汉封城，随着防疫战场在全国展开，口罩成为最紧缺的防护物资。口罩紧缺的背后是生产口罩的核心材料——熔喷布紧缺，熔喷布价格在短期内从每吨2万多元暴涨到最高60多万元，市场上甚至一度充斥着不合格产品，严重威胁防疫抗疫大局。在一段时间内，熔喷布市场供需矛盾突出，成为口罩产业链条的“瓶颈”。

党和国家领导人、中央和国家有关部委，都要求抓紧协调解决熔喷布严重短缺的瓶颈问题。中国石化党组第一时间响应、第一时间决策，把增上熔喷布生产线作为头号工程，特事特办、急事急办，火速决策紧急建设熔喷布生产线。2月21日，中国石化指令仪征化纤建设熔喷布生产线，举全集团之力加快实施。仪征化纤争分夺秒编制项目建设方案并于2月23日上报总部。2月24日总部要求仪征化纤一次性建设8条线，产能4000吨/年，4月15日出产品。仪征化纤充分发挥几十年纤维生产、工程建设管理优势，组织设计院认真分析国内熔喷布工艺路线、实地调研项目选址，精准布置生产线，一周内完成了可研编制及施工图设计，并同步开展了设备、材料订货工作。2月28日施工单位进场开工。3月6日，为进一步增强市场保供能力、平抑原材料价格，根据抗疫需要，总部决定在仪征化纤再增建4条熔喷布生产线，产能2000吨/年。

仪征化纤产出熔喷布产品

## 实施过程

中国石化将仪征化纤熔喷布项目作为生命工程，面对“建设工期短、质量要求高、疫情防控严”的严峻挑战，参建单位向火神山、雷神山、方舱医院建设者学习，喊出了“为了口罩，我们拼了！”的铮铮誓言，项目建设过程打破常规，特事特办，边设计、边施工、边设备制造、边生产准备、边行政许可，创造了同类项目建设史上最短工期纪录，跑出了中国制造的加速度。

为确保工程进度，仪征化纤成立了11支工作团队，冒着疫情风险，逆向而行，奔赴全国多地催设备、督监造、保运输，将进度计划精确到小时，张贴上墙、挂图作战，现场施工24小时作业。面对疫情防控的严峻形势，参建单位成立了疫情监控队和安全督查队，现场全封闭隔离，严把人员入场关，采用“人盯人”贴身监护，不留管理死角，实现了“疫情零感染、安全零事故、环保零污染”。工程质量方面，项目规划伊始就树立打造精品工程、产出优质产品的目标，设备选型优先选用运行稳定性、产品均匀性更优的设备，并派员常驻现场全过程监造；组织开展“五比五赛”专项劳动竞赛，确保设备安装零偏差、投料开车一次成功；成立产品检验突击队，严格参照CNAS体系标准，对过滤效率等关键指标实施带标检验，产品经第三方检测机构测试和口罩生产企业试用，全部达到

仪征化纤熔喷布项目建设现场

仪征化纤 12 条熔喷布生产线全部投产

KN95口罩标准。投产后经过不断技术攻关，又相继开发出KN99、有色熔喷布等诸多优良产品。

## 成就与影响

仪征化纤熔喷布项目从2月24日启动，到5月9日12条线全部建成投产，历时76天，比原定工期提前了36天。设备国产化率85%以上（二期项目设备实现100%国产化）。产品过滤效率和通气阻力均达到行业先进水平，完全满足医用平面口罩标准。截至2020年底，熔喷布产品国内销售2000吨、出口160吨，可生产34亿只口罩，解决了国内抗疫关键时刻“一罩难求”的困局，也为全球抗疫作出了贡献。

随着仪征化纤大量优质平价熔喷布投放市场，国内口罩产品价格逐步回落到正常水平，使“人人买得起口罩、人人买得到口罩”成为现实。熔喷布装置项目部先后获得2020年国务院国资委“中央企业抗击新冠肺炎疫情先进集体”“中央企业先进基层党组织”及“集团公司优秀项目管理团队”等荣誉称号。中国石化以及仪征化纤等企业在抗击新冠肺炎疫情中展现了中央企业的“顶梁柱”作用，体现了“国家和人民的需要就是我们的使命”担当。

执笔人：陈世林　仪征化纤公司
审核人：张　炜　化工事业部
审定人：官调生　化工事业部

# 石化荣光

# 四

# 科技与信息化

# 油气田高效开发的利器
## ——复杂结构井钻井技术

复杂结构井钻井技术历经30多年研发和实践，广泛应用于各种类型油气勘探开发，定向井、丛式井、水平井、分支井和径向井等系列技术日趋完善，成为中国石化油气田高效开发的“精准利器”。复杂结构井钻井技术精准控制井眼轨迹，增大泄油面积，减少占地面积，增加单井可采储量和油井产量，提高油气采收率，降低综合开发成本。

### 背景

20世纪90年代，胜利油田稳产3000万吨/年的压力不断增大。为扭转产量下滑势头，解决不整合油藏和稠油油藏开发难题，胜利油田针对复杂地质构造，大力实施复杂结构井技术研发攻关和试验，特别是机械、自动化、信息等领域的科技进步，使得MWD、地质导向系统等新技术、新仪器得以有效推广，进一步推动了复杂结构井钻井技术的发展与进步。

### 实施过程

随着稠油、低渗、深层、页岩油气等复杂油气藏逐步成为油气增储上产的主攻目标，复杂结构井钻井技术成为提高油气开发效率的关键。早在“八五”期间，为了增加有效泄油面积、提高单井产量，胜利油田全面展开水平井技术攻关，1990年9月23日，我国第一口科学试验水平井——埕科1井开钻，拉开了水平井钻井技术攻关的序幕，这一时期，胜利油田水平井数量占全国水平井总数的80%。“九五”期间，面对国际油价长期低迷，为有效降低油气开发综合成本，依托国家重点科技攻关项目，开展套管开窗侧钻、分支井和大位移井钻井等技术研究，先后成功完成草20-侧平13井、临2-平1井、桩1-支平1井、孤东7-平1井等4口国内第一次新技术实施井。“十五”和“十一五”期间，随着低品位油藏在接替资源中比例不断增大，以薄层水平井、长水平段水平井、密集丛式井和鱼骨状水平井为代表的复杂结构井技术得到了快速发展，先后完成了国内陆上油田位垂最大的高平1井、国内最大的海油陆采丛式井组垦东12从式井组以及中国石化第一口鱼骨状水平分支井埕北26B-支平1井。进入“十二五”，依托国家项目“断块油藏复杂结构井钻完井技术”和“海上大位移井钻完井关键技术开发与集成”，高级别分支井、海上大位移井、海上密集从式井等钻完井技术得到了进一步发展，先后完成了我国陆上第一口五级分支井——河3支平1井、海上大位移桩129-1HF井以及青东5海上密集丛式井组等重点工程。

青东5井组钻井现场

“十三五”以来，页岩油气成为中国石化油气勘探开发的主战场，长水平段水平井技术在应用中得到了进一步发展。依托涪陵国家级页岩气示范区、威荣页岩气产能建设，完成400余口长水平段水平井的工程实践，创造了钻井深度最深6635米、水平段最长3583米、水平段一趟钻最长进尺3006米、页岩气钻井周期最短28天等多项纪录。

## 成就与影响

复杂结构井钻井技术的推广应用，不仅大幅度提高了单井产量、储量动用率和油藏采收率，而且极大地降低了勘探开发综合成本，全方位推动了页岩气大发展，取得了显著的经济效益和社会效益。一是大幅提高单井产量。1991年1月13日，埕科1井完钻，长505.13米的水平段穿过19个油层，日产原油230吨、天然气11551立方米，以“产量高于直井数倍”的优势引起业界关注，同年胜利油田原油产量达3355.19万吨的历史最高水平。经过30多年创新发展，胜利水平井实现应用井数突破千口、产油超千万吨“双过千”，水平井单井产量为同地区同类直井的2~3倍。二是大幅提高开发“两率”。复杂结构井钻井技术使我国占剩余储量70%以上的低渗透油气藏得到有效动用。

到“十三五”末，该技术在胜利油区48个低渗透油藏区块进行了应用，累计动用地质储量9.43亿吨，为胜利油田稳产2300万吨/年做出了巨大贡献。2020年胜利油田低渗透油藏产油337万吨。在鄂尔多斯大牛地气田，攻克自然建产技术瓶颈，解放了大牛地气田2/3尚未动用低品位探明储量，成功实现低渗、特低渗油气藏开发。三是降低综合开发成本。应用复杂结构井钻井技术，减少油气井数量、节约土地资源、降低钻井成本、保护生态环境，最大限度地降低油田综合开发成本，特别是分支井和大型密集丛式井组实现了油气资源的高效立体开发。2001年，先后完成国内第一口、第二口四级完井分支水平井，填补了国内技术空白,其中桩1-支平1井单井累产超过14000吨。大型海油陆采丛式井组垦东12完成114口井，较常规钻井节约80%以上土地资源和50%以上钻井成本，顺利完成建设23万吨/年产能任务。截至2020年，垦东12井组累计采油214万吨。四是推动页岩气大发展。“十三五”以来，通过不断原始创新、集成创新和应用创新，形成页岩气3000米长水平段钻井、1500米水平段一趟钻等复杂结构井钻井技术，实现了涪陵页岩气田3500米以浅高效开发、3500～4000米有效开发，支撑了中国石化埋深4500米以浅、3000米长水平段页岩气勘探开发。建成涪陵页岩气田国家示范区，产能规模达100亿立方米/年，涪陵大型海相页岩气田高效勘探开发获2017年国家科技进步一等奖；实施的鄂宜页1井获得迄今全球最古老页岩气藏重大发现；有力支撑了四川盆地丁山、威荣等深层页岩气开发突破，助力白马、宜昌常压页岩气等多区块多层系新突破，促进了中国石化页岩气开发“提速、提效、提质、提产”。

中国石化复杂结构井钻井技术30多年累积应用超过30000口，创造了50余项全国第一，获授权专利500余件，获得国家级奖励5项、省部级奖励30余项，其中“定向井、丛式井钻井技术研究”获1991年国家科技进步一等奖；已开发油田水平井地质设计及薄油层水平井钻井技术、胜利油区复杂结构井钻井技术开发与应用分别于2002年、2009年获国家科技进步二等奖。

执笔人：高　凯　胜利石油工程公司
审核人：王锡洲　石油工程公司
审定人：张锦宏　石油工程公司

# 地球物理品牌技术
## ——I 技术

中国石化地球物理品牌技术–I技术于2013年11月5日正式发布。该技术是半个多世纪以来，中国石化物探人勇于探索、锐意创新，在解决油气勘探开发难题中积淀的、在应用和集成中形成的，集地球物理理论、方法、技术、装备和软件于一体的科学体系，是中国石化地球物理最具特色的技术体系。

### 背景

中石化地球物理公司成立之初，对标世界一流油服公司的技术发展战略，发现技术集成在迅速提升技术能力、占领技术服务市场方面发挥着重要作用，个别国外和国内公司的部分先进技术已在全球推广和成功应用，享有很高的市场份额。为贯彻科技强企战略，中石化地球物理公司决定立足中国石化地球物理专业领域整体发展需求，加快成熟技术集成和优势特色技术培育，合力打造和发展地球物理优势品牌技术，不断增强核心竞争力和国际市场竞争力。

为了更好建立自有地球物理技术品牌，中石化地球物理公司联合中国石化物探技术研究院深入调研部分国外、国内公司先进的产品、服务、技术体系和核心技术，综合分析国际地球物理技术进步和地球物理市场需求，并针对中国石化国内和海外区块油气勘探开发技术需求，深入分析评判中国石化地球物理技术流程、技术特色及应用成果。在此基础上，按照技术先进性、适用性和成熟度进行评估，提出以“技术主导型”地球物理技术集成框架指导构建技术体系，按照完整、开放、清晰的原则，根据应用地球物理学的体系结构，对中国石化已有核心技术进行集成。

### 实施过程

2013年初，中石化地球物理公司联合中国石化物探技术研究院成立“中石化地球物理核心技术系统集成研究”项目组，对中国石化已有的地球物理核心技术进行研究集成，建立自有地球物理技术品牌——I技术。2014年组建节点核心攻关团队，重点突破地震仪器“卡脖子”装备研发，研发具有自主知识产权的节点仪器。

中国石化地球物理品牌技术体系——I技术按照国际惯例、行业标准进行系统集成，主要包括8个方面的内容。一是精细地震勘探（I-Fine），发展了以近地表精细建模、高密度采集和处理为特色的精细地震勘探技术，主要支撑东部老区挖潜稳产。二是复杂地区复杂油气藏勘探（I-Complex），发展了一套适合双复杂区的地震勘探技术，主要针对中国西部和南方地区复杂地表、复杂构造和复杂储层的勘探难题，在塔河、普光、元坝和大牛地等一批大中型油气田的发现和增储上产中起到了不可替代的作用。三是油藏地球物理（I-Reservoir），发展了井筒和地面油藏地球物理技术系列，主要面向油田开发，以寻找剩余油、提高采收率为目标。四是海洋地球物理勘探（I-Offshore），在海陆过渡带和深水海域的地球物理勘探中，形成过渡带地震勘探、海洋地震勘探、海洋地质调查、工程地质勘察等技术系列，工作区域遍及国内多个海域及非洲、美洲、北极圈等海区。五是非常规资源勘探（I-Unconventional），开发了非常规储层岩石物理分析、“甜点”综合预测、微地震监测等技术系列，主要针对煤层气、页岩气、致密砂岩油气、地热等非常规资源的勘探。六是地球物理实验技术（I-Experiment），开发了岩石物理测试分析和地震实验模拟成套技术，主要针对地球物理技术前沿和油气勘探开发实际需求，在复杂构造模拟、碳酸盐岩缝洞模拟、储层流体检测与模拟、非常规储层研究等领域具有优势，为地球物理理论探索、技术研发和应用研究奠定了雄厚基础。七是地球物理软件（I-πframe），在πframe（地震一体化软件）平台上开发了地震采集、处理、解释和综合研究软件产品系列。八是地球物理装备（I-Equipment），节点仪器I-Nodal是核心产品，研发团队历经4年技术攻关，2018年完成节点仪器样机的研发，2019年通过专业测试机构的检测及中国地球物理学会的科学技术成果鉴定，2020年通过了中国石化科技部组织的技术鉴定，达到国际领先水平，与国外同类型节点仪器相比，I-Nodal具有动态范围大、授时精度高、支持野外状态监控等优点，更适应国内的物探施工模式。

## 成就与影响

I技术是中国石化地球物理勘探开发技术的整合与集大成者，可以针对性地为陆上、浅海滩涂、深海常规和非常规油气勘探开发提供拥有自主知识产权的地震、非震采集服务，提供资料处理解释、复杂储层预测、油气田精细开发等全面技术解决方案，有效指导了技术研发、特色技术培育和先进技术的推广应用，为中国石化国内新区油气发现和老区增储上产作出了重大贡献，为开拓海外市场、降低勘探风险提供了有力的技术支撑。

“十三五”期间，I技术为重大油气突破、落实增储建产阵地奠定了基础，累计新增石油探明储量

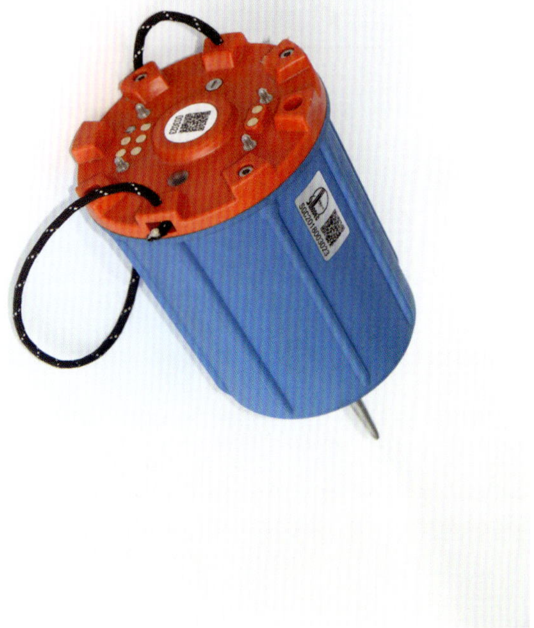

I-Nodal节点仪器

4.16亿吨、天然气探明储量1.01万亿立方米，创造了可观的经济效益。精细地震勘探（I-Fine）技术，助推东部老区增储稳产、地震资料品质明显提高，能识别0.01平方千米圈闭、断距5米断层、5~10米储层，河道、断层和潜山及内幕等描述更加可靠，已成为老区挖潜稳产的重要支撑技术。复杂地区复杂油气藏勘探（I-Complex）技术，对普光气田的发现、突破和扩大起到了关键作用，推动了塔河、大牛地气田的快速发展，攻关形成的顺北超深断控油气藏地震勘探配套技术，助力顺北油气田的发现。油藏地球物理（I-Reservoir）技术，为老油田精细油藏描述、提高采收率提供新的支撑，主要目的层资料主频达65赫兹，数字Z分量达70赫兹，破解了油藏描述精度低、单一技术多解性大的难题。I-Nodal节点仪器已在东部平原、西部沙漠、南方山地、戈壁、黄土塬等多种地形条件下地震勘探项目得到广泛应用，取得良好采集效果，大大提高了生产效率；I-Nodal节点仪器填补了中国石化地震勘探采集仪器制造的空白，提高了中国石化在全球物探市场的竞争力。

执笔人：马丽娟　地球物理公司
审核人：王锡洲　石油工程公司
审定人：张锦宏　石油工程公司

# 助力全国“一张网”
## ——长输管道和储气库工程建设核心技术

长输管道和储气库工程建设核心技术是中国石化在保障能源安全可靠供应、持续开展科技攻关和工程实践中形成的，是以勘察设计理论创新、复杂地质条件高效施工、安全运维、数字化和智能化提升为核心的全产业链技术体系，在我国油气输送管网不断丰富完善和油气供应保障能力持续提高过程中发挥了重要作用。

### 背景

进入21世纪，油气长输管道建设对我国社会经济发展的影响越来越大，铁路油罐车运输油气的方式越来越不能满足消费增长的需要。“十一五”期间，随着普光气田和鄂尔多斯气田大规模开发，为把西部地区丰富的天然气资源输送到东部经济发达地区，满足现代化工业发展和人民生活需要，中国石化先后建设了川气东送管道和榆林-济南输气管道等输气干线。“十二五”“十三五”期间，国内天然气供需矛盾突出，进口LNG以解决资源“瓶颈”问题成为必然选择，中国石化先后建设了济南-青岛输气管道二线、天津LNG外输管道等输气干线。储气库是调控天然气供需矛盾的关键，为解决华北地区、长三角地区供气需求季节性差异大、调峰难度大的问题，中国石化先后在华北地区建设文96、文23枯竭气藏储气库，在长三角地区建设金坛盐穴储气库，成为构建国家天然气产供储销体系的重要一环。

### 实施过程

长输管道和储气库工程建设核心技术是依托重大工程项目不断攻关集成的。一是川气东送管道。这是继西气东输之后我国又一条贯穿东西部地区的天然气大动脉，年最大输气能力150亿立方米，管道主干线全长1702千米，其中600多千米处在川渝和鄂西的大山之中，工程建设集“西气东输之大、忠武线之难”，是当时国内勘察设计、施工最复杂的长输管道之一。针对多用户、多分支、山区地形起伏剧烈、灾害地质发育、7次穿越长江等世界级难题，中国石化立项开展“川气东送管道技术研究”科技攻关，形成了复杂地形地质条件下管道选线定线技术、高落差地区大口径输气管道施工技术、特殊地段长江穿越技术等涵盖勘察、设计、施工的技术系列，整体技术水平达到国际先进水平。二是新疆煤制天然气外输管道工程。面对高压力、高钢级、大口径输送含氢气介质的中国石化第一条从建设期就开展数字化交付的世界难题的管道工程，通过煤制天

川气东送管道野三河跨越

然气气质对管道的影响研究、工程建设关键技术研究等一系列攻关，形成含氢介质工况下高钢级（X80）管线钢设计技术、基于应变设计技术、联合穿越技术等新一代大口径管道建设技术；通过数字化、智能化技术攻关和实践，在航测遥感、数字化集成设计、智能工地、地灾智能感知等领域形成核心技术，建立工程数字化交付的标准体系，开发数字化交付平台，率先实现长输管道工程建设向数字化、智能化转型。三是文23储气库、金坛储气库等建设工程。开展储气库地面建设工艺关键技术的攻关，形成枯竭气藏、盐穴、含水圈闭型储气库建设技术。

## 成就与影响

中国石化以油气储运基础设施安全、高效、智能建设为目标，逐步建立起长输管道和储气库建设核心技术体系。一是长输管道综合勘察技术方面，形成电法、磁法、地震法等齐全的物探技术，主编的《油气管道工程物探规范》（SY/T 7439—2019），整体处于行业领先地位。先后在潜江—韶关输气管道等工程中进行全面应用，在满足工程建设需求的同时，提高了勘察作业效率，整体效果良好。二是长输管道设计技术方面，研究掌握基于应变的管道设计技术，开发了“油气输送管道应变分析软件”。攻关X80高钢级管道管材及焊接技术，形成煤制气管道材料设计技术等一批成果，在鄂尔多斯－安平－沧州输气管道等工程管材选用中发挥了关键作用。形成大型天然气管网优化设计方法，为国家管网、中国石化的优化运行提供了一体化解决方案，降低了运行能耗，经济效益显著。长输管道设计技术整体达到国际先进水平。三是长输管道

2012年9月6日，中国石化首座地下储气库——文96储气库投产运行，设计库容5.88亿立方米，工作气量2.95亿立方米，最大调峰能力500万立方米/天

施工方面，形成较为成熟的管道全自动焊接能力，推广应用长输管道机械化防腐补口工艺，自主研发国内第二套全工况带压封堵模拟试验平台，形成超长距离定向穿越、陆海定向穿越和直铺顶管、大口径海底管道海上铺设等施工技术。长输管道综合施工能力达到国际先进水平。四是长输管道安全技术方面，研究掌握杂散电流检测与防治技术，形成应力应变在线监测技术，在管道高后果区段进行了推广应用，实现对埋地管道的实时应力应变监测。形成完整性管道设计技术，实现管道风险的早期识别、预防和消减，提升管道本质安全。研发定量风险分析技术，提升了油气田及管道工程安全风险防控水平。长输管道安全技术整体达到国际先进水平。五是储气库建设方面，形成地面非稳态注采工艺技术，开发基于注液保湿管道的防垢工艺和注采系统腐蚀控制技术。填补了4500千瓦大型压缩机组国产化的技术空白，打破了国外在该类机组的垄断，实现了储气库大排量压缩机的国产化，整体达到国际先进水平。

中国石化以能源安全可靠供应为己任，坚持“出精品、创品牌”，广泛推广应用长输管道和储气库工程建设核心技术，使长输管道、储气库工程建设、运维等实现全生命周期管理，有力助推了全国“一张网”格局的不断完善。截至目前，中国石化累计承建国内外天然气、原油、成品油等长输管道超43000千米，已建及在建储气库11座、总库容172.6亿立方米。川气东送工程荣获“国家优质工程金奖”，代表着国内一流长输管道工程建设水平。

执笔人：刘建武　石油工程建设公司

审核人：王锡洲　石油工程公司

审定人：张锦宏　石油工程公司

# 破解“三超一高”世界级难题
## ——超深层油气藏安全高效钻完井关键配套技术

超深层油气藏安全高效钻完井关键配套技术，是中国石化针对超深层“三超一高”（超深、超高温、超高压、高含硫）世界级工程技术难题持续攻关形成的特色领先技术。以优快钻井、储层精细评价与识别、大型压裂酸化改造为核心的安全高效钻完井关键配套技术，强力支撑了塔河油田、普光气田、元坝气田、顺北油气田等超深层为主的油气田勘探开发，对于进军地球深部、拓展超深层油气资源、筑牢我国能源安全资源基础具有重要的意义。

### 背景

我国近40%的油气资源赋存在大于6000米的超深地层里。中国石化超深层油气资源主战场在塔里木盆地和四川盆地，油气藏埋深最深超过8000米，温度最高达200℃以上，井底压力最大180兆帕以上，硫化氢浓度最高达15万ppm，客观上存在超深、超高温、超高压、高含硫等世界级难题，钻速慢、周期长、成本高、风险大、设计优化难和工程质量条件控制难等诸多问题制约着超深层油气藏的安全高效开发。

### 实施过程

20世纪80年代中后期至90年代，我国在塔里木盆地相继实施了一批超深井钻井作业，但受当时技术水平限制，通常需要两年左右才能完钻，其间各种工程事故时有发生，施工效率低下，严重制约了油气勘探开发步伐。为加快超深井研究步伐，2006年中国石化承担了超深井钻井技术研究这一国家重点科技攻关任务，以塔里木盆地、普光气田和元坝气田为工程依托，在超深井区域地质环境描述、漏失地层系列高效堵漏、高含硫化氢超深井固井技术等方面取得10多项突破与创新，顺利钻成亚洲第一超深井——塔深1井（8408米）等一批高难度超深井，使塔里木盆地、元坝地区、普光气田一大批以前需要两年左右才能完成的超深井，一年之内就可完钻，钻井成功率100%。2015年顺北1-1H井测试获高产油气流，标志着顺北油气田勘探取得大突破。2017年，中国石化立项攻关“特深层油气勘探开发工程关键技术与装备”，至2020年底，突破高温高压测控仪器等多项“卡脖子”技术，形成7000～8000米超深层安全高效钻完井关键配套技术，突破8000～9000米特深层勘探工程关键技术，助力顺北油气田完成百万吨年产能建设。

“十一五”以来，中国石化持续攻关复杂地质条件下超深井钻井技术，配套超深井钻井装备和测量仪器，超深井钻井施工能力逐步增强，钻井速度逐步提高，钻井周期明显缩短。一是实现超深井安全高效钻进。开发空气/泡沫/雾化钻井技术，研制大扭矩等壁厚螺杆钻具、新型冲击提速工具，有效提高了中深部地层的机械钻速。研发80/90型钻机及装备自动化配套技术、105兆帕井控装备配套技术和高压裂缝性气藏控压钻井技术，提升了钻井自动化水平及异常高压处置能力。自主研发的抗高温水基、油基、近油基等钻井液体系，有效提高了超深井、长裸眼、复杂压力体系下的井壁稳定。二是形成超深层储层精准识别与评价能力。研制成功的抗温185℃的随钻测量系统，提高了深部非均质储层钻遇率。对常规测井仪器进行升级改造，高温高压直推存储式测井仪完成耐温200℃、耐压206兆帕试验。配套万米绞车，形成长电缆遥测通信技术、深层油气超深水平井随钻录井解释评价技术，保证水平井“蛇行”长穿优质储层，有力支撑了油气井全面达产和储量有效开发动用。三是实现超深层碳酸盐岩油气藏的高效立体开发。研发“耐高温缓蚀缓速酸液体系+多级粒径固相复合暂堵+多级交替注入酸压”为核心的大型复合体积酸化压裂技术，解决了超深层油气藏地层温度超高、地层应力高、非均质性强等地质特征带来的酸岩反应快、管柱腐蚀速度快、长井段储层无法充分改造等难题。酸化压裂技术成功率及有效率均达100%，平均酸蚀缝长133.20米，储层改造效果十分明显。

## 成就与影响

超深层油气藏安全高效钻完井关键配套技术的推广应用，取得了显著效果。在塔河油田，采用地球物理、钻井工程、酸压改造等提产技术，实现了塔河缝洞型油藏的科学开发、高效开发，使塔河油田缝洞成像精度由30米精准至10米，5米以上缝洞钻井符合率达92.7%。在普光气田，攻克硫化氢气体和超深井带来的一系列开发难题，有效提升了安全钻井，集成技术获得国家科技进步特等奖，使我国成为世界上少数几个掌握特大型高含硫气田开发核心技术的国家之一。在元坝气田，综合应用地质工程一体化设计技术、超深水平井钻井技术等关键技术，实现了超深高硫复杂礁滩相气藏安全优快钻井和超深水平井长穿优质储层，单井产能大幅度提高，奠定了中国在高硫气田开发领域的技术领先地位。在顺北油气田，共钻探完成5口垂深超过珠穆朗玛峰海拔高度的井，顺北42X井、顺北41井通过压裂改造，试采油气日产突破千吨，展现出良好的勘探前景。

截至2020年，中国石化共施工超深井1818口，其中7000米以深272口、8000米以深40余口。2006年塔深1井完钻井深8408米、2016年马深1井完钻井深8418米、2018年川深1井完钻井深8420米，这3口井都创造了当时亚洲陆上钻井垂深最深纪录。2021年顺北56X井完钻井深9300米，刷新亚洲陆上最深定向井纪录，得益于勘探开发理论发展及石油工程技术的进步。以塔河、普光、元坝、顺北等为代表的一个又一个新的超深层油气藏战略资源接替区相继被开辟出来，推动勘探开发重要目标不断向着更深、更古老层系迈进，进一步提升了国家能源安全保障能力。

执笔人：孔华、王锡洲　石油工程公司

审核人：王锡洲　石油工程公司

审定人：张锦宏　石油工程公司

超深井钻井施工现场

# 重建油气运移通道的重器
## ——超高压大功率压裂机组

中国石化历经10年在压裂装备领域研发了一批核心特色技术，超高压大功率压裂机组成功投用到川渝、大庆、新疆等大型压裂施工作业现场，成为我国超深、低渗油气田开发的重器，有力支撑了常规深层、超深层及非常规油气资源的大规模开发。

### 背景

我国早期主流压裂装备基本依赖进口。20世纪80年代，江汉第四石油机械厂引进国外压裂车和压裂泵制造技术，之后经过20余年的自主创新，相继研发出最高工作压力105兆帕、单机最大输出水功率1000马力、1800马力、2000马力（1马力=735.49875瓦）的1000型、1800型和2000型压裂装备，基本满足国内油田常规酸化压裂作业需要，有效替代了进口，成为我国各大油田在用的主力机型。随着油气勘探从常规到非常规，从中深层到深层、超深层，难度不断增大，常规压裂装备（单机功率小于2000马力、压力小于100兆帕）功率储备率低、超高压施工风险大、噪声和环境污染大等问题逐渐显现出来。尤其是“十一五”末启动的涪陵页岩气田开发表明，万方液、千方砂的“井工厂”压裂成为新常态，研制超高压大功率油气压裂机组（工作压力140兆帕、单机功率不小于2500马力）成为迫切需求。

### 实施过程

中国石化从2006年起开发普光气田，鉴于海相碳酸盐岩储层具有埋藏深、温度高、产层厚、非均质性强、高含硫等特点，常规压裂机组无法满足大排量、高泵压、大酸量的施工需要，2007年自主开发了世界首套2500型压裂机组。2009年起，为有效开发南方海相和四川盆地的页岩气勘探有利区，需要进行更大规模的压裂改造，中国石化立项开展3000型压裂机组研制工作，2011年“3000型成套压裂装备研制及应用示范工程”被列为“十二五”国家科技重大专项。2014年，为解决常规柴驱大功率成套压裂装备在功率储备、国产化、持续作业能力和可靠性等方面存在的不足，中国石化启动“超大功率电动成套压裂装备研制”攻关，为后期深层页岩气大规模高效、绿色开发奠定了坚实的装备基础。

2008年6月，2500型压裂机组在普光气田投入现场应用，2011年获中国石化科技进步一等奖。2014年，以2500型、3000型成套压裂机组为核心的“超高压大功率油气压裂设备”成为涪陵页岩气田加速进入商业化大规模开发的装备利器，2015年底焦石坝一期50亿立方米/年产能建成投产。2017年，自主开发了基于通用部件的“单机双泵、单机单泵”等多种组合结构的系列化电动压裂泵装置，其中5000型电动压裂泵装置最大输出水功率达5000马力，较常规压裂设备功率提高67%；合作开发了与重型直升机动力单元相当的六相异步变频国产电机（电压3300伏、最大功率4100千瓦），替代了传统柴油发动机，装备国产化率由50%提升到95%。

## 成就与影响

超高压大功率油气压裂机组研制及集群化应用以来，成效明显。在超高压大功率压裂设备技术方面，创新研制出功率质量比优、工作压力达140兆帕的系列大功率压裂泵，世界首台2500型、3000型压裂车和5000型电动压裂泵装置。发明压裂液自动混配控制方法，创新形成压裂液高能混配、砂量宽幅调整输砂、多介质高效混拌等技术，研制出HS40型电动混砂装置，整机排量40立方米/分，实现了从水源、基液、支撑剂到压裂液的全流程“井工厂”流水线配制模式。攻克了直管两端大锻造比和厚壁弯管无芯轴成型技术难题，研制出140～175兆帕超高压流体控制元件，打破国外垄断，有效降低压裂管汇长时间、超高压施工风险。发明了压裂机组网络控制方法，首创“定排限压”单元功率智能分配模式，基于“1个网络、2种终端”的新型网络架构，实现油、电多装备集群控制和安全使用。扩展式撬装压裂控制装置空间较常规压裂控制装置增加27.2%，实现了40台油电混动或纯电动压裂主辅装备的集中控制。

在超大功率油气压裂机组推广应用方面，为

3000型成套压裂机组在涪陵焦页42号平台作业

5000型成套电动压裂机组在涪陵焦页27号东平台作业

普光、元坝、涪陵、塔里木等油气田开发提供了装备支撑，显著提高了我国油气藏开发整体技术水平。元坝气田实施大型酸压施工，井深6000米以上、单井注入液量超过1200立方米、最高压力93兆帕、连续作业时间8小时，成功改造的10口井日产气量均超百万立方米。3000型成套压裂机组在涪陵焦页42号平台作业，52台设备对4口井实施同步压裂，历时17天，压裂75段，注入总液量133895立方米、总砂量4300立方米、最长连续工作时间15小时，创国内规模最大、连续作业时间最长纪录。2020年在涪陵页岩气田实施国内首个全电动化压裂井场，5000型成套压裂装备开展4口井24天拉链式压裂施工，共完成100段压裂作业，创造了国内单机组单日页岩气压裂7段新纪录，全机组达到“标准化、自动化、数字化、无人化”水平，并取得了成套机组功率智能匹配、装备集群控制、混砂无人操作、管汇超高压保障和运行远程管理等7项创新成果，整体技术达到国际先进水平。

中国石化依托超大功率油气压裂机组研制项目，构建了完备的压裂装备研发中心，引领我国超高压大功率压裂机组跨入国际领先行列，解决了难动用资源的求产、商业化开发难题，标志着我国压裂装备从“机械驱动时代”跨入“电动、数控、绿色时代”。“超高压大功率油气压裂机组研制及集群化应用”成果荣获国家科技进步二等奖，“3000～5000型成套压裂装备”入选《中央企业科技创新成果推荐目录（2020年版）》。

执笔人：李莉莉　石化机械公司
审核人：王锡洲　石油工程公司
审定人：张锦宏　石油工程公司
　　　　王峻乔　石化机械公司

# 我国第一个出口炼油催化剂
## ——柴油加氢催化剂 RN-1

为了解决催化柴油中因氮含量高而导致安定性差的问题，石油化工科学研究院（石科院）成功开发了低压高活性加氢精制脱氮催化剂RN-1，1989年获得首届中国十大发明专利金奖，1991年获得国家科学技术进步奖一等奖。该催化剂性能达到国际先进水平，为众多炼油企业解决了柴油产品质量差的棘手问题。1994年，RN-1催化剂出口意大利塔伦托炼厂，开创了我国炼油技术出口的先河。

### 背景

20世纪80年代，炼油行业馏分油和重质油加氢脱氮技术越来越受到重视。一方面，我国以大庆原油为代表的几种主要原油的特点是氮含量高；另一方面，我国炼油厂为提高经济效益、满足深度加工的要求，广泛发展重油及常压渣油催化裂化工艺，遇到了催化柴油安定性差的难题。催化柴油因氮含量高而容易产生沉渣，影响柴油发动机的正常运转。因此，开发加氢脱氮技术，改善二次加工生产的柴油质量，成为我国炼油行业的迫切需求。

### 实施过程

为尽快解决炼油厂柴油产品的质量问题，中国石化将加氢精制催化剂关键技术研发的艰巨任务交给石科院。科研人员以问题为导向，开展了大量应用基础研究工作。通过深入探索加氢精制过程中典型氮化物的加氢反应网络以及加氢反应化学机理、金属活性组分与载体相互作用机理、催化剂在运转初期迅速结焦的原因等关键问题，结合我国金属资源特点选择活性组元，形成了提升催化剂脱氮活性和稳定性的关键催化剂技术。为了使催化剂能够在工业装置中更好应用，经过大量探索试验，开发了复合助剂成型新技术和三叶草型催化剂制备技术，为催化剂在工业装置中长周期运转提供了重要保障。经过八年奋战，找到了影响催化剂性能的关键因素并掌握了关键技术，实现了加氢精制催化剂RN-1的实验室定型。中型装置评价显示，其脱氮性能远远领先国内外加氢精制催化剂水平，脱硫性能也超过国内外其他催化剂。

1985年，RN-1催化剂在长岭炼化催化剂分厂进行了工业放大试生产，并于次年完成了工业生产。1987年4月，RN-1催化剂在广州石化催化柴油加氢装置上首次工业应用并获得成功。

1989年7月，专家鉴定认为RN-1催化剂达到80年代国际先进水平。1991年10月，化工行业评审组受国家科学技术奖励办公室委托，对

RN-1第一次应用的广州石化加氢精制装置

RN-1催化剂

RN-1催化剂的开发和应用进行现场考察，在考察报告中肯定了催化剂的综合性能并给予高度评价，指出RN-1催化剂在低压下具有很高的加氢脱氮和加氢脱硫性能以及良好的稳定性，采用先进的成型技术，可以有效发挥催化剂的使用效率，减少反应器的床层压降，达到了国际先进水平。

## 成就与影响

RN-1催化剂面世以来，受到广泛认可并获得诸多奖项。1986年获国家发明专利，1989年获中国发明专利金奖，1990年获第五届全国发明展览会金奖，1991年获国家科学技术进步奖一等奖，1992年被列为国家重点推广项目。

1994年，RN-1催化剂在意大利阿吉普石油公司塔伦托炼油厂60万吨/年高硫柴油加氢装置上得到应用，通过现场考核标定，各项指标均达到或超过合同要求，显示出中国催化剂的优良性能，在国际上树立起良好信誉，成功实现我国炼油催化剂的首次出口，具有里程碑意义。

RN-1催化剂的成功开发揭开了我国加氢技术蓬勃发展的篇章。以RN-1催化剂为起点，石科院又相继在汽油、柴油、蜡油、喷气燃料、渣油、煤焦油、费托合成油、生物质油以及加氢裂化等领域成功开发了专用加氢催化剂和工艺技术，实现了石科院加氢催化剂和技术在石油炼制和加氢领域的全覆盖，开发的催化剂产品达200余种，已在500余套工业装置上成功应用。通过对“卡脖子”关键技术的多次突破，我国加氢技术在短短十几年内达到了发达国家几十年的发展水平，支撑了我国炼油技术的不断发展和清洁油品质量的持续升级，创造了巨大的经济效益和社会效益。

执笔人：陈文斌　石油化工科学研究院
审核人：李铁军　科技部
审定人：王丽娟　科技部

# 节能高效汽油吸附脱硫成套技术（S-Zorb）

中国石化通过引进－吸收－再创新，成功开发了节能高效的汽油吸附脱硫成套技术（S-Zorb），实现了技术反向出口，是对科技创新形式的一次成功探索。

## 背景

21世纪初，随着经济社会快速发展，我国汽油消费迅速增长。为了减少汽车尾气污染，国家加快汽油质量升级进程，以实现超低硫为主要目标，分阶段在8年内将汽油硫含量从不大于150mg/kg降至10mg/kg，达到世界一流水平。催化裂化是我国最主要的汽油生产装置，所产汽油占成品汽油总量近70%，其硫含量占汽油池总硫含量的95%以上。常规脱硫技术存在超深度脱硫导致辛烷值损失大、能耗高、加工成本高等矛盾。节能、高效实现汽油超深度脱硫并减少辛烷值损失，成为我国汽油质量升级面临的关键难题。

2005年，中国石化进行吸附脱硫技术相关基础研究，为S-Zorb技术的顺利引进及快速吸收奠定了基础。2007年，中国石化收购美国康菲公司S-Zorb技术的知识产权，但该技术远不能满足炼厂连续3年的运行周期需要，存在剂耗大、能耗高、辛烷值损失偏大等突出问题，而且关键的工业吸附剂生产技术不予转让，当时只能由外国某公司供应。

为解决原S-Zorb技术存在的问题，中国石化组织以石油化工科学研究院（石科院）和工程建设公司（SEI）为牵头单位、各生产单位参与的技术团队，进行专项科技攻关，实现工艺、吸附剂、工程、控制和装备的创新，成功开发出节能高效汽油吸附脱硫成套技术。

## 实施过程

在快速推进汽油质量升级项目建设的同时，为了完成技术和油品双升级，中国石化各相关单位分工协作，开展相关技术攻关，其中石科院承接了“十条龙”攻关项目“S-Zorb国产吸附剂的开发及工业应用”任务，SEI承接了重点科技项目“S-Zorb二代技术开发与应用”及“S-Zorb三代技术开发与应用”等。

2008年正值北京奥运年，采用原技术建设的燕山石化120万吨/年S-Zorb装置承担着当时我国最高环保标准的汽油供应任务。由于原技术存在的操作周期短、运行不稳定等问题，技术团队迎难而上，逐步形成装置技术改造和升级方案。当时独家掌握吸附剂生产技术的外国某公司根据其研发周期，认定中国石化至少需要3年时间才可能开发出该技术。经过技术团队12个月的艰苦奋战，在克服一个个难关之后，终于成功打通吸附剂生产流程。为了加快吸附剂工业生产进度，中国石化催化剂南京分公司采取“边研究、边设计、边建设、边完善、边生产”的方式，用短短12个月建成吸附剂生产线，产出第一批合格产品，完成了外国人眼中“不可能完成的任务”，彻底打破国外技术封锁和垄断。

在燕山石化建设的中国石化首套S-Zorb装置

## 成就与影响

在技术团队的不懈努力下，解决了系列工艺工程和吸附剂生产技术难题。在工艺与工程方面，开发了新一代汽油吸附脱硫工艺技术，构建了吸附、还原、再生、稳定全流程一体化工艺模型，实现了工艺与能量利用的整体优化；创新开发高可靠性汽油吸附脱硫成套工程技术，首创反应器内构件高效降尘技术等，解决了影响装置长周期稳定运行的主要问题；开发了更可靠的吸附与再生系统吸附剂输送精密控制技术，解决了吸附剂在高差压、变温、氢氧环境间切换的安全问题和吸附剂易堵塞的难题，拓展了化学工程技术平台。在吸附剂研究方面，开发出高性能FCAS系列吸附剂，建立了S-Zorb脱硫吸附剂技术平台，解决了吸附剂使用过程中失活破碎、辛烷值损失高等“卡脖子”关键技术难题，形成了具有自主知识产权的节能高效汽油吸附脱硫成套技术。

2015年，中国石化与美国某炼厂签订技术服务合同，为该炼厂S-Zorb装置技术升级提供技术方案和支持；2017年中国石化与克莱恩公司达成技术合作协议，并向克莱恩公司许可新一代吸附剂生产技术，实现了该技术从引进向输出的转变。

S-Zorb汽油吸附脱硫技术已成为我国最主要的汽油脱硫技术，已建成39套工业装置，总加工能力超过4500万吨/年。与常规脱硫技术相比较，该技术辛烷值损失减少约60%、氢耗减少约30%、能耗减少约60%，整体达到世界领先水平，为我国汽油质量快速升级做出了重要贡献，显著提升了我国清洁油品生产技术水平和国际竞争力。

执笔人：宋　烨、徐　莉　石油化工科学研究院
　　　　黄福荣　工程建设公司
审核人：李铁军　科技部
审定人：王丽娟　科技部

# 催化柴油加氢裂化生产高辛烷值汽油组分技术

2013年，催化柴油加氢裂化生产高辛烷值汽油组分技术实现工业化应用，是解决加快成品油质量升级步伐、炼厂产品结构亟须调整难题的成功实践。

## 背景

早期为了解决资源短缺和汽柴油需求迅猛增长之间的矛盾，我国炼厂大量建设和使用催化裂化装置，“像粉碎机一样”将劣质重渣油转化为催化汽柴油馏分，形成了具有中国特色的柴油生产结构。催化柴油（LCO）在我国柴油组分中占比较大，约占20%～35%，其密度大、十六烷值低（通常为20左右，离≮51指标相差甚远）、氮及多环芳烃含量高（国Ⅵ指标要求多环芳烃含量≯7%），是最劣质的柴油组分，不能满足国Ⅵ车用柴油标准。同时，汽车工业快速发展与汽油质量不断升级，导致高辛烷值汽油组分短缺。近十年，国内消费柴汽比降幅超过50%。2013年我国催化柴油产量高达4000万吨，大量催化柴油面临出厂困难，迫切需要将催化柴油经济高效地转化为高辛烷值汽油技术。

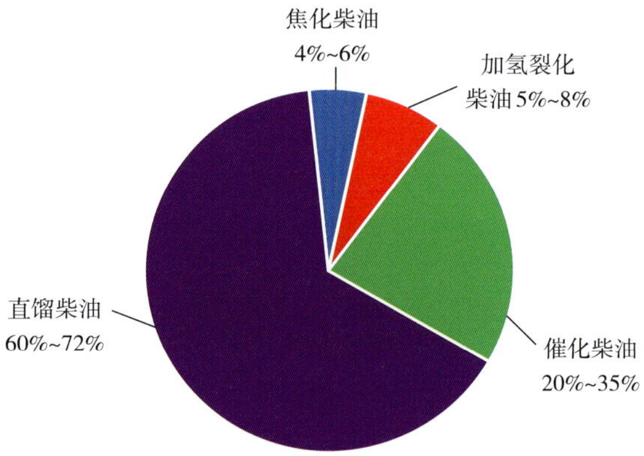


我国典型柴油池组成

## 实施过程

为实现催化柴油低成本质量升级，大连（抚顺）石油化工研究院（大连院）根据催化柴油的结构组成和特点，2005年开始探索研究将催化柴油加氢转化生产高辛烷值汽油或芳烃料。2012年11月催化柴油加氢转化技术列入中国石化“十条龙”攻关项目，与金陵石化、洛阳工程公司合作攻关。2013年9月，金陵石化1#加氢裂化装置完成适应性改造，实现一次开车成功。2014年3月，茂名石化1#加氢裂化装置改造实现一次开车成功。2014年7月，该技术通过成果鉴定。2017年，采用该技术新建的长岭炼化100万吨/年催化柴油加氢转化装置一次开车成功。

项目创制了“强裂化、弱加氢”的专用催化剂，开发了抑制芳烃过度加氢饱和的催化柴油加氢转化工艺技术，在对多环芳烃加氢转化过程进行准确模拟的基础上，掌握了反应系统宏观调控方法。系统研究了反应温度、压力与烃类结构组成的影响规律，获得了操作条件与加氢转化后汽油馏分辛烷值及提质柴油馏分十六烷值的对应关系，确定了适宜将多环芳烃饱和为单/双环环烷基芳烃的压力等级和更高的加氢转化操作温度，该温度避开了利于单环芳烃加氢饱和的区域，尽量减少加氢转化生成的高辛烷值单环芳烃被进一步饱和为低辛烷值单环环烷烃。但因采用相对低压和高温操作条件，将导致催化剂积碳失活倾向增大，活性下降，为此发明了变压、变温等多维操作方法，在装置运行期间，适时提高操作压力和温度，对催化剂积碳失活予以有效补偿，实现长周期稳定运行。

长岭炼化新建100万吨/年催化柴油加氢转化装置

## 成就与影响

金陵石化Ⅰ#加氢裂化装置适应性改造中，在对装置不进行任何大改动的前提下，仅通过更换专有催化剂体系和进行工艺技术条件优化，使装置加工催化柴油生产出高辛烷值汽油调和组分。由分馏系统能力倒推装置加工量，根据催化剂装填方案，现有反应器空间富余较多，决定用惰性支撑剂和瓷球来填充。装置于2013年9月29日装置开工正常，第一周期连续运行30个月，第二周期连续运行44个月。标定结果表明，以催化柴油为原料，可以生产30%~50%的汽油调和组分，汽油调和组分辛烷值（RON）达到91~95，硫含量小于10μg/g；加氢转化柴油十六烷值较原料增加10~14个单位，硫含量小于10μg/g，可以作清洁柴油调和组分。

将催化柴油转化为高辛烷值汽油，不仅解决了汽柴油质量升级过程中高多环芳烃含量、低十六烷值催化柴油的出路问题，而且大幅度提高了高辛烷值清洁汽油组分产量，助力炼化企业产品结构调整和汽柴油质量升级，已成为炼化企业国Ⅵ汽柴油质量升级的关键技术。作为分子水平炼油技术研发及应用的典范，为炼化企业实现绿色、高效、可持续发展和技术进步作出了突出贡献，具有良好的经济和社会效益。

执笔人：彭　冲　大连（抚顺）石油化工研究院
审核人：李铁军　科技部
审定人：王丽娟　科技部

# 催化柴油定向加氢—选择性催化裂化组合技术（LTAG）

21世纪初，为了降低柴汽比、调整产品结构、多产高辛烷值汽油，石油化工科学研究院（石科院）成功开发了催化柴油定向加氢—选择性催化裂化组合技术（LTAG）。该技术达到国际先进水平，2015-2020年实现29套装置工业应用，催化柴油加工能力合计超过850万吨/年，成为支撑炼厂降低柴汽比、调整产品结构、实现提质增效的关键技术。

## 背景

随着国内汽柴油质量升级，催化柴油（LCO）因多环芳烃含量高、十六烷值低而不宜作为柴油调和组分。同时，由于市场需求结构变化，消费柴汽比逐年下降，高辛烷值汽油短缺，柴油产量严重过剩，迫切需要开发LCO低成本、高效生产高辛烷值汽油或芳烃料的新技术。

## 实施过程

基于对LCO分子水平表征、LCO加氢关键组分和加氢LCO催化裂化关键组分的反应化学研究，石科院成功开发了催化柴油定向加氢-选择性催化裂化生产高辛烷值汽油或芳烃料技术（LTAG）。该技术具有加氢LCO一次通过转化率高（>70%）、汽油选择性高（达到80%）、氢耗低（1.0%~2.5%）且所产汽油烯烃含量低、辛烷值高的特点，采用循环操作时可以基本实现LCO的全部转化。

LTAG技术具有如下重大创新：（1）开发LCO定向加氢与选择性催化裂化高效集成技术及配套催化剂；（2）开发LCO稠环芳烃低氢耗定向加氢控制技术；（3）首创四氢萘型单环芳烃最大化转化为轻质芳烃组分的加氢LCO单独催化裂化反应器和精准操作窗；（4）开发加氢LCO选择性催化裂化毫秒反应区技术，使四氢萘型单环芳烃开环反应比例由20%提升至72%，同时保证了重油转化能力。

该技术具有两种模式：LTAG模式Ⅰ——加氢LCO单独催化裂化；LTAG模式Ⅱ——加氢LCO与重油分层催化裂化模式。其中，加氢LCO单独催化裂化模式在国内外无同类技术，与LCO加氢裂化比，具有氢耗低（-50%+）、LCO转化率高（-50%+）、汽油产率高（+25%+）而且辛烷值高（+1.4个单位）特点。加氢LCO与重油分层催化裂化模式具有LCO转化率高、汽油选择性好且不影响重质原料转化的明显优势。

LTAG技术于2013—2015年在石家庄炼化完成不同模式工业试验，结果表明：采用加氢

LCO单独催化裂化（模式Ⅰ）汽油产率55.87%、汽油RON 96.4、C6～C8芳烃产率16.89%；采用重油和加氢LCO分层进料共炼（模式Ⅱ）时，LCO产率减少20.31%，汽油产率增加16.08%，液化气增加2.53%，辛烷值增加0.6个单位。在两种运行模式下，加工每吨LCO原料，均实现利润大幅增加。

LTAG技术可根据不同企业的实际装置结构，在多种模式下灵活运行，加氢LCO可单独精准催化裂化，也可通过毫秒反应区与重油催化裂化耦合。加氢单元可采用柴油加氢、蜡油加氢或渣油加氢装置等；催化裂化单元可采用常规FCC、MIP、DCC或双提升管装置等。该技术易实施、投资低、见效快，既解决了汽柴油质量升级中富含稠环芳烃LCO的出路问题，又弥补了高辛烷值汽油或芳烃料的不足，满足企业降低柴汽比的需要。

## 成就与影响

自2015年开发成功以来，已在齐鲁石化、济南炼化和扬子石化等多家企业的29套装置上工业应用，催化柴油加工能力超过850万吨/年，可生产汽油+液化气500万吨/年以上，占我国轻循环油转化加工能力70%以上的市场份额。工业应用统计结果表明，与生产柴油相比，加氢LCO经济效益显著。

LTAG技术不仅解决了汽柴油质量升级过程中高多环芳烃含量、低十六烷值的催化裂化轻循环油的出路问题，助力炼化企业产品结构调整，而且作为分

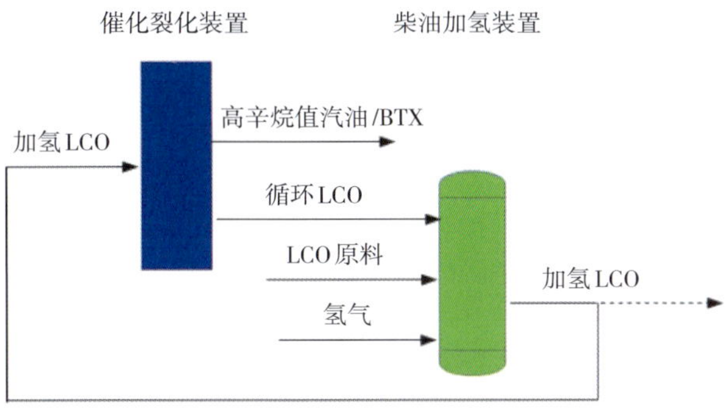


LTAG 模式 | 原则流程图

LTAG模式 | 某催化裂化装置图

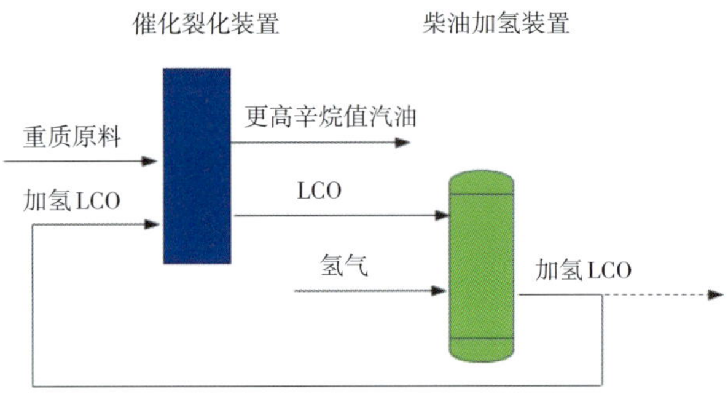


LTAG 模式Ⅱ原则流程图

LTAG模式Ⅱ某催化裂化装置图

子水平炼油技术研发及应用的典范，为炼化企业实现绿色、高效、可持续发展和技术进步作出了突出贡献。

LTAG技术获国内外授权专利10余件，形成了完整的自主知识产权。2015年10月通过鉴定，一致认为，LTAG技术创新突出，具有自主知识产权，经济效益显著，达到国际领先水平。LTAG技术2018年被评为中国石化十大优秀技术品牌，并获得中国石油学会评定的中国石油石化科技成果转化与推广金质奖。LTAG技术成果具有唯一性，入围国际知名期刊《Hydrocarbon Processing》最佳炼油技术奖，提升了我国炼油技术的国际影响力。

执笔人：唐津莲　石油化工科学研究院
审核人：李铁军　科技部
审定人：王丽娟　科技部

# 新型硫酸烷基化技术（SINOALKY）

SINOALKY硫酸烷基化技术开发始于2009年1月，历经十年，2018年6月18日首套20万吨/年工业示范装置在石家庄炼化投产，各项指标均达到世界先进水平，标志着具有自主知识产权的硫酸烷基化技术开发成功，打破了国外公司专利壁垒，为助力汽油质量升级提供了有力支撑。

## 背景

在石油炼制过程中，碳四烷基化技术是一项重要的炼厂气加工工艺，可以将异丁烷和丁烯（或者丙烯、丁烯、戊烯的混合物）在酸性催化剂下生成烷基化油。烷基化油不含烯烃和芳烃，几乎无硫无氮，低敏感性、低蒸气压，是清洁、理想的高辛烷值汽油调合组分。

21世纪以来，我国炼油企业加大技术研发与装置改造力度，开始了从含铅汽油到无铅汽油，以及降硫、降烯烃和芳烃的油品升级之路。同时，随着汽车工业的发展，汽车发动机压缩比不断提高，要求汽油具有更高的辛烷值，国内高辛烷值汽油调和组分的市场缺口很大。此外，随着我国天然气大发展，炼厂气作为民用液化气的用途逐步由天然气替代，炼厂气综合利用是一个迫切需要解决的问题。在这些背景下，国内烷基化产能逐年攀升，2013年后更是呈爆发式增长。

硫酸烷基化实验室小试装置

相较于氢氟酸烷基化，以硫酸为催化剂的硫酸法烷基化技术是当今炼油企业采用的主流烷基化技术，但该技术是我国炼油全流程中唯一没有国产化的技术，一直被国外公司垄断。2008年，闵恩泽院士在总结高桥石化烷基化经验的基础上，提出石油化工科学研究院（石科院）要开发自己的硫酸烷基化技术，打破国外公司专利壁垒，实现烷基化工艺国产化。

## 实施过程

2009年1月，石科院立项开展液体酸烷基化新工艺研究。通过对国内现有的液体酸烷基化工业装置的实地调研和考察，发现传统硫酸烷基化工艺中烷基化反应器易泄露，装置检修频繁，反应过程酸耗高，反应流出物需酸碱水洗，高盐废水排放量大，需开发新型反应器和反应工艺，降能增效。从搭建实验室小试装置、制备催化剂开始，经过初期实验摸索，成功开发具有高活性、高稳定性的催化剂对原料进行精制预处理，可以降低后续烷基化反应中硫酸损耗；研制新型硫酸催化剂添加剂XH-01，减少硫酸的腐蚀性，提高其催化性能和产品质量。在实验过程中，再认识反应机理和反应规律，考察实验操作关键参数，为后续中试试验打下了坚实基础。

随着小试初具成效，2012年石科院立项开

石家庄炼化硫酸烷基化中试装置

展硫酸烷基化过程的工程化研究。2013年10月开始在石家庄炼化进行80吨/年中试装置建设，2014年4月建成，5月打通反应流程。试验中期，华东理工大学参与反应流出物酸烃分离试验研究，洛阳工程公司加入开发团队参与工艺包设计和编写工作。2014年5月—2015年3月，在中试装置完成新型反应器性能评价、流出物酸烃分离及酸耗考察试验，创新性地采用新型多级多段静态混合烷基化反应器和自汽化酸烃分离器，实现反应器流出物气相、酸相、烃相的快速分离和反应热的快速取出，又通过高效聚结分离器，去除传统工艺的酸碱水洗流程，形成具有自主知识产权的新型硫酸烷基化技术（SINOALKY）。

2015年3月，硫酸烷基化过程的工程化研究及20万吨/年硫酸烷基化工艺包通过评审。2016年1月，“20万吨/年硫酸烷基化技术开发及工业试验”进入中国石化“十条龙”攻关项目。在中试试验数据的基础上，各参研单位深入研究工程放大过程中可能存在的各种各样的问题。2016年3月洛阳工程公司完成石家庄炼化20万吨/年硫酸烷基化装置的基础设计工作，2017年9月19日建成中交，2018年6月18日顺利投产。

首套20万吨/年SINOALKY硫酸烷基化工业示范装置

“2020石油石化好技术”推荐项目、《石化绿色工艺名录》

## 成就与影响

SINOALKY硫酸烷基化技术研发从2009年1月立项至2018年6月18日首套20万吨/年工业示范装置产出合格产品，历经10年，先后申请中国专利25件（包括7件实用新型），形成了完整的自主知识产权。工业应用结果表明，与同类先进技术相比，SINOALKY技术烷基化反应器运行稳定，易于维护，安全可靠；反应流出物采用高效聚结材料进行酸烃分离，去除了传统工艺的酸洗、碱洗、水洗流程，真正实现了清洁化生产。经标定各项指标均符合行业标准，优于现有工业装置，整体技术达到国际先进水平。2020年，“多级多段静态混合硫酸烷基化工艺”入选《石化绿色工艺名录（2020年版）》。

2019年6月17日、2019年7月23日分别在荆门石化和洛阳石化利用该技术建设的20万吨/年装置投产，岳阳兴长20万吨/年装置和燕山石化30万吨/年装置正在建设中。

执笔人：董明会　石油化工科学研究院
审核人：李铁军　科技部
审定人：王丽娟　科技部

# 安全环保型智能化密闭除焦成套技术

中石化广州（洛阳）工程公司积极贯彻“奉献洁净能源，践行绿色发展”理念，与镇海炼化、塔河炼化、青岛安工院和洛阳涧光等单位合作，开发出世界首创的安全环保型石油焦密闭除焦、输送及存储成套技术，在国内19套焦化装置技术改造中实现了产业化应用，被誉为炼化企业打好蓝天保卫战、建设绿色石化的“加速器”。

## 背景

延迟焦化是重要的重油深加工手段。截至2019年底，我国建成投产的延迟焦化装置超过110套，总加工能力超过13245万吨/年。延迟焦化装置普遍使用水力除焦方法将焦炭塔内的焦炭除去，其原理是利用高压水对焦炭塔内的焦炭进行切割。切割下来的焦炭连同切焦水一同流入储焦池，兼备储存功能的储焦池露天敞口设置，池内除焦水经折流池沉淀、过滤后循环使用，池内焦炭则利用抓斗起重机倒料或抓到外运火车、汽车上。水力除焦方法简易可靠、流程简单、投资省，是目前国内外延迟焦化装置普遍采用的除焦方法。

敞开式水力除焦方法带来环保和安全方面的问题，主要有：焦炭在倒料和转运过程中，抓斗、火车或汽车车厢存在焦炭撒落，焦炭及焦粉对周边环境造成污染；露天焦池中堆积的焦炭，随着水分的蒸发，遇风四处飞扬，污染周围环境；在焦炭塔打开顶盖进行除焦时顶盖处、在除焦过程中除焦口、在敞开的焦池中散发一定数量的有毒有害气体及挥发性有机物，对大气造成污染；除焦过程中，操作人员在标高50多米高的焦炭塔顶平台手动操作相关机械设备，不但劳动强度大，也存在安全隐患；切换焦炭塔的过程需要操作几十个阀门，易误操作而引发事故。随着环保要求日益严格，这种除焦方法已不能满足环保要求，必须开发新的除焦技术从根本上解决延迟焦化装置的安全环保问题。

## 实施过程

2013年6月，在镇海炼化200万吨/年焦化装置（Ⅱ焦化）技改项目可行性论证中，为确保环保达标，中石化广州（洛阳）工程公司与镇海炼化决定开发延迟焦化密闭除焦技术。课题组通过梳理分析构成核心技术的石油焦密闭除焦系统，确定了选择性筛分破碎—脱水仓—螺旋取焦—尾气集中治理的石油焦密闭处理的技术路线，对工艺操作与流程、超薄型闸板阀底盖机、密闭脱水仓、石油焦垂直螺旋提升机、尾气收集与处理等开展研发。第一阶段验证密闭除焦关键技术和脱水仓、破碎机和螺

安全环保型智能化密闭除焦成套技术－金陵石化加工能力为160万吨/年的安全环保型延迟焦化密闭除焦、输送及存储装置

旋取料机等关键设备的可靠性；第二阶段实施脱水仓密闭和尾气治理。

2015年6月30日，镇海炼化Ⅱ焦化第一阶段技改项目投产成功，不但新型密闭除焦关键技术和设备的性能得到验证，而且降低了操作人员劳动强度和安全风险。

2016年12月，由广州（洛阳）工程公司、镇海炼化、塔河炼化、青岛安工院和洛阳涧光等单位组成攻关组，对密闭除焦技术进行完善，实施脱水仓密闭尾气治理，同时整合石油焦密闭输送和存储，焦炭塔安全联锁等，开发“安全环保型延迟焦化密闭除焦、输送及存储成套技术”，该项目被列入中国石化“十条龙”科技攻关项目。

2017年12月25日，随着最后一榀料仓顶盖安装到位、尾气风机投运正常，镇海炼化Ⅱ焦化第二阶段改造中脱水仓密闭和尾气治理顺利完成，首次实现了石油焦生产、输送全过程密闭操作，改善了焦化装置区域及周边环境，各项环保指标满足《石油炼制工业污染物排放标准》(GB31570-2015)与《恶臭污染物排放标准》(GB14554-1993)要求，彻底改变了延迟焦化装置污染严重的形象。

## 成就与影响

安全环保型密闭除焦、输送及存储成套技术形成专利24项、专有技术12项、专利设备6台（套）、软件4个，处于世界领先水平。在推广应用过程中，结合不同企业的情况，对该技术进行了持续优化和改进。

2018年4月，广州（洛阳）工程公司组建密闭除焦项目群，制定了工艺技术、工程设计、专利设备制造销售、工程建设、开车试运等一站式解决方案，对承揽的焦化装置改造项目按工程设计、工程承包、设计＋采购三种类型实行集中管理，推行模块化设计、标准化采购，完成了《延迟焦化装

2020年11月12日，齐鲁石化炼油厂3#延迟焦化装置密闭除焦项目经过60天建设实现高标准中交，创造了同类项目脱水仓和密闭棚建成时间最快的新纪录

置密闭除焦、运输及存储设计技术规定》等行业标准的编制。2019年6月28日，济南炼化120万吨/年焦化装置环保综合治理项目一期工程顺利中交，标志着密闭除焦项目群实施的第一套总承包项目交付生产；2020年4月11日，安庆石化炼油一部Ⅱ焦化装置密闭除焦系统一次开车成功；2020年6月7日，北海炼化120万吨/年焦化装置密闭除焦改造项目投入生产运行。截至2021年5月底，通过项目群实施的密闭除焦技改过项目已达18个，按照平均排放系数法估算，已减少挥发性有机物排放近4600吨、硫化氢排放百余吨。

“安全环保型延迟焦化密闭除焦、输送及存储成套技术”的开发和应用，实现了石油焦生产全过程封闭输送、存储并封闭定量装车，破解了长期困扰炼化企业的焦化装置散发异味和粉尘污染等难题，成为炼化企业打好蓝天保卫战、建设绿色企业的关键路径。

执笔人：李建永　广州（洛阳）工程公司

审核人：李铁军　科技部

审定人：王丽娟　科技部

# 高档润滑油基础油成套技术

为了解决API Ⅲ类及API Ⅲ⁺类高档润滑油基础油全部依赖进口的问题，中国石化于2012年推进高档润滑油基础油自主技术开发，成功开发了加氢裂化－异构脱蜡一体化技术及与之匹配的催化剂体系，形成了具有自主知识产权的高粘度指数基础油生产成套技术。利用该技术于2016年在茂名石化建成240万吨/年加氢裂化－40万吨/年异构脱蜡一体化工业装置，实现了稳定生产API Ⅲ类和API Ⅲ⁺类高档润滑油基础油的目标。该技术填补了国内高档润滑油基础油生产技术的空白，整体达到国际领先水平，实现了我国高档润滑油基础油的自给。

## 背景

进入21世纪，由于环保和机械制造业对润滑油规格的要求日益提高，润滑油产品质量升级换代速度明显加快，全球对润滑油基础油的消费由API Ⅰ类油快速向API Ⅱ和API Ⅲ类油过渡。加氢工艺生产的API Ⅲ类及API Ⅲ⁺类基础油需求量不断增加，该类基础油具有饱和烃含量高、硫含量极低和粘温性质好等特点，是制取高档润滑油的主要原料。加氢裂化尾油是很好的润滑油基础油生产原料，可以生产API Ⅲ类及API Ⅲ⁺类基础油，具有低硫、低氮、低芳烃含量、优良的热安定性和氧化安定性、较低的挥发度、优异的粘温性能和良好的添加剂感受性等优点，可以满足现代高档润滑油对基础油的要求。国外历来注重利用加氢裂化尾油生产润滑油基础油的技术，而国内尚未掌握该技术，API Ⅲ类及API Ⅲ⁺类基础油几乎全部依赖进口。

2010年，茂名石化认识到高档润滑油市场的发展前景，提出利用其良好的润滑油研发和生产基础，开展加氢异构脱蜡生产高档润滑油基础油项目的建议。随后中国石化决定以茂名石化即将建成投产的240万吨/年加氢裂化装置为依托，开发加氢裂化－异构脱蜡生产高档润滑油基础油自主技术，建设加氢裂化－异构脱蜡一体化装置，生产API Ⅲ类及API Ⅲ⁺类高档润滑油基础油。为了确保一体化装置建成后达到预期效果，由茂名石化牵头，石科院、抚研院、洛阳工程参与，2012年共同申报了“加氢异构脱蜡生产高档基础油成套技术开发及应用”项目，2013年12月列为中国石化“十条龙”攻关项目。

## 实施过程

茂名石化作为攻关组长单位，积极协调各攻关单位按照任务分工开展工作，石科院和抚研院共同开展了加氢裂化和加氢异构工艺优化研究、催化剂研究、原油筛选研究。抚研院发明了高脱氮活性的预精制催化剂和高开环选择性的裂化催化剂，提高了加氢裂化过程中的多环环状烃的开环能力，可使加氢裂化尾油黏度指数提高7个单位。石科院开发异构选择性好、活性高的异构脱蜡催化剂和芳烃饱和性能高的加氢后精制催化剂，实现了生产高黏度指数润滑油基础油的目标。洛阳工程开展了工业装置总体优化设计研究，通过整合压缩机系统及热量联合利用，创新实现加氢裂化－异构脱蜡一体化设计，实现了大幅降低装置建设投资及操作成本的目的。

茂名石化240万吨/年加氢裂化单元于2011年3月6日破土动工，2012年11月30日建成中交，2013年3月2日投产。240万吨/年加氢裂化单元的成功投产，为加氢裂化－异构脱蜡生产高档润滑油基础油技术的催化剂和工艺进一步研究提供了试验原料条件。

40万吨/年润滑油加氢异构化单元于2013年8月1日破土动工，2015年10月31日建成中交，2016年6月4日投产。随着40万吨/年润滑油加氢异构化单元的投产，项目进入工业试验攻关阶段。随后的工业化攻关过程困难重重，最初的试产情况并不理想，所产基础油未能完全达到攻关目标。试验结果表明：API Ⅲ类6cst基础油可以稳定产出，但达不到API Ⅲ⁺类6cst基础油要求；API Ⅲ类4cst基础油可以产出，但难以稳定生产。为了加快攻关进度，中国石化加强统筹协调，从2016年6月4日加氢异构单元投产至2018年10月，组织高档润滑油基础油生产试验近10次，最终实现稳定生产API Ⅲ类和API Ⅲ⁺类高档润滑油基础油的目标。

240万吨/年加氢裂化单元装置现场

## 成就与影响

从原油筛选、加氢裂化原料优化到装置优化调整等方面进行系统研究攻关后，2017年12月成功产出黏度指数132的6号基础油，2018年7月成功产出黏度指数127的4号基础油。2018年9月14日通过成果鉴定，整体技术达到国际领先水平。2018年10月成功产出黏度指数131的API Ⅲ⁺类4号基础油，进一步提升了技术水平。

具有自主知识产权的加氢裂化－异构脱蜡一体化成套技术的成功开发与应用，促进了我国润滑油产品质量升级，增强了我国在润滑油等特种油品领域的市场竞争力。该技术配套开发的加氢裂化和异构脱蜡系列催化剂已在国内众多企业进行了工业应用，取得了良好的经济效益和社会效益。

执笔人：谭达刚　茂名石化公司
审核人：李铁军　科技部
审定人：王丽娟　科技部

# 生物航煤生产成套技术

生物喷气燃料是指以生物质为原料采用化学或生物方法生产的合成烃煤油组分，按照一定比例与石油基航煤调合而成的航煤。中国石化于2009年启动生物喷气燃料技术开发，于2011年12月12日一次投料成功，实现工业示范生产。

## 背景

近年来，我国民航事业不断发展，对航空燃料的需求不断增长，国内喷气燃料消费以每年10%左右快速增长。2009年12月18日，我国在哥本哈根气候大会上承诺，2020年单位GDP二氧化碳排放量比2005年下降40%~45%。中国民航局2011年出台《关于加快推进节能减排工作的指导意见》，提出全行业能耗和二氧化碳排放增速要低于行业发展速度，到2020年我国民航单位产出能耗和排放（收入吨公里能耗和收入吨公里二氧化碳排放）将比2005年下降22%。作为唯一含有碳源的可再生能源——生物质资源，是实现我国航空燃料满足碳排放要求的重要途径。

## 实施过程

中国石化积极践行绿色低碳发展理念，2009年启动了生物喷气燃料技术开发项目。石油化工科学研究院（石科院）采用分子炼油理念，通过对生物喷气燃料原料和产品的分子结构分析，以及对反应化学网络的深入认识，优选出适合的反应途径，并进行了催化剂、工艺和反应工程、产品调合及分析方法的创新，成功开发了生物喷气燃料生产成套技术。为加快该技术的工业应用，成立了“十条龙”技术攻关小组，石科院和镇海炼化、经济技术研究院、工程建设公司（SEI）等单位合作，将镇海炼化位于杭州的加氢装置改造为生物喷气燃料工业生产装置，2011年12月12日一次投料成功，先后以棕榈油和餐饮废油为原料生产出符合标准的生物喷气燃料。

## 成就与影响

在生物喷气燃料工业示范生产的同时，中国石化向中国民航局提交了1号生物喷气燃料的适航审定申请。适航审定历时两年，完成了生物喷气燃料的工艺、产品理化性能、特定性能以及生产质量体系的评审，并进行了发动机台架试验和试飞验证。2014年2月12日，中国民航局向中国石化颁发了中国第一张生物喷气燃料生产许可证。2015年3月21日和2017年11月22日，海南航空使用中

飞机加注生物航煤

国石化自主研发的生物喷气燃料分别进行了国内和国际商业载客飞行。飞行表明，中国石化生物航煤自主研发生产技术成熟，对我国生物质能源研发应用和绿色航空具有重要意义。

执笔人：陶志平　石油化工科学研究院
审核人：李铁军　科技部
审定人：王丽娟　科技部

# 我国第一个出口成套石化技术
## ——丁苯热塑弹性体（SBS）技术

1986年7月19日，燕山石化研究院（2010年划归北京化工研究院）自主开发的SBS工业化成套技术成功实现向意大利埃尼公司的技术转让，开创了我国石化行业成套技术出口的先河。

## 背景

SBS（苯乙烯-丁二烯-苯乙烯嵌段共聚物）是丁苯热塑弹性体中的重要品种之一，因其兼有橡胶和塑料的优点，既有塑料的可塑性，又有橡胶的回弹性，是制鞋、塑料改性、道路沥青改性、防水卷材、液封材料和黏合剂等领域不可或缺的材料。由于其优异性能和广泛用途，SBS自20世纪60年代一经问世，就引起了全球橡胶行业的普遍关注。

燕山石化研究院于20世纪70年代中期开始，与大专院校、科研院所和生产企业等多方合作，系统研究了丁基锂引发的SBS聚合技术，建立了工艺、工程、专有设备、过程控制和分析检测方法等，积累了系统数据、知识技术经验。意大利埃尼公司是当时世界最大、品种最全的合成橡胶生产公司。该公司于70年代初购买了美国某公司的SBS技术，建有2.5万吨/年生产线，并有实验室、中试完整研究开发体系，其橡胶产品在欧洲市场上享有极好的声誉。1981年该公司开始与燕山石化研究院进行技术开发合作，1986年初提出购买SBS成套技术使用权意向。

## 实施过程

1979年初，燕山石化研究院在总结前期工作的基础上，结合锂系聚合特征，列出其工业化技术应具备和需解决的项目及内容提纲，明确了关键技术和技术难点，规定了各工艺单元的主要工艺流程、设备型式、应当求取的数据和解决的问题，并在实验方案中落实到不同专业（工艺、设备、自控、分析、工程设计等）和各化工单元（催化剂、聚合、吸收和分离、汽提、干燥和公用工程等）。为加快产业化技术开发，将科研与设计密切结合，规定了小试、模试、中试和工程设计的任务和配合关系，实行四层次并行和交叉作业运作模式。

100吨/年中试装置于1982年建成，设有原材料精制、配制与聚合、混合与汽提、挤压脱水与干燥、溶剂回收、过程控制和分析检测7个技术单元，总计设备和仪表仪器310多台、300升聚合釜3台。在中试成果的基础上，选择在巴陵石化合成橡胶厂进行3000吨/年工业试生产。1984年7月，工业试生产成功，开始着手万吨级工业技术开发研究，解决工业试验存在的聚合效率低、操作强度大、设备性能差、过程控制难、技术经济指标落后和单线产量过小等问题。1985年万吨级SBS工业技术开发作为中国石化重点科研任务。

1986年，燕山石化研究院利用100吨/年中试装置，进行了为期3个月、15批次、意方指定的5种SBS牌号的生产。样品在意大利进行全面评审，评价结果是“令人鼓舞”，并准备即将来华洽谈签订技术转让合同。1986年7月19日，中国石化与意大利埃尼公司签订SBS技术使用许可合同，意方提出由燕山石化研究院提供2.5万吨/年SBS生产装置基础设计工艺包。

SBS技术从1979年立项到1986年许可意大利埃尼公司，历时7年，最终按要求圆满完成了2.5万吨/年生产装置基础设计。第一套基础设计工艺包经过3次较大修改和变动，于1988年5月完成。文件包括工艺、设备、仪表3部分和操作、分析、物性3个手册，共36个分册，文字叙述936页，折合三号图纸100张，表格470张。1988年6月在意大利通过评审。意大利专家给出的评审结论是，对中方技术人员所提供的完整的、高质量的技术文件非常满意。

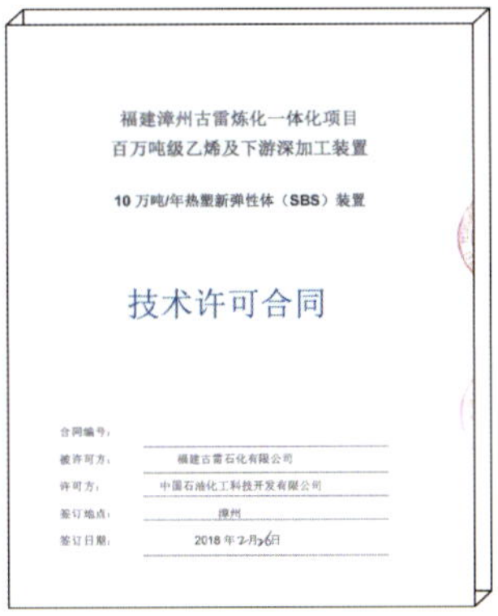


年产一万吨SBS成套工业生产技术开发科技进步奖证书；
10万吨/年热塑新弹性体（SBS）装置技术许可合同

## 成就与影响

SBS成套生产技术转让意大利埃尼公司，是中国石化首次向国外转让技术，实现了中国石化成套技术零出口的突破，结束了我国石化技术只进（口）不出（口）的状态，促进了我国丁苯橡胶行业的发展。

1991年SBS等工业装置成套技术，实现了向中国台湾合成橡胶公司的转让；2018年2月，与福建古雷石化有限公司签订了10万吨/年热塑新弹性体（SBS）装置技术许可合同。

执笔人：王　雪　北京化工研究院
审核人：李铁军　科技部
审定人：王丽娟　科技部

# 锂系聚合物技术

为了满足高性能轮胎、增韧树脂等领域的特定需求，1988年以来，燕山石化研究院（2010年划归北京化工研究院）在溶聚丁苯橡胶（SSBR）、低顺式聚丁二烯橡胶（LCBR）等领域开展了大量的产品开发及应用推广工作。采用自主技术生产的官能化溶聚丁苯橡胶，成功应用于国产235/55 R 19 105W GREEN-MAX型轮胎，轮胎等级从欧盟轮胎标签节油性/安全性C/C级进步到A/B级，综合性能达到世界领先水平。此后，在锂系聚合物领域不断取得新突破。

## 背景

20世纪60年代，美国公司率先实现溶聚丁苯橡胶（SSBR）的工业化试生产，最初目的是因为苯乙烯价格上升而希望生产能够达到乳聚丁苯橡胶（ESBR）性能水平的苯乙烯含量的SSBR，但很快发现SSBR具有比ESBR更加优异的性能，因而锂系聚合物引起了广泛的重视。20世纪90年代，我国高速公路进入快速发展阶段，长途客运汽车、商务轿车及私家车的保有量也快速增长，性能上更追求安全、舒适、节能环保。1993年，第一件关于白炭黑和SSBR用于轮胎胎面胶的美国专利问世，打开了SSBR应用于制造轮胎的产业化大门。由于SSBR合成技术的较高技术壁垒和产品垄断，中国石化深刻认识到开发具有自主知识产权的生产技术是实现SSBR国产化的必由之路。

## 实施过程

为推动锂系聚合物技术开发，燕山石化研究院于1988年10月成立锂系部，以加强锂系聚合开发研究的统一规划和组织领导，加快科研成果工业化进程。锂系部基于“有所为有所不为”的原则与“储备一批、开发一批、推广一批”的思路，对科研布局进行调整，确定了3个层次的开发模式：一是品种与牌号开发，重点是市场急需的低顺式聚丁二烯橡胶（LCBR）、苯乙烯-丁二烯-苯乙烯嵌段聚合物（SBS）以及SSBR；二是新工艺技术开发，主要目标是连续聚合工艺技术等；三是基础研究与应用研究，主要开发集成橡胶，即苯乙烯-异戊二烯-丁二烯橡胶（SIBR），旨在进行技术储备。

1991年，燕山石化研究院向台湾橡胶股份有限公司转让SBS技术，表明对锂系聚合物的认识达到了较高水平。1993年开发出SSBR工业产品30吨，成功打通SSBR整个工业化生产流程，同年还开发了用作口香糖胶料的溶聚丁苯橡胶，并通过卫生部食品卫生监督检验所的物化测试和小白鼠毒性试验。1995年溶聚丁苯橡胶工业技术开发项目列入国家“九五”攻关项目建议书，并列入中国石化“十条龙”攻关项目。历经3年并经过两次工业化试生产，于1997年顺利“出龙”，开发出我国第一个溶聚丁苯橡胶牌号SSBR2305，受到国际同行的关注。2003年，受法国Michelin公司的委托，进行了4个SSBR牌号的开发。此外，受中国船舶工业集团公司与国防科技工业局委托，进行了特定领域专用SSBR的定制开发，批量生产特种橡胶90吨。

为解决SSBR与天然橡胶、顺丁橡胶的相容性，燕山石化研究院开发了三元集成橡胶（SIBR），工业试产20余吨，在下游多家轮胎企业完成性能评价及轮胎试制。在开发间歇SSBR

燕山石化10万吨锂系聚合物装置（可生产SSBR、SBS和LCBR）聚合单元

产品的同时，还开展了连续聚合SSBR技术的研究，2006年完成6万吨/年连续聚合成套技术工艺包的编制。白炭黑的广泛应用，促使SSBR向着含有极性官能化的方向发展。燕山石化研究院成立攻关团队，成功突破国外技术壁垒，于2019年实现了官能化SSBR的工业化试生产，并完成万吨级成套技术工艺包的编制，产品成功应用于国产235/55 R 19 105W GREEN-MAX型轮胎，与市场主流同规格轮胎相比，节油性和安全性分别提升10%以上，轮胎等级从欧盟轮胎标签节油性/安全性C/C级进步到A/B级，综合性能达到世界领先水平。其他品种牌号也取得重大突破，“高品质树脂增韧用低顺橡胶关键技术开发及应用”项目彻底解决了产品凝胶含量和色度问题，于2019年实现商业化生产，得到市场的高度认可。“低滚阻高耐磨轮胎胎面用溶聚丁苯橡胶工业技术开发及推广应用”项目也取得成功。

## 成就与影响

锂系聚合物品种多样、结构复杂，结合加工配合技术，形成了拥有500多项专利为主的知识产权保护网，高性能轮胎用的官能化SSBR BF2055M完成工业生产，端基改性SSBR2636、塑改用LCBR、防水卷材用SBS等一批新牌号实现商业化生产，成功替代进口产品。

执笔人：王　雪　北京化工研究院
审核人：李铁军　科技部
审定人：王丽娟　科技部

# 环管法聚丙烯成套技术

从1996年至1999年，中国石化组织了以工程建设公司为主体，以北京化工研究院国产N催化剂为基础的技术开发，建设了以炼厂丙烯资源为原料的8套（7套7万吨/年、1套10万吨/年规模）大型工业化装置，形成了中国石化自主知识产权的第一代环管法聚丙烯成套技术。随后在此基础上，开发形成了自有的第二代和第三代环管法聚丙烯技术。

## 背景

1995年，针对炼厂丙烯资源综合利用问题，中国石化决定“九五”期间建设一批主要以炼厂气为原料的聚丙烯装置。当时有两种方案可供选择：一是继续引进国外技术，风险较低，但费用较大；二是在前期研究开发的基础上，组织成套技术国产化攻关。最终，中国石化决定走自主创新的道路。

7万吨/年聚丙烯装置

## 实施过程

1996年至1999年，中国石化组织了以工程建设公司为主体、以北京化工研究院国产N催化剂为基础的技术开发，建设了以炼厂丙烯资源为原料的8套聚丙烯工业化装置（7套7万吨/年、1套10万吨/年），形成了具有自主知识产权的第一代环管法聚丙烯成套技术。

1999年，在第一代环管法聚丙烯成套技术的基础上，结合上海石化20万吨/年聚丙烯装置建设，开发完成20万吨/年规模的第二代环管法聚丙烯工艺技术。在工艺上进行了较大改进，除增加共聚反应系统外，将反应系统的设计压力由4.7MPa（G）提高到5.5MPa（G），优化调整预聚合操作，使国产化聚丙烯技术的操作范围大幅度扩大，能够生产高流动性、高MFR、高刚性的均聚、无规共聚和抗冲共聚产品，大大增强了开发和生产新产品的手段和能力。

2010年，在第二代环管法聚丙烯成套技术的基础上，由工程建设公司牵头，北京化工研究院、武汉石化和石家庄炼化参加，共同开发了第三代环管法聚丙烯成套技术，完成30万吨/年和40万吨/年规模的聚丙烯技术的工程化开发。目前，采用第二代环管法聚丙烯技术的30万吨/年聚丙烯装置（茂名石化、镇海炼化、延长靖边）、35万吨/年聚丙烯装置（中天合创、中景）和40万吨/年聚丙烯装置（宁波禾元）已顺利投产。

20万吨/年聚丙烯装置

30万吨/年聚丙烯装置

40万吨/年聚丙烯装置

## 成就与影响

第二代环管法聚丙烯成套技术具有以下特点：（1）预聚合系统满足高效催化剂的要求；（2）双环管反应器串联；（3）液相环管反应器与气相反应器组合工艺，环管反应器有利于生产均聚物和无规共聚，气相反应器生产抗冲共聚产品的橡胶相；（4）中间粉末料仓有利于聚合单元稳定操作和牌号转换；（5）纯添加剂或复配添加剂加料系统使牌号转换简单快捷；（6）模块化设计装置能力达到40万吨/年。

第三代环管法聚丙烯成套技术以自主开发的催化剂、非对称外给电子体技术和丙丁二元无规共聚技术等为基础，与第二代技术相整合，重点解决了反应工艺、工程放大和设备国产化等技术难题。35万吨/年聚丙烯环管法技术工艺包使该技术不仅可生产高性能BOPP、高熔体强度聚丙烯、PPH管材专用料、高熔指抗冲聚丙烯、透明聚丙烯等性能优异的新产品，而且产品的主要性能指标优于同类产品，达到了国际领先水平，具有较高的附加值和市场前景。第三代环管法聚丙烯成套技术在中国和美国获得了发明专利授权，其中一件专利获二十一届中国专利银奖。

第三代环管法聚丙烯成套技术具有以下特点：（1）非对称外给电子体技术。通过调整不同反应器内聚合催化剂体系中外给电子体的种类或加入量，调整催化剂不同氢调敏感性、立构定向性以及共聚性能，结合对特定用途产品分子结构的设计，实现简单条件下高性能聚丙烯产品的生产。采用该技术已成功开发系列高性能均聚BOPP、均聚聚丙烯管材、高熔体强度聚丙烯、高熔指抗冲聚丙烯等牌号。（2）丙丁二元无规共聚技术。采用该技术已成功开发系列注塑用透明聚丙烯、流延膜镀铝层专用料、烟膜用BOPP专用料等牌号。

截至2019年底，国内采用中国石化环管聚丙烯成套技术的装置共计29套，产能626万吨/年，产能占比达25%。另有11套在建或计划建设的环管聚丙烯工艺装置，合计产能355万吨/年。

执笔人：宋文波、邹发生　北京化工研究院
审核人：李铁军　科技部
审定人：王丽娟　科技部

# 大型聚酯成套技术

2000年12月8日，仪征化纤牵头承担的10万吨/年国产化聚酯装置一次开车成功，结束了我国聚酯技术装备完全依靠引进的历史，标志着我国大型聚酯成套技术达到了国际先进水平。

## 背景

20世纪60～90年代，由于我国聚酯产业没有自有技术，30年间共引进德国、美国、日本、法国等几十套聚酯装置，几乎涵盖了发达国家聚酯行业的所有生产技术。仪征化纤作为我国聚酯行业的龙头企业，以振兴民族聚酯工业为己任，持续推进聚酯成套技术国产化进程。

## 实施过程

仪征化纤与中国纺织工业设计院、华东理工大学、南化公司化工机械厂等联合推进技术攻关，实施聚酯装置30%国产化增容改造，在全新低温低压酯化工艺路线、新一代主反应器的设计制造、工艺和设备控制软件等关键技术上取得了突破。1996年，10万吨/年聚酯国产化装备被列为国家“九五”重大攻关项目。1999年4月，仪征化纤优化调整四期工程方案，将聚酯7条线30%增容改造的后4条线调整为建设1套10万吨/年国产化聚酯装置。5月10日，原国家经贸委、原国家纺织工业局组织对国产化聚酯攻关成果的中期评估，认为在工艺技术上掌握了聚酯生产过程的反应机理，建立了相关的数学模型，并在现有聚酯生产装置中得到验证，已经形成较为完善的技术软件包；关键设备反应器和配套设备国产化、生产质量控制软件国产化可行；成套装置的设计、建造、安装、调试和开车运行能力可靠，采用国产化技术建设聚酯装置是完全可行的。6月11日，中国石化将本项目列为“十条龙”攻关项目。

通过研究聚酯酯化、缩聚反应机理和工艺技术，建立各过程的反应速率模型和过程模型、计算机仿真的反应和控制模型，提出工艺流程、工艺条件、控制要求、物料平衡、能量平衡、物料品质指标等工艺技术软件以及各反应器的结构、传热要求，完成全流程配套设备的选型等，形成了10万吨/年聚酯国产化成套工艺技术软件包。

通过对技术改进设计制造2台酯化反应器、2台预缩聚反应器、1台终缩聚反应器以及工艺塔刮板冷凝器等关键设备，形成了聚酯装置关键装备的国产化制造能力。

依托装置采用自主开发的技术和国产化设备

10万吨/年国产化聚酯项目反应器吊装

建设了1条年生产时间不低于8000小时、产量为10万吨/年的国产化成套聚酯生产装置，形成包括技术软件、设计、设备制造和装置成套等内容完整的大容量聚酯装备技术的工程化能力。

1999年7月完成项目可行性研究报告，同年9月23日初步设计通过审查。1999年9月土建开工，2000年4月25日土建交安，7月24日反应器吊装，10月开始单机试车，11月组织联动试车。工程建设过程受控，全面实施了质量责任制、工程监理制、招投标制，实施限额设计，质量优良率100%。

2000年12月8日，10万吨/年聚酯生产装置一次投料开车成功，次日生产出合格产品。2001年3月21日，组织了72小时考核，表明该国产化聚酯装置运行平稳、工艺受控，机电仪设备性能良好，产量、质量、原辅材料消耗、能耗、“三废”排放与工业卫生均符合设计要求。装置原设计产能300吨/天，经分步升负荷和不断工艺优化，长期运行负荷达到了450吨/天。

## 成就与影响

10万吨/年国产化聚酯成套技术荣获2003年度国家科技进步奖二等奖。该技术的成功开发，使我国具备了开发成套聚酯装备的能力，大大缩短了我国聚酯行业与国际先进水平的差距，结束了我国聚酯大容量连续聚酯生产装置依靠引进的局面。攻关过程中培养了专业人才，壮大了工程设计、工程建设和设备制造队伍，为提高我国聚酯行业的国际竞争力奠定了良好基础。项目实施后，我国聚酯产能从2000年不足600万吨/年增加到2020年超过6000万吨/年，在世界市场占据绝对主导地位。

执笔人：朱后军　仪征化纤公司
审核人：李铁军　科技部
审定人：王丽娟　科技部

# 大型腈纶成套技术

2001年8月，上海石化腈纶装置由2.35万吨/年改造为6.6万吨/年建成投产，标志着我国大型腈纶成套技术开发取得突破，结束了我国腈纶生产技术长期依赖引进的局面。

## 背景

上海石化腈纶厂原生产工艺采用硫氰酸钠（NaSCN）为溶剂、溶液聚合一步法工艺路线，共有6个聚合系列，12条生产线，是20世纪70年代根据兰州化纤厂自行放大设计，至2001年连续运转20余年，已明显不能满足市场需要。与当时国内新建腈纶装置相比，表现出技术落后、单线规模小、物耗能耗高、产品质量差、品种单一以及设备老化等诸多不足，改造势在必行。在此背景下，中国石化将“3万吨/年硫氰酸钠二步法腈纶工程成套技术”列为“十条龙”攻关项目。

## 实施过程

腈纶改造工程全部由国内设计院承担基础设计和详细设计。工程改造面广量大，除了主体工程及配套公用工程外，还涉及大量国产化设备的攻关设计和制作等。项目建设中，坚持“高标准、严要求、高质量”的要求，从设计、安装、单机与联动试车直至投料试车，参与部门全力以赴，把好每一道关，抓紧每一段工程进度。2003年10月，工程通过竣工验收，其生产能力、建设进度、工程质量等得到好评。

工程进度方面，提出“方方面面，齐心协力，一切为了腈纶改造工程；积极主动，以我为主，一切服务腈纶改造工程”的口号。2000年10月16日停车，用10天时间完成主装置设备的拆除，10月26日交付土建施工，2001年1月10日开始主体设备安装，6月20日完成中间交接，8月10日进入投料试车。整个项目停车建设周期不到10个月，创下国内腈纶工程建设周期最短纪录。

工程设备国产化率高，单线设计产能达到1.65万吨/年。腈纶生产装置中聚合釜为关键设备，国内一直没有突破，必须依靠引进，价格昂贵。上海石化与国内知名高校、研究机构合作，从小试、中试到放大研究，经过数十次试验，实现了这一关键设备的国产化。

工程质量方面，严格按国家规范、标准精心设计，设计质量完全满足施工要求。建设过程中，聘请上海建设工程质量监督总站石化质检站和上海金申工程建设监理公司进行全方位、全过程质量监督、监理，工程质量始终处于监控中。腈纶改造工程设有工程质量管理组，配备质量管理人员；各施工单位均设有由质保部、项目办与施工班组组成的质量保证体系，形成了建设、施工、监理等各参与单位的质量管理网络。经核验、评审，土建、安装工程质量合格率为100%，综合工程质量核定为优良。一次开车成功，运行稳定，产出合格产品。

腈纶工程化成套技术开发成功（北装置毛条）

腈纶工程化成套技术开发成功（腈纶生产装置）

腈纶工程化成套技术开发成功（腈纶装置纺丝台）

## 成就与影响

腈纶改造工程以3万吨/年腈纶工程化成套技术为依托编制可行性研究报告，1999年12月3日得到原国家经贸委批复，并列入财政预算内专项资金国家重点技改第一批项目，为上海石化四期工程五大配套项目之一。整个项目从可行性研究报告批复到建成开车的建设期仅21个月。与同类引进装置相比，应用自主开发成套技术，工程决算仅为6.588亿元。该项目采用国产化成套技术，具有技术配套全、设备国产化率高、单线生产能力大、生产运行稳定、产品质量优、差别化品种多、单耗能耗低等特点，其先进性、成熟性、可靠性总体达到国际先进水平。腈纶改造工程的成功实施，走出了我国腈纶技术国产化道路坚实的一步，大大提高了我国腈纶工业的竞争力。

执笔人：桂尤佳　上海石化公司
审核人：李铁军　科技部
审定人：王丽娟　科技部

# 己内酰胺绿色生产新技术



为解决己内酰胺引进技术原子利用率低、工艺流程复杂、腐蚀污染严重、副产大量低价值硫酸铵的突出问题，中国石化坚持自主创新，成功开发己内酰胺绿色生产新技术。该成套技术拥有6项核心技术，原子经济、工艺简单、环境友好、经济和社会效益显著，实现了传统产业跨越式技术进步，达到了国际领先水平。

## 背景

尼龙是20世纪的伟大发明之一，广泛应用于纺织、服装、电子、汽车、轨道交通、航空航天等领域，显著提升了人们的生活品质。己内酰胺是尼龙-6单体，20世纪90年代初，为摆脱全部依赖进口的局面，我国投资近百亿元引进3套5万吨/年己内酰胺生产装置。引进技术的碳和氮原子利用率分别不足80%和60%，且工艺流程复杂、腐蚀污染严重，副产1.8～3.8倍的低价值硫酸铵。虽然己内酰胺被列入我国首批反倾销产品，但该行业仍然每年亏损超过20亿元，是亟待攻克的“卡脖子”技术。

## 实施过程

20世纪90年代中期，中国石化将己内酰胺绿色生产新技术列入“十条龙”攻关项目，组织石油化工科学研究院、巴陵石化、石家庄炼化和有关高校进行科技攻关，开展新反应途径、新催化材料和新反应工程研究，从小试、中试到工业示范，产学研紧密合作，持续自主创新30年，成功开发具有自主知识产权的己内酰胺绿色生产成套新技术，并得到工业化应用和推广。该成套技术主要有以下6项核心技术：

一是为提高氮原子利用率，发展了环己酮氨肟化制环己酮肟新技术，集成空心钛硅分子筛新催化材料和反应-膜分离新反应工程，将引进技术的环己酮肟五步制备工艺简化为一步工艺。1995年石科院开始新反应工艺和新催化材料研发，2000年在巴陵石化进行600吨/年中试及工程放大研究，2003年在巴陵石化建成7万吨/年环己酮氨肟化制环己酮肟工业装置，一次开车成功，环己酮转化率≥99.9%，环己酮肟选择性≥99.5%，优于国外同期开工的多釜串联氨肟化工艺，在全球首次实现直接以亚微米级高活性分子筛原粉作催化剂、单釜连续淤浆床催化反应-微孔膜分离循环组合新工艺在大规模连续生产中的应用和长周期稳定运转。

与传统环己酮肟生产技术相比，环己酮氨肟化制环己酮肟新技术生产流程大幅简化，装置投

巴陵恒逸己内酰胺绿色生产装置

资减少70%，氮原子利用率从不足60%提升至90%以上，废气排放下降99%，废水排放下降20%，能耗下降55%，不产生或使用$NO_x$/$SO_x$，环境友好，经济和社会效益显著。目前新建己内酰胺装置均采用环己酮氨肟化技术，单线规模达到30万吨/年。

二是为提高产品质量，发展了非晶态合金催化剂与磁稳定床集成的己内酰胺加氢精制新技术，替代引进技术的骨架镍催化剂和釜式反应器。1999年石科院开展非晶态催化剂与磁稳定床反应器在己内酰胺加氢精制中的研究，2001年在巴陵石化进行6000吨/年磁稳定床己内酰胺加氢精制工业侧线试验，2003年在石家庄炼化建成6.5万吨/年己内酰胺磁稳定床加氢精制工业装置，在全球首次实现磁稳定床反应器的工业应用。新技术成功解决了磁稳定床大型化的技术难题，高效脱除微量杂质，使催化剂消耗下降70%，产品质量大幅提升，目前单线规模达到20万吨/年。

三是为减少副产硫酸铵，开发了环己酮肟多级液相重排技术和硫铵中和结晶集成技术，使副产硫酸铵数量减少20%。2002年巴陵石化与湘潭大学合作进行环己酮肟液相重排制己内酰胺工艺研究，2003年在巴陵石化建成14万吨/年环己酮肟多级重排装置，有效降低重排混合物的酸肟比，副产硫酸铵数量减少17%。2003年巴陵石化与天津大学合作开发高度过程耦合的硫铵中和结晶技术，2005年在巴陵石化建成20万吨/年硫铵中和结晶工业装置，与引进技术的中和、结晶分步工艺相比，能耗大幅下降。

四是为根除副产硫酸铵，发展了高硅分子筛与移动床集成的环己酮肟气相重排新技术，无副产硫酸铵，减少了碳排放及三废排放。2000年石科院开始进行环己酮肟气相重排制己内酰胺新型催化剂和工艺的研发，2004年在巴陵石化进行800吨/年气相重排工业侧线试验，环己酮肟转化率≥99.9%，己内酰胺选择性≥96%，优于国外同类技术水平。2008年在巴陵石化进行气相重排产物结晶精制侧线试验。2011年、2014年10万吨/年环己酮肟气相重排成套技术工艺包（反应、精制）通过审查；2021年，30万吨/年环己酮肟气相重排成套技术工艺包通过审查，即将进行30万吨/年工业应用试验。环己酮肟气相重排移动床新技术，无副产硫酸铵，减少生产单元，降低生产成本，且因不使用氨，大幅减少碳排放，显著降低生产企业对煤指标的依赖。

五是为提高碳原子利用率，发展了环己烯酯化加氢制环己酮新技术，在全球首创环己酮绿色生产新反应途径。2011年石科院首创环己烯酯化加氢制环己酮新工艺，以苯选择加氢-环己烯酯化-醋酸环己酯加氢-环己醇脱氢的新反应途径生产环己酮，同时联产无水乙醇，开发了新型催化剂和工艺成套技术，在巴陵石化进行中试试验。2015年，20万吨/年环己烯酯化加氢制环己酮成套技术工艺包通过审查。2020年，40万吨/年环己烯酯化加氢制环己酮工业示范装置启动设计，2022年工业示范装置将建成开车。环己烯酯化加氢制环己酮新技术，集成新反应途径、催化蒸馏反应工程技术和新催化材料，有效解决原子经济引入氧、高效转化、高效分离的技术难题，将碳原子利用率从不足80%提高至95%以上，三废排放减少90%，能耗大幅下降，经济性好，安全性高。

六是与己内酰胺新技术配套，开发浆态床过氧化氢生产技术，建成国内首套工业装置。2012年石科院进行浆态床过氧化氢新型催化剂和工艺研发，2013年在石家庄炼化进行中试试验，2015年进行工程放大研究，2019年在巴陵石化建成2万吨/年工业示范装置，一次开车成功，生产效率提高40%、能耗降低20%、废水排放减少70%，实现生产过程本质安全。

## 成就与影响

中国石化己内酰胺绿色生产成套新技术，是新反应途径、新催化材料、新反应工程的集成创新，与国外先进己内酰胺生产工艺相比，生产流程大幅简化，氮原子利用率从不足60%提升至90%以上，碳原子利用率从不足80%提升至95%以上，装置投资下降80%，生产成本下降50%，污染物排放减少50%以上，实现了从苯至己内酰胺全流程的突破性技术创新和传统产业的跨越式技术进步，达到国际领先水平。该技术获200余件国内外授权发明专利。

国家技术发明奖
证 书
为表彰国家技术发明奖获得者，特颁发此证书。
项目名称：非晶态合金催化剂和磁稳定床反应工艺的创新与集成
奖励等级：一等
获 奖 者：闵恩泽（中国石油化工股份有限公司石油化工科学研究院）
证书号：2005-F-213-1-01-R02

非晶态合金催化剂和磁稳定床反应工艺的创新与集成获2005年国家技术发明奖一等奖

“非晶态合金催化剂与磁稳定床反应工艺的创新与集成”荣获2005年国家技术发明奖一等奖；“环己酮氨肟化路线己内酰胺生产工艺成套技术”荣获2009年国家科技进步奖二等奖；“催化氧化新材料-空心钛硅分子筛”荣获2010年国家技术发明奖二等奖；“一种己内酰胺加氢精制方法”荣获2012年中国专利金奖；团队领军人物闵恩泽院士荣获2007年度国家最高科学技术奖；2020年，己内酰胺绿色生产成套新技术荣获我国工业领域最高奖项——中国工业大奖。

中国石化己内酰胺绿色生产成套新技术的成功开发，打破了国外技术垄断，大大推动了己内酰胺及其下游产业的飞速发展，使许多濒临倒闭的企业起死回生、扭亏为盈，更为世界范围内己内酰胺技术进步和产业发展做出了重要贡献。2020年国内己内酰胺产能约436万吨/年，其中80%采用了中国石化己内酰胺绿色生产成套新技术，我国已从己内酰胺全部依赖进口一跃成为世界第一生产大国，全球市场份额超过50%，自给率从不足15%上升至94%，形成了400亿元的产业，带动了4000亿元的下游产业。

己内酰胺绿色生产成套新技术的成功开发和工业应用推广，历经三代人、三十年的努力拼搏，是中国自主创新攻克“卡脖子”技术的典范。

执笔人：孙 斌 石油化工科学研究院
审核人：李铁军 科技部
审定人：王丽娟 科技部

# 超高分子量聚乙烯纤维成套技术

2008—2018年，仪征化纤以中国纺织科学研究院和南化公司研究院合作开发的高性能聚乙烯纤维干法纺丝成套技术为依托，通过产学研合作，完成了3300吨/年干法纺丝超高分子量聚乙烯纤维四套工业化生产装置建设，实现了干法纺丝技术的国产化突破。

## 背景

超高分子量聚乙烯纤维与碳纤维、芳纶并称为三大高科技纤维，它具有强度高、模量高、质量轻、耐光强、耐磨度高等特点，在高级轻质复合材料中显示出极大优势，可广泛应用于国防、安全防护、特种建筑、渔业、造船业等领域，特别是在航空航天等领域有着不可替代的作用，是涉及国家安全的战略物资。为实施战略物资的控制和垄断，西方发达国家长期禁止向我国转让生产技术和销售产品。为满足国民经济和社会发展的需求，促进新材料产业的发展，国家于2008—2009年专项重点支持高强聚乙烯纤维及其高性能复合材料的生产技术及关键装备的产业化示范，突破制约我国高性能纤维及复合材料产业发展的关键技术瓶颈，带动相关产业的技术升级和发展。

## 实施过程

自20世纪90年代起，纺织科研人员瞄准世界先进水平，以十氢萘为溶剂进行超高分子量聚乙烯冻胶纺丝技术研究，奠定了干法纺丝国产化的技术基础。2000年，中国纺织科学研究院完成了2吨/年规模的小试装置建设，解决了干法纺丝的基础技术难题。其后在南化公司研究院扩试，2005年完成了30吨/年纺丝中试装置建设，解决了溶剂回收的难题。

2007年，300吨/年高性能聚乙烯纤维项目被列为中国石化“十条龙”攻关项目，并于2008年12月30日建成投产，干法纺丝超高分子量聚乙烯纤维工业化成套技术开发成功，“力纶”牌超高分子量聚乙烯纤维正式问世。

考虑到市场培育和产品应用推广，中国石化采取“一次审批、一次规划、分步实施”的方式，稳步推进3000吨/年高性能聚乙烯纤维干法纺丝项目建设。2009年12月15日，由仪征化纤牵头，会同南化公司研究院、中国纺织科学研究院共同完成1000吨/年高性能聚乙烯纤维干法纺丝工业化成套技术软件包，正式启动3000吨/年项目一期工程建设。2011年，国内首套1000吨/年干法纺

仪征化纤超高分子量聚乙烯纤维生产现场

仪征化纤超高分子量聚乙烯纤维产品

丝高性能聚乙烯纤维工业化生产线在仪征化纤建成投产，使我国成为第三个掌握该技术并实现产业化的国家。2016年和2018年分别建成投产第二条和第三条千吨级生产线，产能达到3300吨/年，品种扩大到50多个，产销率保持100%，初步建成特种纤维生产基地，打破了国外技术和产品垄断。

仪征化纤超高分子量聚乙烯纤维助力港珠澳大桥接头吊装

## 成就与影响

仪征化纤是我国现代化化纤和化纤原料生产基地，被称为大化纤的“摇篮”，为解决中国人的穿衣问题做出了突出贡献。随着短缺经济的结束，仪征化纤突破产业结构调整瓶颈，积极转型升级，走差异化道路，成功开发超高分子量聚乙烯纤维工业化成套技术，打破国外技术封锁，遏制了国外产品的垄断暴利，将该纤维价格由40万元/吨降至10万元/吨，促进了特种纤维全产业链的发展。

执笔人：胡　婷　仪征化纤公司

审核人：李铁军　科技部

审定人：王丽娟　科技部

# 溴化丁基橡胶成套技术

2010年10月，国内首套3万吨/年溴化丁基橡胶生产装置在燕山石化建成投产，标志着溴化丁基橡胶工业生产成套技术开发成功，有效解决了关键“卡脖子”技术买不来的问题，为我国溴化丁基橡胶技术进步作出了积极贡献。

## 背景

溴化丁基橡胶是无内胎轮胎气密层和医药包装胶塞不可替代的材料。2000年以来，随着我国汽车工业的迅猛发展及高速公路大规模建设带动轮胎工业快速增长，对汽车轮胎的性能要求越来越高，特别是轮胎的无内胎化发展对保压能力带来更高要求，使大幅度提高轮胎丁基化率成为的必然趋势。卤化丁基橡胶（包括氯化和溴化）于20世纪60年代实现商业化生产，但生产技术和装备只有美国和德国拥有，且不对外转让，我国的消费需求完全依赖进口，导致国内市场和产品价格一直被国外公司垄断。尤其是2006年以后，我国稳居世界最大轮胎生产国和橡胶消费国，卤化丁基橡胶飞跃式增长的市场需求导致进口价格不断飙升，甚至成为天价橡胶，对下游企业造成严重损害。开发卤化丁基橡胶生产技术和建设卤化丁基橡胶生产装置，实现原材料国产化供应迫在眉睫。

## 实施过程

1996年，燕山石化着手建设丁基橡胶生产装置。经过3年建设，于1999年12月正式投产，实现了丁基橡胶的国产化。但是，由于没有生产卤化丁基橡胶的能力，最紧缺的卤化丁基橡胶仍然全部依赖进口。在丁基橡胶生产装置建设和生产实践经验的基础上，中国石化决定建设溴化丁基橡胶生产装置。尽管中国石化于2006年区域性买断意大利PI公司的丁基橡胶技术，其中包含卤化丁基橡胶技术，但该技术仅停留于实验室阶段，发展我国溴化丁基橡胶只能靠自主研发。

溴化丁基橡胶微观结构复杂且易变，需要多种助剂加以稳定。结构控制与生产工艺条件直接相关，且微观结构和助剂都会影响产品应用性能，开发溴化丁基橡胶生产技术需要大量基础研究工作支持，包括溴化动力学研究，溴化、中和、助剂、干燥、溴盐废水处理等工艺开发，微观结构和助剂含量的表征技术及其对产品性能的影响，产品质量与牌号的确定，溴胶高速混合且低剪切设备的开发等。燕山石化研究院（2010年划归北京化工研究院）承担了对溴化丁基橡胶工艺再开发的任务，开发并确定3万吨/年溴化丁基橡胶装置的工艺流程，提出适应市场的产品目标，建立生产过程和产品质量指标分析方法，编制操作手册，形成了具有自主知识产权的3万吨/年溴化丁基橡胶工业成套技术。2006年完成工艺包，2010年4月，国内首套3万吨/年溴化丁基橡胶生产装置在燕山石化建成，同年10月投产开车。国产溴化丁基橡胶产品投入市场，直接带动了进口产品价格下降。

2013年后，国内外新建溴化丁基橡胶装置产能陆续释放，市场供求关系急剧转变，市场价格一路下滑，2016年前后国内生产装置大规模停产。燕山石化3万吨/年溴化丁基橡胶生产装置暴露出的突出问题，主要是溶胶工艺不稳定，设备频繁堵塞、胶液浓度不稳定且浓度低，以及胶液含水量高等因素导致溴化反应不稳定、溴化效率低等带来产品质量不稳定问题。燕山石化以北京化工研究院为技术依托，联合工程建设公司（SEI）以及国内相关研究机构，完成己烷汽提无水溶胶关键工艺技术开发，以及高浓度溴化、多效助剂复合、含溴盐水综合利用、尾气治理等系列相关技术，新型淤浆聚合反应器、高效导向筛板塔、高黏度胶液高效混合器等关键核心设备，星型支化溴化丁基橡胶和高洁净医用溴化丁基橡胶等高端产品生产技术。2019年9万吨/年丁基橡胶装置卤化升级改造项目总工艺包和可研通过审查，2020年6月完成该项目9+1论证，同年9月获批，12月列入中国石化“十条龙”攻关项目，计划2021年12月建成投产。

## 成就与影响

中国石化高度重视9万吨/年溴化丁基橡胶装置建设工作，该项目不仅应用的新技术多、难度大，而且建设时间紧、任务重，代表了我国溴化丁基橡胶生产技术的最高水平，产品设计实现在高端应用领域全面覆盖。这是在溴化丁基橡胶市场十分艰难的环境中走出的自主创新之路，为推动我国溴化丁基橡胶产业迈向高质量发展做出了积极贡献。

执笔人：邱迎昕　北京化工研究院
审核人：李铁军　科技部
审定人：王丽娟　科技部

# 茂金属聚烯烃系列产品

从2011年首次实现茂金属聚乙烯技术产业化开始，中国石化陆续完成茂金属聚乙烯薄膜料、管材料、滚塑料等系列新产品的开发，为推进聚烯烃产业高质量发展做出了贡献。

## 背景

20世纪80年代发现甲基铝氧烷后，国外公司密切关注，1994年实现气相法茂金属聚乙烯技术的工业化应用。国外公司茂金属相关专利转让费用高昂，国内生产茂金属聚烯烃基本没有利润。20世纪90年代起，石油化工科学研究院（石科院）、北京化工研究院（北化院）进入茂金属催化剂研究领域，从化合物筛选、负载化研究入手，并利用生产企业的中试装置开发具有自主知识产权的茂金属催化剂及茂金属聚烯烃产品技术。

## 实施过程

1996年，石科院在研究化合物合成、甲基铝氧烷制备、负载化研究的基础上，开始进行应用研究。1998年在辽阳石化赫斯特淤浆法、Phillips环管淤浆法聚乙烯工艺中试装置上完成中试试验。由于茂金属催化剂主要应用于线性低密度领域，同时所开发的催化剂在赫斯特工艺上生产效率较低，淤浆法聚乙烯催化剂的研究在中试完成后暂停，转而主攻气相法聚乙烯工艺。

1996年同时进行气相法聚乙烯催化剂及工艺开发，在上海化工研究院开展$\phi$100气相法聚合小试试验；在齐鲁石化进行$\phi$400气相法聚合中试试验，针对发现的问题，改造气相法中试装置，使催化剂与中试装置互相适应。为解决催化剂的放大问题，石科院与齐鲁石化分头并进，石科院解决活性中心放大问题，齐鲁石化新建催化剂中试装置，改造中试聚合装置。过程中，不断改进催化剂以适应气相法聚合工艺要求，改造装置及工艺以适应新型聚烯烃催化剂的特性。

由于茂金属催化剂与传统Z/N催化剂的动力学及工艺条件相差较大，在中试基础上开发了催化剂切换技术，以实现茂金属催化剂的不停车切换。2002年完成茂金属催化剂工业级批量生产，并在国内实现首次工业试验，探索了茂金属催化剂与Ziegler催化剂的切换技术，研究了催化剂组成和聚合工艺参数对聚乙烯树脂性能的影响。

为解决应用问题，2002—2006年，北化院从催化剂、聚合工艺、产品加工助剂着手，优化催化剂配方，并采取茂金属种子床在气相流化床中试装置上初步解决了鱼眼问题，2006—2007年在齐鲁石化中试装置上进行了验证，解决了膜料鱼眼问题。由于茂金属膜料产品市场价格较低，生产膜料处于亏损状态，市场更需要聚乙烯热水管管材料（PERT），齐鲁石化在中试装置上开发出QHM22F管材专用料。

为解决催化剂的生产和供应问题，北化院在2007年成功工业试生产催化剂的基础上，提供催化剂放大的工艺参数及优化配方，在齐鲁石化新建20吨/年茂金属催化剂放大装置，实现茂金属催化剂的批量供应。

为解决生产控制问题，在齐鲁石化中试装置长周期平稳运行并生产了工业试验用茂金属种子床的情况下，2007年、2008年、2010年在齐鲁石化线性聚乙烯生产装置上进行了3次工业试验，暴露出工艺控制参数不适宜、仪表吹扫不够、冷凝态下容易堵分布板等问题。通过分析发现当时齐鲁石化线性聚乙烯生产装置与茂金属催化剂动力学不相适应，根据催化剂动力学情况，决定将试验装置改为齐鲁石化高密度聚乙烯生产装置，并对出料管线、循环管线、在线分析及在线仪表等进行优化和适应性改造。

## 成就与影响

2011年4月，茂金属聚乙烯成功在齐鲁石化高密度聚乙烯装置实现产业

防水卷材

齐鲁石化14万吨/年HDPE装置



化，实现了国产茂金属催化剂及技术在气相法高密度聚乙烯生产装置上的工业化应用。开发形成的茂金属聚乙烯催化剂气相法成套技术，用于生产中低密度茂金属聚乙烯，可用作滚塑料、管材料、薄膜料等，已开发出QHM 23F（薄膜料）、QHM 22F（PE-RT管材料）、R335L（滚塑料）等商业化牌号，其中QHM 22F年产达8万吨，占国内PE-RT管材料市场40%左右。

茂金属聚烯烃产品的工业化生产和推广应用，改变了我国茂金属高性能聚烯烃产品长期依赖进口的局面，迫使相关进口产品大幅调低售价，推动了我国聚烯烃产品高质量发展，为我国聚烯烃行业及下游相关产业的发展做出了重要贡献。同时，茂金属聚烯烃系列产品的产业化，也是石化行业产销研联合攻关、打破国外垄断的典型案例。

执笔人：郑　刚　北京化工研究院
审核人：李铁军　科技部
审定人：王丽娟　科技部

# 双氧水法（HPPO 法）制环氧丙烷成套技术

2014 年，中国石化具有自主知识产权的双氧水法（HPPO 法）制环氧丙烷成套技术开发成功，为炼油企业低碳烯烃高效利用、从能源型向炼化一体化转型提供了技术保障。

## 背景

环氧丙烷是丙烯的三大衍生物之一，是重要的石油化工产品，广泛用于生产聚醚、聚氨酯等高端化学品，还可与二氧化碳反应生成碳酸丙烯酯、碳酸二甲酯等。我国环氧丙烷需求量逐年增大，每年需大量进口环氧丙烷和聚醚等下游产品。

环氧丙烷的生产方式主要有氯醇法、共氧化法和HPPO法。我国以氯醇法为主，生产中使用氯气危险性大，还产生大量难以处理的废水废渣，属于淘汰技术。共氧化法流程长、投资大，产品销售受到联产物市场制约，且技术被国外大公司垄断。新兴的HPPO法使用双氧水一步将丙烯选择性氧化成环氧丙烷，过程简单、流程短、三废少，是主要的发展方向。此前HPPO法主要掌握在美、德等国家的跨国公司手中。

## 实施过程

HPPO法技术先进，但开发难度大，核心技术被国外封锁。直接引进国外技术不仅要支付巨额费用，还要接受许多苛刻条件。中国石化决定自主开发HPPO技术，从基础研究开始，经历了实验室研究、小试、中试和工业化开发，建成10万吨/年工业示范装置，于2014年底一次开车成功，生产出质量达到国标优级品的环氧丙烷产品。

为了让丙烯尽可能多地生成环氧丙烷，减少丙二醇、丙二醇醚等副产物，需要专门的催化剂，而催化剂的核心是分子筛。科研人员开发了表面富硅的空心钛硅分子筛，通过钛活性中心实现了低温缓和条件的环氧化，富含介孔的空心结构提高扩散速度使产物迅速脱离催化剂，避免了分解副反应，表面富硅减少了非骨架钛，避免双氧水的无效分解。催化剂成型使用的常规黏结剂会增加环氧丙烷开环等副反应。科研人员发明了新型黏结剂，并通过强化分子筛表面羟基化学键和的新方法，制成了高分子筛含量的高强度环氧化催化剂，实现了高转化率下的高选择性。环氧化反应温度低但放热量大难以控制，科研人员开发了具有特殊内构件的反应器，实现了充分混合、物料均布、温度平稳的目标。环氧丙烷产品对杂质要求高，开发物理化学耦合精制技术，使产品质量远高于国标优级品。

在开发过程中，获国内外授权发明专利86件，其中美、日、欧等国外发明专利15件，中国发明专利71件，涵盖了分子筛、催化剂、反应、催化剂再生、产品分离、精制和系统安全等工艺过程，形成了专利网络。项目在工业化过程中立足使用国产设备，所有关键设备都是国内制造，不仅降低了投资，还显著缩短了供货周期。

长岭炼化研发双氧水法丙烯制环氧丙烷成套技术—长岭炼化10万吨/年生产装置

## 成就与影响

经过一次次试验、一次次优化，在长岭炼化建成的国内首套10万吨/年工业装置实现满负荷平稳运行。与国外先进技术相比，丙烯单耗低2%，双氧水单耗低15.3%，综合能耗低11.7%。环氧丙烷产品纯度达99.99%，敏感杂质总醛仅为国外的1/5、水分仅为1/2。为了考察产品的适应性，将环氧丙烷供应给不同用途的下游厂家，都得到了满意的应用效果，特别是对环氧丙烷要求高、用量大的聚醚行业，成功用于各个品种的聚醚生产，用户反映生产的聚醚成品颜色白、异味小，更受市场欢迎。

经成果鉴定，该技术总体达到国际先进水平，其中催化剂技术和物耗达到国际领先水平，标志着中国石化形成具有自主知识产权的HPPO成套技术，成为世界上具有竞争力的专利商。目前已在国内外多套30万吨/年规模的技术转让中中标，正在实施中。

执笔人：朱　斌　石油化工科学研究院

审核人：李铁军　科技部

审定人：王丽娟　科技部

# 气液法流化床聚乙烯工艺成套技术

2015年，天津石化12万吨/年聚乙烯装置完成气液法流化床工艺技术改造和试车，开发出多个高性能新产品牌号，100%替代进口产品，标志着我国聚乙烯行业首次开发出原创性生产工艺，实现了从跟随到引领的跨越。

## 背景

随着我国经济持续发展，聚乙烯消费量逐年增长，自给率也在不断提高，但聚乙烯专用料尤其是高端聚乙烯产品的缺口仍十分突出，严重依赖进口。气相法聚乙烯装置生产的产品结构和功能相对单一，国内采用该技术的装置产品普遍缺乏竞争力，附加值较低，产能过剩。高性能聚乙烯产品有巨大的市场潜力，开发新型生产工艺十分必要。天津石化经过大量探索与实验，创造性提出了气液法多温区流化床工艺的全新概念。

## 实施过程

在气液法多温区流化床工艺设想的基础上，天津石化和浙江大学开展了前期研发工作，逐步具备了开发新型聚乙烯生产工艺的技术条件。2012年11月，中国石化将“气液法流化床聚乙烯工艺成套技术开发”列为“十条龙”攻关项目，天津石化为组长单位，浙江大学、工程建设公司（SEI）为参研单位，上海石油化工研究院、燕山石化为协助单位。天津石化提出以现有12万吨/年气相法聚乙烯装置为工业试验装置进行工艺改造和产品开发，进而放大完成30万吨/年气液法流化床聚乙烯工艺成套技术开发的实施方案。各攻关单位密切配合，科学分工，成功开发了基础研究和模型建立、气液分离系统流程和设备开发设计、新型催化剂开发、产品应用配方研发等原创性技术。

在基础研究和模型建立方面，浙江大学作为主要攻关单位，立足其30多年的烯烃聚合反应工程技术储备，天津石化结合多年生产操作经验及气液法多温区流化床工艺设想，在气液法流化床聚乙烯工艺的反应机理和流动特性、反应器静电监测及控制、产品结构性能预测及调控等方面展开大量理论研究和实验室开发工作，完成全工艺流程模拟，为工艺包开发提供基础数据。天津石化、浙江大学和工程建设公司共同申请并获得国内外授权发明专利29件。

在气液分离系统流程和设备开发设计方面，天津石化和浙江大学联合攻关，围绕关键气液分离设备和冷凝液注入设备设计、提高气液分离能力和冷凝液喷射效率等核心问题，经过两年的设备设计和结构改进，一年半的多次工业试验，克服边生产边施工的难题，2015年7月在天津石化12万吨/年聚乙烯装置上成功应用，达到预期目标，气液法多温区流化床工艺从设想变为现实。2015年9月，30万吨/年气液法聚乙烯成套技术工艺包的编制工作顺利完成并通过审查。

在新型催化剂开发方面，上海石油化工研究院、天津石化、上海立得催化剂公司三方密切合作，根据天津石化气液法流化床聚乙烯工艺特点和高端新产品结构要求，完成了从催化剂载体选择、活性中心和还原剂选择、催化剂配方设计到制备工艺条件确立、催化剂性能测试和聚合物结构分析等工作，形成可生产多个高性能牌号产品的、适用于气液法流化床聚乙烯工艺的系列催化剂。

在产品应用配方研发方面，天津石化对采用气液法流化床聚乙烯工艺生产出来的多个牌号的高性能产品，从结构特点和性能特点入手，针对潜在客户和应用场景，制定一对一的开发方案，与下游客户密切合作，通过数十次下游用户试用和产品应用配方改进，成功打开了气液法产品在拉伸套管膜、拉伸缠绕膜、热收缩膜、聚丙烯增韧改性、重包装膜等领域的市场，客户纷纷用质优价廉的气液法产品代替价格高昂的进口料，气液法产品的市场占有率逐步提升。

2014年6月，气液法流化床聚乙烯装置首次工业试验现场

## 成就与影响

传统牌号产品采用气液法工艺生产后，光学、力学性能得到大幅提升，多个牌号的高性能高附加值新产品为国内首次生产，填补了国内空白，并能够完全替代进口茂金属聚乙烯产品，打破了国外企业在热收缩膜和重包装膜原料供应市场的长期垄断地位。

气液法流化床聚乙烯工艺成套技术是一项具有战略意义的成果，标志着我国聚乙烯行业从过程工程到产品工程的转变，并首次拥有了原创性的聚乙烯生产工艺，打破了国外技术和产品在国内的长期垄断地位，实现了从跟随到引领的跨越。

执笔人：王晓丽　天津石化公司
审核人：李铁军　科技部
审定人：王丽娟　科技部

# 48K 大丝束碳纤维制备技术

2018年7月11日，上海石化牵头承担的科研项目“PAN基大丝束原丝、碳纤维技术及工艺包开发”顺利通过鉴定，整体技术达到国际先进水平，标志着我国首个48K大丝束碳纤维制备技术开发成功，打破了国外在大丝束碳纤维领域的技术垄断，开拓了中国碳纤维研发及应用新领域。

## 背景

碳纤维被称为黑色黄金，由于其军民两用的特性，国外从未间断对我国的技术封锁，是我国急需战略物资。我国从20世纪60年代开始碳纤维研究，但进展缓慢。上海石化碳纤维产业自2005年研发起步，2012年建成1500吨/年碳纤维装置一阶段，在12K SCF35小丝束上取得了技术突破，凭借优异的界面性能，在复合材料应用市场上赢得了良好口碑。

降低碳纤维成本是复合材料应用发展的关键，是提高碳纤维在复合材料中应用的重要一环。通过提高原丝及碳纤维的束丝K数，实现碳纤维低成本化，以突破碳纤维价格昂贵带来的应用限制是通用级碳纤维的发展趋势。短短几年间，随着风电叶片领域的强劲需求，大丝束碳纤维需求已占全球碳纤维需求的41%。大丝束生产技术一直被美国、日本、德国公司垄断，国内应用企业一直依赖进口，属于“卡脖子”技术。

## 实施过程

上海石化坚持以国家需求为导向，在突破12K碳纤维成套技术基础上，2016年起开展48K大丝束碳纤维的研发工作并成功实现突破。

上海石化委托上海工程公司于2018年下半年开始编制万吨级大丝束碳纤维项目可行性研究报告。2019年12月31日获得批复，2020年4月至2021年1月相继完成项目稳评、环评、能评、职卫、安全等行政许可批复，2020年11月20日基础设计获得批复。

项目总占地面积165784平方米，在上海石化原有厂区改建。拟分两阶段建设，第一阶段建设2.4万吨/年原丝装置和6000吨/年碳纤维装置，配套溶剂回收装置改造及公用工程等设施，2022年底建成投产；第二阶段建设6000吨/年碳纤维装置，2024年底建成投产。2020年11月26日开工报告获批复。2021年1月4日，项目作为上海市重大项目正式破土动工。

48K大丝束碳纤维工业化试验

48K大丝束产品

## 成就与影响

碳纤维原丝生产现场

大丝束碳纤维是涉及化学及化学工程、材料科学和纺织科学等多学科的交叉体系，质量控制点众多且相互牵连。凭借多年研发和生产经验积累，上海石化经过多次工业化试生产，成功制备出强度≥3.5GPa，模量≥230GPa的48K大丝束碳纤维。以此为基础，开展了工程化装置的工艺计算及主要工艺设备的工程化放大研究，完成了千吨级大丝束碳纤维工艺包的编制，于2018年7月11日通过鉴定。同年，在第二十届中国国际工业博览会新材料产业展参展中脱颖而出，荣获优秀参展展品一等奖。大丝束碳纤维成套技术获2019年中国先进技术转化应用大赛技术创新类优胜奖。

上海石化48K大丝束碳纤维的成功开发及万吨级产业化装置的建设，将促进我国碳纤维产业跨越式发展，对航空航天、国防、能源、轨道交通、建筑等领域具有重要意义，蕴含了巨大的社会效益，是我国碳纤维产业化发展历程的重要里程碑。

执笔人：吴嵩义　上海石化公司
审核人：李铁军　科技部
审定人：王丽娟　科技部

# 引领我国能源化工行业 ERP 建设与应用

2000年1月，中国石化以境内外上市为契机，决定建设企业资源计划管理系统（ERP）。这一决策的成功实施，对提升中国石化经营管理能力、实现向现代化管理转变发挥了重要的促进作用。

## 背景

中国石化1999年开始对主营业务进行股份制改革并筹备赴境内外资本市场上市。与国外大公司经营管理相比，当时中国石化还存在明显差距，主要表现在内部分散型管理模式、旧的管理理念与习惯、落后的管理方式和管理手段等方面。实施ERP系统是国外大公司的普遍做法，可为企业决策层、管理层及员工提供有关人财物、产供销等活动的优化运行管理，对于规范和优化企业业务流程、提升企业现代化管理水平、增强企业核心竞争力具有显著作用。

## 实施过程

2000年1月28日，中国石化明确统一规划、分步分项实施ERP系统，成立ERP项目指导委员会，具体领导和协调有关工作。同年3月13日，组织专家统一编制ERP总体规划方案，明确了ERP系统建设方针、总体目标、建设任务等。

根据总体规划部署，在镇海炼化、仪征化纤、江苏石油和天津石油4家企业进行第一批试点。2001年8月10日，第一批ERP试点企业现场启动会在镇海炼化召开。2002年12月，4家企业的ERP系统全部成功上线运行。2003年，在第一批4家企业试点成功的基础上，又在金陵石化、长岭炼化、湖南石油、海南石油和管道储运分公司5家企业开展扩大试点工作。同时，在江苏油田和扬子石化开展油田企业和炼化一体化企业的试点，同年11月和次年3月两家企业分别成功上线。

2004年5月ERP建设进入全面推广，2007年底基本实现股份公司企业层面ERP全覆盖，2010年完成股份公司所有单位全面推广，实现了“财务一本账，物资一级库，信息一套数”，支撑了公司经营、管理和决策。2008年被国务院国资委评为“央企信息化示范工程”。

为进一步提高管控能力、支撑管理创新、提升信息化水平，2011年开始筹备ERP大集中，编制了总体规划。2012年进行技术论证，确定按板块进行服务器部署的策略，采用移动应用、内存计算、自动化测试等新技术，将50多套分散ERP系统按照板块整合为油田、炼化、销售、科研及专业公司、工程5套标准一致的系统，形成了ERP大集中统一的数据架构、技术架构和集成架构，为大集中顺利实施奠定了坚实的技术基础。2013年7月，正式拉开ERP大集中建设序幕，制定了“先设计开发模板，后推广实施”的建设策略和“顶层设计、集成、优化、联动、受控”的模板设计方法。通过端到端的业务流程梳理优化，将原有分散模式下的8万余个程序梳理合并为3000余个，确定了流程、主数据、应用、培训与测试、IT基础设施5个方面的模板内容，于2014年9月通过专家组审核并正式发布，随后启动试点和推广工作。ERP大集中建设分5批次、历时3年，于2017年初完成了153家股份公司及资产公司企业的实施，实现了股份公司ERP大集中全覆盖，完成了国外大型石油公司5～7年才能完成的任务，创造了“石化速度”。

## 成就与影响

ERP大集中系统的全面建成，进一步整合规范了中国石化核心业务流程，支撑了新标准新要求在全系统的快速贯彻落实，加强了管控能力，实现了系统集成和数据共享，优化了整体供应链，推进了管理创新和业务创新。

一是提升了标准化、规范化管理水平，加强了集团化管控。ERP大集中的实施过程也是大集中模板在企业落地的过程，模板在设计过程中融合了各业务线条的管理要求和标准规范，强化了业务标准和经验成果的抽提、复用，通过变“标杆”为“标准”，共设计业务流程995个，流程标准化率达92%。同时，在设计过程中，将核心业务流程、制度、内控与ERP系统有机融合，嵌入597个内控控制点，有效规避和预警了经营活动中的风险。

ERP建设与应用——ERP大集中系统模板

二是优化了经营管理业务，提升了精细化管理水平。ERP大集中在总结10年应用成果经验的基础上，优化设计了262个业务提升专题解决方案，提升了企业精细化管理水平，也为整个石化行业提供了应用样板。

三是加强了经营管理平台集中集成，优化整合了一体化供应链。ERP大集中进一步加强了经营管理平台的集中集成，实现了与合同管理、资金集中、人力资源等总部统一推广的30余套系统集成联动，打通了自产原油、成品油、化工产品等相关业务链条，优化了上中下游一体化供应链，提升了集团统一资源配置和快速响应市场能力。

四是快速响应变化要求，支撑体制机制变革，促进了管理创新。ERP大集中形成了成熟的实施方法论，结合标准化的模板，实现了快速响应内外部管理要求。

五是ERP大集中项目的实施，培养了一大批既懂石化核心业务、又懂信息化的管理人才，进一步提升了全员信息化和业务能力素质，带动了整体信息化水平的提升。

中国石化ERP大集中模板及业务解决方案作为石油化工领域最佳业务实践，已应用到国内其他炼化企业，其中一些企业与中国石化ERP系统及中国石化易派克系统业务集成，优化了供应链生态圈，促进了共同发展。同时，ERP大集中模板及业务解决方案从石油化工领域逐步扩展到煤化工领域，形成了覆盖能源化工行业的整体解决方案，促进了能源化工行业信息化水平的提升。

执笔人：张邵洁　信息和数字化管理部
审核人：任　嵬　信息和数字化管理部
审定人：张朝俊　信息和数字化管理部

# 赋能数字化转型
## ——石化智云工业互联网平台

石化智云工业互联网平台是中国石化自主打造、服务于能源化工行业的工业互联载体，具有基础设施服务能力和数字化服务能力，支撑资源汇集、数据共享，构建数智赋能、产业协同、开放共赢的工业互联网生态，助力企业数字化转型。

### 背景

长期以来，中国石化坚持以先进的信息技术改造提升传统生产力，基本实现了信息化业务标准化，但仍然存在部分业务不统一、信息孤岛、业务流程难以打通、业务数据分散等问题，影响信息化建设质量和应用效果，信息化顶层设计、规划计划的统筹亟待加强。为此，中国石化坚持“六统一”原则，按照“平台支撑、标准引领、数据驱动、业务创新”的方针，规划建设了石化智云工业互联网平台，推行“数据+平台+应用”的信息化建设新模式，深入推进工业互联网与石油石化业务融合创新发展。

### 实施过程

谷歌、IBM推出云计算概念后，2011年中国石化即开展云计算的探索和建设，并编制了“十二五”云计算规划。2012年启动石化私有云的相关规划工作，着手开发测试资源池的试点建设。2013年进行生产通用技术资源池的建设，开发测试资源池扩容。2014年开始建设云管平台、企业云节点，发布了云管理办法。2015年引入阿里技术，打造石化混合云模式，加强平台组件和大数据建设。2016年基于成熟开源技术体系，打造石化自主PaaS平台云，加强业务组件的持续沉淀和共享复用。2018年开始规划石化智云工业互联网平台蓝图及能力模型。2020年开展石化智云工业互联网平台建设。

为了推动数字化转型，全面推进业务应用“上云上平台”，落实“数据+平台+应用”新模式，成立了石化智云工业互联网平台运营队伍，由7支服务队伍组成，并于2020年11月召开运营队伍启动会。结合中国石化业务模式和特点，将石化智云工业互联网平台从业务角度分成19个业务域，并从开发和平台化建设角度，划分为12个开发测试区。由专业化的服务团队和质量管控队伍负责开发测试区支持工作，石化智云工业互联网平台试点了ABCD四方的新模式（A：管理方，B：平台服务团队，C：质量管控团队，D：建设方），确保未来各个基于石化智云工业互联网平台建设的应用项目高质量完成交付，打造中国石化服务于工业互联网平台统一的核心团队。2021年5月石化智云开始规范化运营。

## 成就与影响

目前石化智云工业互联网平台采用多种云计算技术搭建跨地域的云资源池，符合中国石化上中下游一体化的复杂性业务要求，满足了经营管理、智能制造、客户服务等多方面的业务需求。石化智云工业互联网平台丰富的技术组件为构建协同高效一体化的经营管理模式、工业互联网生态模式和智慧化综合服务生态模式提供了坚实的技术支撑。石化智云工业互联网平台目前为总部和企业900余个应用系统提供2.8万个资源和技术服务，其中包括近1.8万个计算类服务、2260多个数据库服务、3900多个中间件以及30多个大数据服务。对外开放的API已超1500个，日均访问量达3000万次以上，满足与上下游合作伙伴互联互通的业务场景需求。

石化智云工业互联网平台采用ABCD运营新模式，由A方主导石化智云工业互联网平台的建设和运营，B方提供标准化的平台资源和组件、培训和服务支持，C方负责组件和App的质量管控发布，D方负责需求分析和代码开发。在此基础上，ABCD模式为石化智云工业互联网平台提供了完善的运营体系，能够提高响应速度、服务质量，提升各项目交付质量、实现更好的用户体验。

石化智云工业互联网平台规划并形成了完整的标准体系，包括基础标准、服务标准两大类共38项标准规范，用于指导和规范石化智云工业互联网平台的管理、建设、使用和运营。

基于石化智云工业互联网平台，部分企业已实施应用。油田企业中，中原普光气田、西北油田三厂完成了智能油气田试点建设，建成油气藏、单井、管网等7个业务应用；结合人工智能、大数据等新技术，形成油藏指标智能巡检、管线泄漏智能识别、测井曲线特征识别等智能化功能。企业异常发现由小时级缩短至分钟级；人均开井数量由0.99口增加至1.54口，开井率由82.7%上升到90.1%，躺井率由1.2%下降到0.7%，主要设备年故障率降低3个百分点。

炼化企业中，燕山石化、镇海炼化、茂名石化、九江石化4家试点企业2015年智能工厂上线运行，目前正在上海石化、金陵石化等6家企业推广，预计2021年底上线。通过智能工厂建设，建成了炼化一体化优化、生产集成管控、资产全生命周期管理三条主线业务应用，企业全面感知、优化协同、预测预警、科学决策能力显著提升。企业劳动生产率平均提升30%以上，万元产值能耗降低8%，先进控制投用率达90%以上，重点环境排放点实现100%实时监控与分析预警，能源管理实现可视化、在线可优化，生产优化实现了从局部优化向全局优化、在线优化的转变。

油品销售企业结合新零售商业理念，增设了智能摄像头、智能加油机等智能设施，为加油站赋能，提高人均劳效，通过线上+线下，融合、共享、跨界实现“加油站+互联网+跨界”，构建“人、车、生活”综合型服务驿站，打造智能加油站，实现由油品供应商向综合服务商转型、由单一能源供应商向智慧清洁综合能源供应商转型。全国电子钱包正式开通，服务站数累计27786座，开户数1010万人，交易笔数达6133万笔，交易额已达125亿元，微信合计粉丝量9794万人，注册会员5734万人，绑定加油卡3007万张。中国石

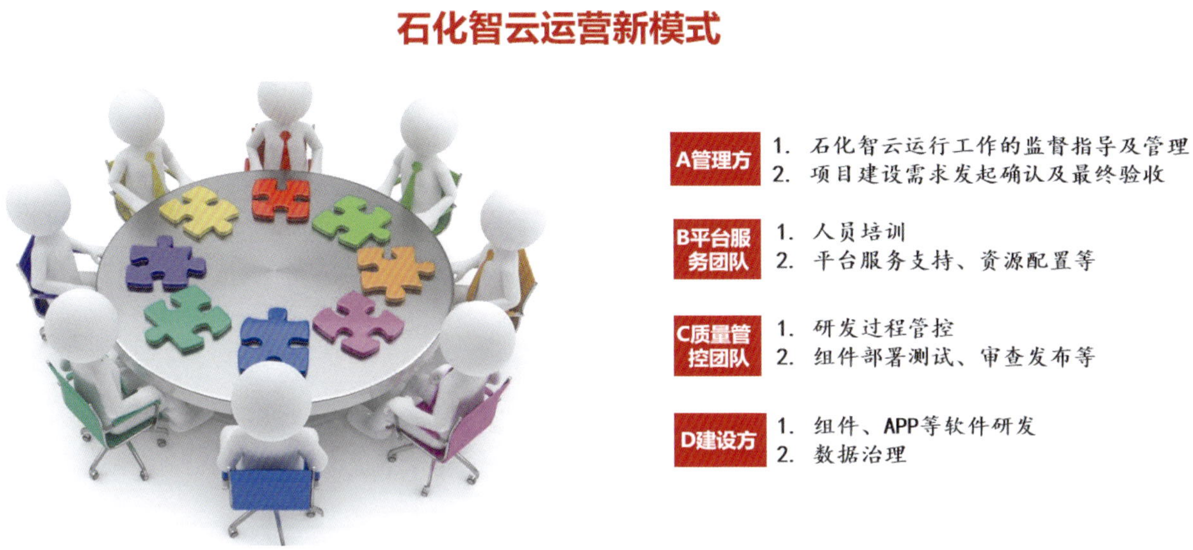


石化智云运营新模式

化推广实施电子钱包，全面实现无接触加油、无接触支付、无接触开票、无接触购物。

易派客于2016年4月18日正式投入商业运营，包括采购、销售、金融、综合四大服务，在中文版本基础上，推出英语、俄语、西班牙语版本，服务全球供应链，形成了易派客标准体系（ES），致力提升供应链质量水平、服务实体经济发展，助力中国制造“走出去”。易派客日均交易金额10亿元以上，上线商品超过300万余种，注册用户超过15万个、其中外部用户占比75%，在线支付金额超过500亿元。

“十四五”期间，中国石化将加大石化智云工业互联网平台建设力度，加强与合作伙伴和科研机构合作，以数为基、智为擎、云为翼，打造世界一流、行业领先的能源化工工业互联网平台。基于石化智云工业互联网平台，围绕19个业务域开展信息化建设，着力提升集团一体化管控能力、板块创新创效能力、专业化统筹管理能力和新经济价值创造能力，为打造新模式、培育新业态、发展新经济赋智赋能。以平台为支撑，促进内外协同、跨界融合，实现跨行业、跨企业的研、产、供、销、融等各环节资源汇集、数据共享、协同创新，构建开放、共享、共创的工业互联网生态，带动供应链、产业链、价值链、创新链完善优化，提高能源化工行业智能制造水平。

执笔人：孟庆峰　信息和数字化管理部
审核人：任　嵬　信息和数字化管理部
审定人：张朝俊　信息和数字化管理部

# 引领我国流程工业智能制造

中国石化自2012年起开展了智能工厂建设，积极推进信息化和石化产业深度融合，目前已推广11家千万吨级炼化企业，打造了5家“国家智能制造试点示范”，探索出一条传统炼化企业数字化转型之路，对我国传统产业提质增效升级、加快推进制造业迈向中高端具有积极的示范和带动作用。

## 背景

面对新一轮科技革命和产业变革，党中央作出网络强国、制造强国战略部署，加快推进我国经济结构转型、产业升级。中国石化以实现企业卓越运营为目标，按照“统一规划、统一设计、试点先行”“统一布局、分批分项目实现”的建设思路，选择燕山石化、镇海炼化、茂名石化、九江石化4家企业，启动了智能工厂试点建设，覆盖生产管控、供应链管理、设备管理、能源管理、安全管控、环保管控6大业务域的核心业务应用，通过将新一代信息技术与石化工业生产过程深度融合，推动企业转型升级，提质增效。

## 实施过程

中国石化于2012年启动智能工厂试点建设，通过大量基础研究、分析论证、规划设计、技术攻关等工作，“十二五”期间实现燕山石化、镇海炼化、茂名石化、九江石化4家企业整体上线，打造了中国石化智能工厂1.0版。“十三五”期间完成齐鲁石化、天津石化、上海石化、金陵石化、海南炼化、青岛炼化6家企业推广，并首次在中科炼化实现生产基地和智能工厂建设同步设计、同步施工、同步投用，累计建成11家炼化智能工厂，走在了我国流程工业智能制造应用领域前列，并形成了建设方法论、解决方案和核心软件产品。

## 成就与影响

中国石化通过建设智能工厂，推动了企业生产方式、管控模式变革，提高了安全环保、节能减排、降本增效水平，促进了劳动效率和生产效益提升。通过数字化改造，企业的自动化控制率、数据采集率均达95%以上，劳动生产率平均提高20%左右，万元产值能耗下降8%，提升了全面感知、协同优化、预测预警和科学决策能力。

变分散式生产管理为集中式、预测预警式生产管理。通过多专业的信息、业务规则与知识的整合，以及融合通信等技术的集成应用，建立统一预警处理机制，关键装置报警量下降50%～70%，变革各专业监控、报警、决策和执行的分散管理模式，实现了一体化管控，强化了公司、部门、现场的协同与响应能力，打造了新一代生产营运指挥中心新模式。

变专业业务应用为跨专业业务协同。推进企业组织模式创新，成立了跨专业的计划、调度、原油调和、能源优化等联合团队，通过数据集成、服务集成和优化模型的共享，打破部门管理的“藩篱”，提升持续优化水平，试点企业年增效超过20亿元。

变分段式管理为在线闭环式管理。镇海炼化大胆探索实践，实现把MES和调度指挥系统深度集成，在国内炼化企业首创了线下文本指令向线上结构化调度指令的转变，调度指令编制、分解和下达后，实现了与MES物料移动关系集成和闭环应用，把计划、调度、操作由分段式管理转变为全程在线、闭环式管理，工作效率提升15%。

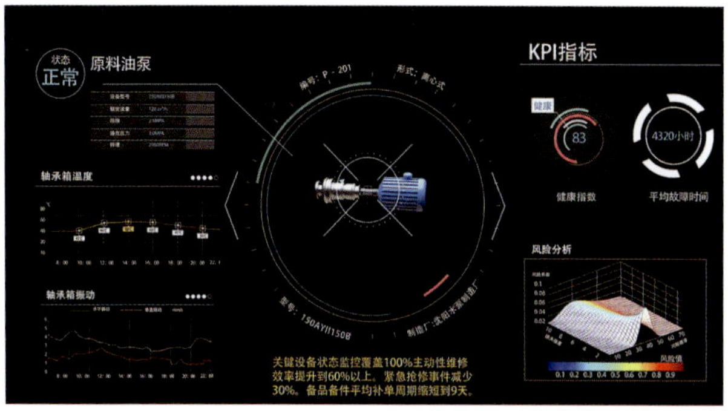

设备健康诊断

变安全作业纸质审批为现场移动审批。变革炼化企业现场作业票管理模式和流程，利用4G、5G等工业无线网、三维可视化地图、智能终端和可佩戴的蓝牙定位传感器，实现作业票管理“四定”（定人、定时、定点、定票），改变了传统作业票管理模式，提高了现场作业的安全监管能力，提升了

智能工厂催化裂化装置三维可视化建模及应用

九江石化500万吨/年常减压装置三维可视化建模

本质安全水平。

变现场工作协调为网络化在线协同。利用调度指挥系统，建设数字化模式的协同调度模式，建立涵盖工艺、报警、设备运行等超过1500个监控指标池，对生产运营开展全方位、全过程监控和异常跟踪监控，以数字化取代纸质化，实现了生产、工艺、安环、质量等海量信息的集成共享和实时监控。如茂名石化实现了对分散在茂名、湛江6地，距离6千米～120千米不等的7个生产板块和5个辅助中心的集约化、一体化和穿透式管理。

打造数字孪生的虚拟工厂。在中科炼化、镇海炼化、茂名石化、九江石化，通过数字化交付和逆向建模技术，对工厂实体装置、设备进行三维建模；通过集成设备、工艺、HSE、视频等系统数据，实现了实体与虚拟可视化工厂的动态联动，实现了设备运行监控、动土作业、防腐保温计算等可视化集成化应用，变革了传统的管理和操作模式，提高了资产和安全管理水平。

加快推进智能制造，实现数字化、智能化转型是传统石化企业可持续发展和高质量发展的必由之路。中国石化继续加大智能工厂推广，基于智能工厂2.0模板，在广州石化、长岭炼化和北海炼化等城市型炼厂启动了二期推广建设，体现了中国石化加快新旧动能转换升级的责任与担当。中国石化智能工厂建设实践作为典型案例被国家工信部、中国工程院等进行推广宣介，连续3次在全国智能制造试点示范经验交流会议上介绍经验。一些大型能源化工企业纷纷参考中国石化智能工厂的做法，开展了智能化升级建设。

执笔人：王永耀　信息和数字化管理部
审核人：任　嵬　信息和数字化管理部
审定人：张朝俊　信息和数字化管理部

# 国内领先的工业品电商平台
## ——易派客

易派客是中国石化旗下的工业品电商平台，秉持“让采购更专业”的理念，提供泛工业品采购、销售、金融及综合服务，拥有中文平台和英语、俄语、西班牙语版国际业务平台，致力打造阳光、诚信、可信赖、负责任的工业品电商平台，助力供给侧结构性改革和产业链、供应链安全稳定，助推双循环经济发展。

### 背景

经过20多年探索实践，中国石化构建形成总部和直属企业两级集中，对内归口管理、对外统一采购，上下分工协作的物资采购管理体制。2000年8月，中国石化自主研发的物资采购电子商务系统（EC系统）上线运行；2009年，国务院国资委将EC系统列为中央企业信息化示范工程，工信部将中国石化网上采购作为供应链信息化第1号案例在其官方网站上推广。此外，中国石化建设的ERP、信息化标准管理系统（MDM）、数据仓库（BW）系统、供应资源管理系统等多个采购基础信息系统，推动了采购信息数字化、标准化。截至2015年底，中国石化EC系统网上采购总额累计超过2万亿元，网上采购比例稳定在96%以上。易派客的发展根植于中国石化坚实的产业基础、采购管理实践、信息应用成果。

### 实施过程

2015年4月，中国石化响应国家“互联网+”行动号召，面向工业品电商“蓝海”，将供应链与互联网融合，全力打造并推出SC2B（Supply Chain to Business，供应链对企业）创新模式的易派客电商平台，即以供应链核心企业需求为基础，不断富集需求与其他企业交易的电商模式平台。

2016年4月，易派客正式投入商业运营，在服务中国石化的基础上，对外满足其他企业需求，共享平台资源，践行“让采购更专业”的理念，精心淬炼“采购、销售、金融、综合”四大服务。易派客遵循电商发展规律、倾力打造健康运营生态，探索形成具有引导性、复制性、推广性的自主特色“六通”运营模式，即纵向贯通产业链、横向融通供应链、金融助通资金链、多向打通服务链、嫁接连通制造链、合作互通贸易链，致力于持续提升平台生命力和竞争力。

2017年4月，在中文平台的基础上，又创新打造了易派客国际业务平台（英文版）。2018年3

月，相继推出国际业务平台俄语、西班牙语版，助力中国制造走向世界，集聚世界精品进入中国，为全球工业企业搭建贸易融通的桥梁。2020年，易派客中文平台与国际业务平台资源互通项目正式上线，实现了中文平台与国际业务平台资源同步展示，多语种在线无障碍交流，成为内外贸一站式服务的工业品电商平台。截至2020年底，国际业务平台上线供应商1752家、商品种类约1.6万种、采购企业1.5万家、成交金额超过434亿美元，业务范围涵盖美国、德国、俄罗斯、印度等104个国家和地区，涉及原料、材料、设备、化工等多个专业领域。

2018年，易派客积极响应国家信用体系建设号召，以法人信用认证、产品质量评价、履约动态考评、市场业绩表现为核心内容，创新推出国内首个工业品企业及产品评价标准——易派客标准体系（ES），专注于对企业及工业品进行精确评价、精准画像、精挑细选。2019年4月，国家标准化管理委员会批复同意易派客筹建全国唯一一家工业品电子商务领域的国家技术标准创新基地。截至2020年底，累计制定工业品质量分级标准5162项，覆盖国民经济41个工业品大类、350个中类，基本建成了覆盖主要工业产品的质量评价标准体系；制定国家标准3项、国际标准2项，分别在ISO和IEC获批立项。易派客积极打造标准国际合作平台，与TUV南德、法国BV和瑞士SGS等国际认证机构开展合作，已有2000多项产品的质量评价标准达成多边互认，推动了标准国际互通。

2019年，易派客聚焦供应链阳光透明，全面推行供应链阳光行动，推动采购标准化、制造数字化、物流透明化、信息互联化，高效协同供应链上下游资源，全面营造诚实可信的商业新环境。截至2020年底，累计42家关联方企业加入供应链阳光行动，共同致力打造数字化、镜像化的现代供应链新模式。

2020年，中国石化依托易派客平台，发布“我有熔喷布、谁有口罩机”英雄帖，加强跨部门、跨专业、跨板块协同，开展跨企业、跨产业、跨领域协作，快速贯通口罩全产业链，全力推动口罩增能上产，仅用32天实现每日自产和协产口罩“双百万”，累计生产口罩超2亿只，有效助力了全社会抗击新冠疫情。

易派客聚焦供应链生态建设，陆续推出“易系列”特色工具，为关联方提供标准化、智能化、有黏性、有温度的特色服务，以服务创造价值增值。“易保理”提供融资支持，助推企业健康运营；“易权通”提供电子债权凭证流转服务，平台交易更加高效；“易商旅”提供一站式商旅服务，降低企业运营成本；“易保险”提供全方位保险解决方案，助力企业防险抗险；“易物流”汇集整合物流资源，全面提升供应链运转效能；“易生活”助力增进企业福利关怀；“易专区”提供专业化采销服务，精准匹配供需，提升用户体验。

## 成就与影响

截至2020年底，易派客注册企业8.3万家，注册用户23.9万个，在线商品291万种，交易金额累计1.42万亿元。易派客平台对内服务中国石化生产建设，将总部直接集中采购、总部组织集中采购物资全面推上易派客平台，提高采购效能，降低采购成本，为生产运营和工程建设提供了有力的物资供应保障；通过将相关要求固化到信息系统中，实现了刚性执行，切实落实依法合规采购。对外服务其他企业，市场影响持续扩大，受到各界广泛认可。2017年，被金砖国家工商理事会确定为

## 解读SC2B

**SC2B**

**—Supply Chain to Business**

是“供应链对企业”的英文表达，是以供应链核心企业需求为基础，不断富集需求与其他企业交易的电商新模式。

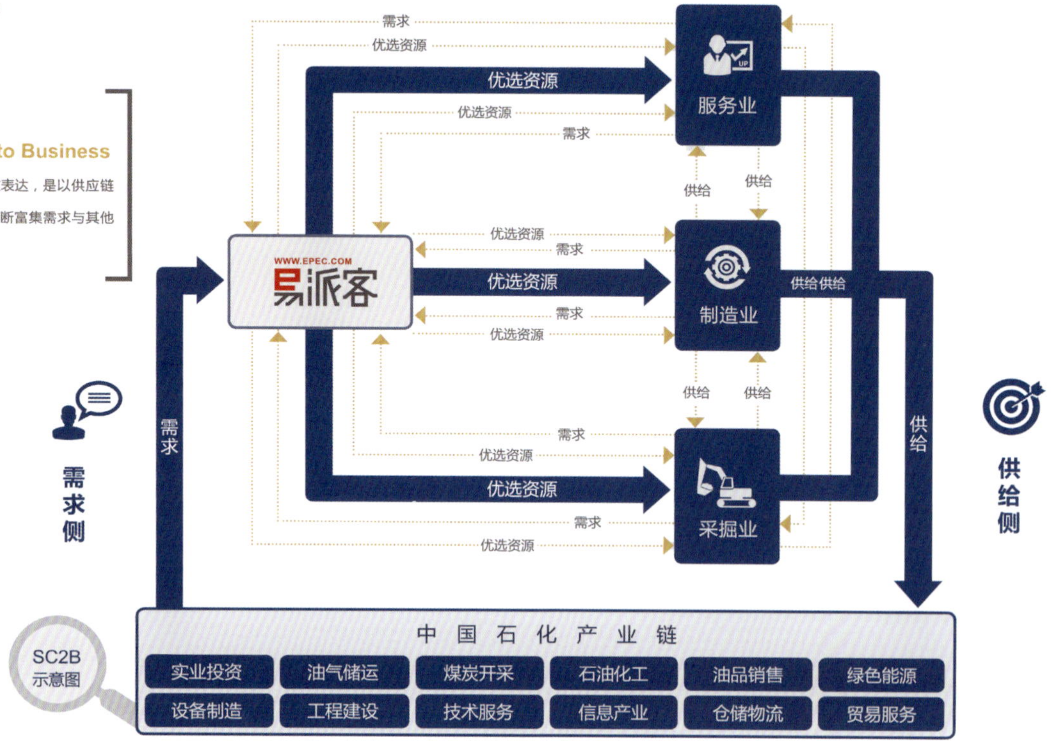


易派客工业品电商平台SC2B模式解读

服务金砖国家的工业品电子商务平台，被联合国全球契约中国网络授予“实现可持续发展目标2017中国企业最佳实践”，被工信部确定为制造业与互联网融合发展试点示范项目。2018年，被商务部等8部门确定为全国供应链创新与应用试点企业。2019年，被评为中央企业电子商务联盟“2018年度最具影响力电商品牌”。2020年，被工信部列为2020年大数据产业发展试点示范项目，被中国质量协会评为2020年全国质量标杆。2021年，易派客品牌价值获评超104亿元。

易派客坚持创新驱动，强化创新链与产业链、价值链结合，立足中国石化产业、平台、渠道、服务优势，持续探索管理创新、机制创新、模式创新、工具创新、平台创新，打造数字化支撑、网络化共享、智能化协作、国际化发展的新时代电商平台，在产业链协同和推动生产制造领域实现全要素、全产业链、全价值链互联互通上发挥了重要作用。易派客积极推动绿色采购、绿色包装、绿色仓储、绿色物流，加强新能源、新材料等方面供应资源的搜寻和培育，服务氢能、太阳能、风能、生物质能等方面的新能源开发，服务绿色低碳循环发展产业体系建设，探索培育工业品电商新经济，打造经营创效新的增长点，助力构建“一基两翼三新”产业格局，助力中国石化打造世界领先企业。

执笔人：王晓冬　易派客公司
审核人：方啸天　易派客公司
审定人：周　琳　物资装备部

# 化工产品销售新业态标杆
## ——石化e贸

从2016年开始，中国石化探索将化工产品销售与互联网相结合的电商营销模式，利用新一代网络信息技术开发了石化e贸电商平台，实现了与客户端的高效对接和产业链的有效延伸，改变了化工产品传统销售服务形态。

### 背景

互联网已经融入社会生活的方方面面，深刻改变了人们的生产和生活方式。新一代网络信息技术与制造业深度融合形成的工业互联网，构建了全新的工业生产和服务体系。通过全要素、全产业链、全价值链的人、机、物全面互联，实现了产业数字化、网络化、智能化发展，形成了全新生态，新业态、新模式不断涌现。国内许多大型企业开始建设互联网电商平台，构建以互联网为载体的石化产品营销新业态，以推动更有效率地开展商业活动，更好满足用户需求。中国石化在石化行业占据重要地位，管理规范，品牌影响力强，建设石化e贸电商平台具有优势，具备成为石化行业电商标杆的实力。

### 实施过程

2016年，中国石化经过充分调研论证，认为建设化工产品销售电商平台的条件已经具备，正式立项建设一期项目，并于6月30日正式上线石化e贸。2018年2月，在石化e贸上线推广、不断优化的基础上，提出打造网上化工销售公司，开始石化e贸二期建设。2019年6月，为适应电商营销新模式，开展了营销岗位设置、岗位职责调整和工作流程再造等顶层设计工作，2020年5月在化工销售华北分公司开始试点运行。2020年11月，为推动化工产品销售向线上加线下、产品加服务、平台加支撑的新型电商业务模式转型，开展石化e贸三期建设。2021年5月，注册成立石化e贸科技有限公司，加快打造石化e贸电商生态圈。

石化e贸一期建设基于化工销售客户关系管理系统，采用阿里云平台技术，构建石化产品电子超市，采用现货和竞拍业务模式，为客户提供网上采购新体验。石化e贸二期开通网上支付和物流服务，构建合约销售业务模式，大幅提高流程效率，提升客户采购体验，实现所有产品上网运行。石化e贸三期构建电商标准店铺，推动中国石化系统内企业自销产品线上销售运行，打造石化行业新业态。

## 成就与影响

石化e贸电商平台由中国石化自主打造，部署在石化智云上，按照“平台+数据+应用”的建设理念，利用云技术管理平台资源，广泛采用物联网新技术，支持商流、物流集成运作，采用大数据技术打造先进的营销管理工具，采用移动新技术提升客户体验，可为客户提供化工产品交易、支付、物流配送及预约采购、预约提货、物流动态查询、资金动态查询等数字化、智能化服务，促进了传统销售企业数字化转型。

石化e贸电商平台为合作伙伴提供了合约、现货、竞价等多种交易模式。依托中国石化统一支付与金融服务平台，对内形成了统一的金融服务平台和账户体系，对外为产业链合作伙伴提供金融增值服务，满足了客户需求。依托物流系统平台，整合物流资源，建立高效物流运行管理体系，实现与物流商数据共享与业务协同，提升了智慧物流管理水平，既为电商平台交易提供支撑，也为客户提供“门到门”的贴心服务。

石化e贸电商平台整合了营销业务全流程、全要素、全价值链数据，为深入开展大数据分析应用、挖掘客户潜在需求、创新业务模式奠定了基础。注册用户达14264家，会员客户9992家，平均每月用户访问UV3.2万次、页面浏览量1236万次；业务运行效率显著提高，客户下单时间从2天以上缩短到28分钟，客户到款入账时间从原来的12分钟缩短到2分钟以内；客户体验感持续增强，整合了各品类产品、客户、物流、资金等信息资源，实现了客户自主注册、自主采购、预约提货等功能。

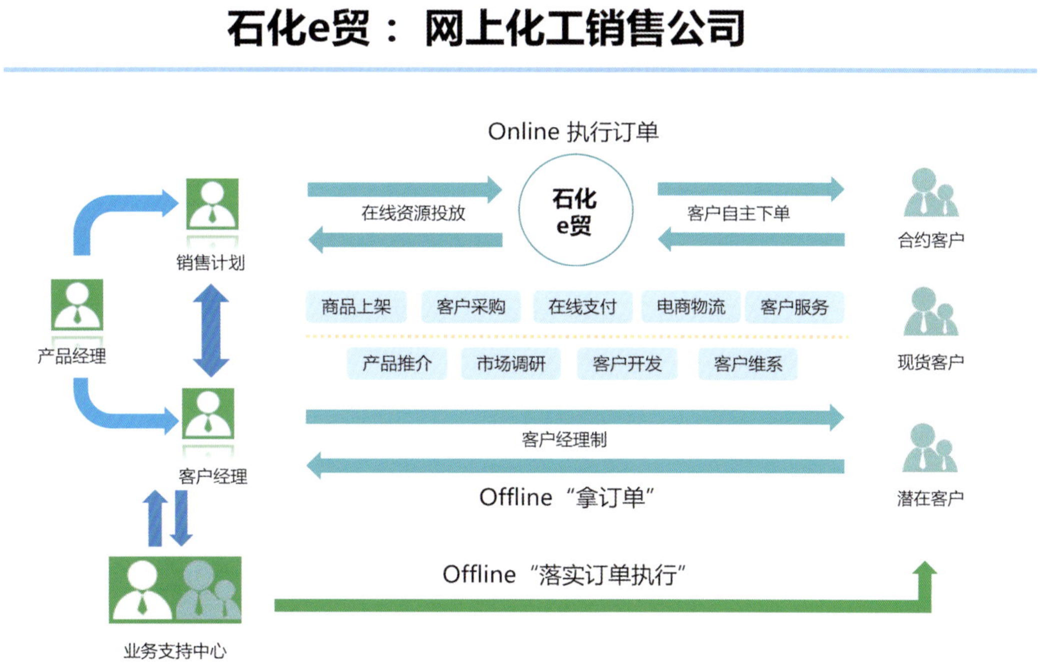


石化e贸框架图

石化e贸主页面

石化e贸电商平台先后被评为2016年国家“互联网+”行动百佳案例、2018年国务院国资委优秀信息化项目、2020年国务院国资委数字化转型典型案例。

石化e贸电商平台将努力打造成为国际一流、国内领先的化工产品电商平台，实现供需两端的有效连接，实时指导资源配置和决策，构建化工产品电商特色服务生态圈，为推进我国石化工业高质量发展提供有力支撑。

执笔人：刘长功　化工销售公司
审核人：张　炜　化工事业部
审定人：官调生　化工事业部

# 五

# 工程与装备

# 首次应用“IPMT+EPC+ 工程监理”工程管理模式

工程管理模式是工程建设项目实施HSE、质量、进度、费用和合同执行等有效控制和管理的基础。中国石化创立的“IPMT+EPC+ 工程监理”工程管理模式在上海赛科乙烯成功应用，促进了该项目实现又好又快建设目标。

## 背景

上海赛科90万吨/年乙烯工程原由中国石化和英国BP公司合资建设，总投资27.48亿美元，占地约204公顷，是当时国内最大的中外合资一体化石化项目，是“十五”国家重点工程，2005年3月18日实现一次投料开车成功。建设初期，外方坚持采用国际通用的“PMC+EPC”管理模式，但在实施中矛盾十分突出。一是在组织管理上，有关各方各行其是，很难进行全过程协调。二是外方承包商从自身利益出发，不惜大幅度增加成本和延长工期，双方矛盾十分尖锐，但因双方各占50%股比，很难形成最终决策。三是外方照搬照抄国外标准，国产化进程难以推进。这些矛盾致使工程建设运转陷入循环怪圈，严重制约工程进度，合资双方的优势不能有效发挥，中方的合法权益得不到有效维护。

基于上述因素，中国石化运用工程管理理论，特别是以系统论为指导，分析研究石油化工项目建设初期各类不同管理模式的优势和不足，总结我国过去几十年石油化工项目建设的经验和教训，通过反复探索，创立了适用于我国石油化工工程建设的“IPMT+EPC+ 工程监理”管理模式。IPMT是Integrated Project Management Team（一体化项目管理团队）的缩写，是由业主方组织并授权由项目参与方高层参与的项目管理机构，代表业主对工程的整体规划、项目定义、工程招标、投料试车、考核验收进行决策管理。

## 实施过程

“IPMT+EPC + 工程监理”管理模式在上海赛科乙烯首次应用并取得成功。

一是建立项目管理的三层组织架构。第一层是决策层，由IPMT主任组成员组成，授权决策项目建设的重大关键问题。主任组成员由总部有关部门、业主建设单位、参建的EPC承包商等单位主管领导组成。第二层是管理层，由IPMT项目管理部成员组成，主要承担与EPC单位、工程监理单位之间的协调，实施HSE、质量、进度、费用和合同执行的有效控制，并承担除EPC、工程监理以外的其他项目管理工作。第三层是执行层，由EPC承包商、监理承包商和项目前期咨询商组成，执行具体的工程管理与建设任务。

二是IPMT项目管理部实行矩阵式架构。IPMT项目管理部由国内石化建设行业的专业人员组成，纵向以项目管理为主，横向以专业管理为主，形成纵横交叉的矩阵式管理架构。这个组织构架吸取了PMC管理模式的专业化管理的优点，避免了聘请PMC承包商支付高额项目管理成本的弊病。同时，实施合同约束加行政协调的管理机制，有利于克服国内承包商合同意识不强可能出现的过程控制失控的局面。聘请EPC承包商，避免了业主自营管理模式出现的大批管理人员在项目结束后难以安置、大量复杂的界面管理工作等弊端，使IPMT项目管理部人员数量大大减少。吸取业主自营管理模式的监理机制，引入被国内工程建设行业普遍接受的监理承包商，在质量控制上减少了国内外EPC承包商、施工分包商和制造分包商因自我约束机制不健全可能造成的质量问题。

三是采用合同约束加过程协调的管理机制。在项目执行过程中，既严格跟踪监督合同执行，发挥合同约束作用，又加强工程建设全过程协调管理。实施定期不定期相结合的调度会议制度，加强以合

赛科乙稀

同为依据的进度、质量、安全、费用的控制，严格防止过程失控。

四是慎重选择EPC工程承包商和监理承包商，充分发挥承包商的作用。业主牵头成立招标委员会，严格执行招投标制度，公开、公平、公正选择工程承包商和监理商，明确要求EPC工程承包商建立与IPMT项目管理部的架构相配套的组织机构，实现了项目管理层和项目执行层的专业技术及管理相衔接，接口明晰顺畅，整个工程项目管理上下左右协调、畅通。

## 成就与影响

“IPMT+EPC+工程监理”管理模式具有减少管理界面、决策快速有效、节省项目管理成本、加快项目建设进度、缩短项目建设周期及降低项目

建设成本等诸多优点。上海赛科乙烯在克服设备材料涨价因素情况下，实现了投资、进度、质量、HSE、合同五大控制目标，投资控制在批复概算之内并有节余，项目建设实际施工工期22个月，大大缩短。

鉴于“IPMT+EPC＋工程监理”管理模式在上海赛科乙烯的成功运用，中国石化将该管理模式推广应用于海南炼油项目，成就了中国石化工程建设史上的标杆项目。在茂名乙烯改扩建、广州石化炼油改造等重大工程建设管理上也取得了良好效果，产生了示范效应。

执笔人：张　涛　工程建设公司
审核人：肖雪军　炼化工程集团
审定人：朱　斐　炼化工程集团

赛科夜色

# 担当我国第一个大型煤制油示范工程总承包

神华煤制油工程是"十五"国家重点项目，由中国石化工程建设公司（SEI）在2005年经过竞争性投标，获得核心装置3个标段涉及4套装置单元的总承包合同任务，并在规定时间内成功完成。该工程的成功实施，使我国成为当时世界上唯一掌握百万吨级煤直接液化技术的国家，标志着中国石化的工程化能力、工程管理能力和创新能力提升到了一个新的高度。

## 背景

神华煤直接液化项目2004年8月在内蒙古鄂尔多斯正式开工建设，项目建设规模为年产油品500万吨，分二期建设。一期年用煤970万吨，生产各种油品320万吨。已建成投产的首条生产线（先期工程）规模为100万吨/年，包括煤液化、煤制氢、溶剂加氢、加氢改质和催化剂制备等14套主要生产装置。

SEI凭借雄厚的工程技术研发和工程实施能力，积极参与到这一国家重点项目中来，从立项到竣工投产10年期间，与原神华集团、煤科院等通力合作，共同完成了国家科技部863课题"煤直接液化关键技术"的研发和技术鉴定，形成了具有自主知识产权的煤直接液化技术，并与美国AXENS公司共同完成了工艺包的放大设计、基础设计、各项风险和专项评估。获得相关装置的总承包合同后，SEI开始建设100万吨/年工业化示范装置（先期工程），对实施阶段的设计、采购、建造、开车及项目管理提供全程服务。在随后4年间，煤直接液化项目核心联合装置建设有力推进，创造了一个又一个的"化工奇迹"。

2004年8月，神华煤直接液化项目现场开工仪式

## 实施过程

作为核心装置的工程总承包单位，SEI按照与国

际接轨的标准，以矩阵管理模式下的项目经理负责制为基础，深化设计为龙头的工程总承包模式，创新采用项目群运作模式下的EPCM/EPC项目管理机制，推动项目管理流程的优化和再造。通过项目群管理、模块化设计、集中化采购等管理模式的运用，实现EPC工序深度交叉，最大化项目资源利用，优化项目成本和管理过程，与业主形成了风险共担、利益共享的项目治理模式，成功整合了业界设计、制造、安装的一流资源，构建了项目成功实施的组织保障。

在工程设计过程中，依托专家团队的强大支持，设计团队率先启动工艺优化和创新相关工作。结合煤浆介质的特点，在混合、预热、反应、高低压分离和分馏等煤液化工艺过程中开展了大量创新工作，攻克了油煤浆在输送、预热、分离等过程中的堵塞、结焦、磨蚀以及计量、检测、稳定性操作控制等方面的问题，有效提高了煤液化反应的安全可靠性，降低了对单个设备的过度依赖性，优化了煤液化工艺流程，解决了煤液化设备大型化的设计、制造和安装难题。同时，通过一系列工程化技术攻关，成功开发了包括耐磨管件、大型特殊机械设备、专用仪表调节阀等一整套适用于煤液化工业生产装置的配套技术和装备。尤其是对高温高压大口径管线系统的设计应力分析研究，解决了油煤浆管道的膨胀、振动等问题，进一步提高了装置布置的合理性、生产操作的安全可靠性，大大推进了煤直接液化工业化的进程。

在充分研究煤直接液化工艺的基础上，设计团队综合装置原料情况和产品具体要求，在工艺流程和设备设计选型方面进行了反复推敲，在工艺流程的优化设计、工艺参数的确定以及联锁系统的安全可靠性方面做了大量工作，并进一步按照工艺功能区间进行划分，实行模块化设计，做到流程优化、平面布置优化，为实现规模化、标准化设计打下了坚实基础。

工程施工创造了当时令业界瞩目的施工纪录：2250吨反应器吊装单体重量世界第一；国内最大、壁厚最厚的分馏塔制造和整体热处理；22毫米厚的复合钢板、直径4.15米转油线的制造、安装、焊接以及热处理；世界最大规模往复压缩机和煤浆进料泵安装调试；壁厚最厚达88毫米的TP347H不锈钢管道的吊装、焊接、热处理、试压；国内最大的连体加热炉的制造安装等。这些纪录已成为煤制油工程建设史上的标杆。

工程实施过程中，现场项目部充分发挥总承包管理的领头羊作用，牢牢把控工程全局，推动业主、公司、项目、施工单位、设备制造等各方资源的有机协同，促进了项目在同行业内以最短工期、最少投资完成。

2006年6月，2250吨煤液化反应器吊装施工现场

煤直接液化核心联合装置2005年4月开工，2008年4月20日实现机械中交，较合同中交日期提前一个月。联合装置共计完成动静设备安装747台套，工艺管线393千米，钢结构安装10980吨，混凝土35400余立方米。4年间，16家施工单位精心组织，安全人工时突破1100万个，项目建设实体质量合格率达100%、优良率达96%，实现了HSE“六个零”的目标以及项目投资控制在预算下的费用目标。

2008年12月30日，装置顺利实现投煤，煤制油流程全部打通，实现油渣成型，并产出合格的柴油和石脑油，成功实现了2008年开车一次成功

现场“大干一百天”动员大会

联合装置夜景

的总体目标。2009年1月13日，装置按预定计划进入停车程序实现平稳停车。经过运行期间及主动平稳停车后各项指标的检验，装置在300多个小时的运行考核期间非常平稳，完全达到预期设计要求，创造了一次投煤试车成功和主动平稳停车两个奇迹。2011年1月，完成实现稳定运行的各项完善工作后，正式投入商业运行。

## 成就与影响

工程的成功实施，使我国成为世界唯一掌握百万吨级煤直接液化技术的国家，也将中国石化的工程化能力、工程管理能力和创新能力提升到一个新的高度。“百万吨级煤直接液化技术与示范”荣获中国煤炭工业科学技术奖特等奖，“神华煤直接液化项目煤液化工程”荣获2011年度化学工业优质工程奖。2010年9月10日，SEI与中国神华煤制油化工有限公司签署了长期战略合作协议。

执笔人：张宝海、简　铁　工程建设公司

审核人：肖雪军　炼化工程集团

审定人：朱　斐　炼化工程集团

# 首次参与中东地区大型炼化工程总承包

2009年10月，中国石化在中东地区首个大型炼化工程总承包项目——沙特SABIC聚烯烃项目一次通过性能考核，标志着中国石化炼化工程板块实现与国际规范接轨，在组织大型EPC总承包项目建设方面迈出了重要一步。

## 背景

从2000年开始，中国石化致力于开拓海外工程建设市场，参与海外工程项目竞标和任务承揽工作，项目遍及非洲、中东、中亚等地区，并将主攻目标选在项目运作模式已非常成熟的沙特市场。欧美知名工程公司较早进入沙特市场，在当地承揽了大量的PMC管理、EPC管理及EPC总承包项目；韩国、日本及我国台湾地区公司主要提供EPC总承包服务；印度、巴基斯坦和当地工程公司则以施工承包或劳务分包服务为主。相比之下，中国石化必须尽快熟悉当地项目管理、EPC总承包管理标准，以及当地业主的工程技术规范和合同要求，才能在这片知名工程公司云集、竞争异常激烈的区域占有一席之地。

2005年初，为在沙特市场取得实质性突破，上海工程公司、第二建设公司（现重组为南京工程公司）与荷兰阿克克瓦纳公司联合竞标沙特SABIC聚烯烃项目。经过联合体艰苦努力，同年7月成功中标项目，吹响了中国石化全面进军海外炼化工程市场的号角。

## 实施过程

沙特SABIC聚烯烃项目总投资7.5亿美元，包括50万吨/年线性低密度聚乙烯、50万吨/年聚丙烯、140万吨/年聚烯烃成品包装装置，采用EPC总承包工程建设模式。EPC总承包又称交钥匙工程总承包，按照合同约定，工程总承包企业承担设计、采购、施工、试运行一体化服务，并对承包工程的建设质量、安全、工期、造价等全面负责。

按照联合体界面分工，阿克克瓦纳公司负责基础设计，上海工程公司负责详细设计及非关键设备和大宗材料采购，第二建设公司负责施工任务。由于SABIC业主对设计深度要求高、阿克克瓦纳公司基础设计图纸质量参差不齐、上海工程公司也是首次执行SABIC规范详细设计，项目执行中出现了诸多突发问题和设计变更。同时，受材料到货不及时、设备安装调试厂方配合不积极、沙特当地气候条件恶劣、施工资源严重短缺等因素影响，项目进度迟缓。

面对工期滞后的局面，全体参建人员克服生活、文化、环境、气候、语言等诸多困难，勇敢迎接挑战和考验。为高质量完成设计任务，项目各专业负责人自参与基础设计阶段就着手研究国际标准、业主SABIC标准及项目规定，并在熟悉本专业相关标准后，组织设计人员学习。在详细设计阶段，设计人员工作效率大幅提高，在基础设计滞后2.5个月的情况下，仍提前2个月完成详细设计图纸。面对从未接触过的UNIPOL聚乙烯、聚丙烯气相流化床工艺，设计人员边学边干，逐步掌握了新工艺设计特点，采用多个当时世界上最先进的设计软件进行设计，在PDS平台进行三维模型设计，不仅满足了业主60%、90%模型审查要求，更大大提升了土建、电气、仪表、暖通、给排水、总图等专业PDS软件运用水平。

为确保采购到货，项目组在投标阶段就对可能出现的问题进行分析研究，做好市场调研和考察，认真做好采购策划。在实地考察阶段，先后派出6批30多人次赴美国、欧盟、日本、沙特等地调研潜在供货商的制造能力，重点了解沙特当地资源情况和海关通关情况。通过前期调研，对项目设备材料涉及的潜在生产地点进行甄别、分类，并分设上海本部、沙特达曼、德国法兰克福三个采购中心，根据项目执行情况，择时开张布点，高效完成了采购工作。同时，充分发挥合作伙伴阿克克瓦纳公司及各集成商、代理商在欧洲和沙特当地的资源优势，使催交到货情况得到较大改观，为项目顺利实施提供了重要保障。

为实现工期目标，项目组建立健全强有力的生产指挥体系。施工高峰期，项目组从国内和当地紧急调配驰援818人，组成了3000余人的施工队伍，还先后派员支援Bilfal（反应器制造厂商）、Zamil（大宗设备制造厂商）以及三家钢结构制造厂商，避免项目进度受影响。同时，落实日碰头、

2009年5月20日，沙特SABIC聚烯烃项目按合同要求实现机械完工

沙特SABIC 50万吨/年聚乙烯装置

周例会制度，严格按照项目各控制节点推进，及时检查工程质量，纠偏施工进度，在遵守当地法律的基础上，适当延长施工作业时间。

经过项目组近4年顽强拼搏，2009年5月20日，沙特SABIC聚烯烃项目按合同要求实现机械完工，同年10月一次通过性能考核，受到业主高度评价。2011年经回访了解，该项目3套装置运行稳定，自首次开车后从未停工，成为SABIC盈利能力的标杆。

## 成就与影响

沙特SABIC聚烯烃项目的成功交付，标志着中国石化炼化工程板块实现了与国际规范接轨，在组织大型EPC总承包项目建设方面迈出了重要一步。同时，进一步增进了中国石化和SABIC的互信，为在更多领域开展技术与工程合作奠定了基础。

执笔人：金　席　上海工程公司

审核人：肖雪军　炼化工程集团

审定人：朱　斐　炼化工程集团

# 中哈能源合作新标杆
## ——哈萨克斯坦阿特劳炼油厂石油深加工项目

哈萨克斯坦阿特劳炼油厂石油深加工（FCC）项目，既是哈萨克斯坦“2010～2014年工业战略发展规划”和“石油炼化厂综合发展6年规划”的国家重点工程，又是与我国实施“一带一路”倡议高度同步的大型工程项目。2013年11月13日项目开工建设，2017年6月实现主体机械竣工并进入投产阶段。项目建成投产后，阿特劳炼油厂可生产符合欧Ⅳ、欧Ⅴ排放标准的汽柴油，促进了哈萨克斯坦石化产业升级，标志着中国石化在践行“一带一路”国家倡议中取得了重要成果，树立了中哈能源合作的新标杆。

### 背景

始建于1945年的阿特劳炼油厂，是哈萨克斯坦三大炼油厂之一。由于技术和设备落后，一度濒临倒闭。为了提高原油加工深度和化工市场自给率，哈萨克斯坦政府于2009—2014年建设了阿特劳炼油厂芳烃项目。为了使阿特劳炼油厂汽柴油产品尽快达到欧Ⅴ标准，哈萨克斯坦政府又于2011年初启动了FCC项目，决定建设催化裂化、汽柴油加氢、异构化、制氢等炼油装置，尽快完成阿特劳炼油厂升级改造。

2011年9月，中石化炼化工程（集团）股份有限公司（SEG）和日本丸红株式会社、哈萨克斯坦KSS公司三方组成项目联合体，开始参与FCC项目投标报价。当年12月7日，业主正式通知联合体中标；12月29日，签署了FCC项目EPCC交钥匙建设工程合同，合同金额16.8亿美元，建设内容包括243万吨/年催化裂化、128万吨/年汽油加氢等60个单元。

根据项目联合体分工，SEG为联合体“领导者”，负责催化裂化、汽油加氢等11套生产装置及系统配套设施共36个单元的EPCC工作，合同金额13.1亿美元；KSS公司负责硫黄回收等1套生产装置及系统配套设施共24个单元的EPCC工作，合同金额3.7亿美元；日本丸红负责日本融资事务，及SEG工作范围内的部分设备采购服务。

### 实施过程

FCC项目于2012年12月20日进入合同计时。SEG组织了由广州（洛阳）工程公司、第十建设公司、第五建设公司等单位参加的一体化项目管理部，负责项目的执行。2015年6月，SEG委托广州（洛阳）工程公司全面负责项目主合同的执行，第十建设公司、第五建设公司等作为分包商参加施工，洛阳石化和九江石化作为分包商负责项目开车试运行工作。

为确保工程质量，广州（洛阳）工程公司将中国石化QHSE管理要求同哈萨克斯坦国家石油公司的质量管理及安全劳保规程有机结合，以总承包商QHSE管理体系为基础，建立了覆盖各参建单位的项目QHSE管理体系。根据项目特点，组织编制各类工作程序、管理规定及作业指导文件141份。从全方位管理入手，严把设计成品质量检查、设备材料出厂检验和现场单项工程质量控制关，通过推行ITP质量标准化管理实现全过程监控，坚持推行首件样板制，工程质量合格率达100%。对HSE工作做到中外员工齐抓共管，累计实现2290万安全人工时，取得了环境零污染和无公共安全事故的HSE业绩。

为控制工程成本，广州（洛阳）工程公司通过与AXENS等专利商的沟通协调，认真研究FEED文件，严格推行限额设计，下大力气优化方案，最大限度降低投资。项目采购中，在严格执行招投标制度的同时，重点做好方案优化。物流清关上，通过事前策划，为散装成套设备制定海关整体通关方案，实现出口报关时按成套设备享受退税，进口清关时享受零关税清关。项目施工中，一是增加当地用工，土建、钢结构安装基本全部由当地分包商完成。二是加大预制量，减少现场工作量。例如，钢



2015年5月21日，项目最重的设备——反应器一次吊装就位

结构全部采用工厂化预制、现场栓接的模式；加热炉全部实施模块化预制安装；反再两器、催化剂罐等采取整体到货或分段到货的方式。三是通过优化施工方案，降低施工工作量。例如，将混凝土构架优化为钢结构，将混凝土柱施工由现场浇筑改为预制后杯口插接方案，降低了施工难度和成本。

为确保工程进度，广州（洛阳）工程公司在详细设计启动时，组织开展“大干100天”劳动竞赛，争分夺秒抢进度，把药剂设施和装卸台等公用工程单元列为优先突击完成的单元。2017年初，项目进入攻坚阶段时，组织开展“以开车促施工收尾，向项目建成投产目标发起冲刺”的劳动竞赛，推动项目建设实现了各个关键节点目标。

项目建设过程中，参建各方克服种种困难，精心组织、严格管理，质量、安全、进度等得到了业主及项目其他关系人的高度认可，被哈萨克斯坦国家石油公司确定为同期建设的三个重点项目中的标杆。

## 成就与影响

2013年11月13日，FCC项目在戈壁滩上打下第一根桩。2017年6月6日，催化裂化装置主

2018年8月，阿特劳炼油厂FCC项目正式移交哈方运营管理

风机试车成功，标志项目机械竣工并进入联动试车阶段。2018年8月30日，随着异构化装置运营管理权移交哈方，FCC项目全面建成投产。该项目投产后，阿特劳炼油厂由原来的日产1900吨欧Ⅱ标准汽油增至4500吨欧Ⅴ标准汽油，原油加工深度由62%提高至85%，成为哈萨克斯坦石化产品种类最丰富、质量等级最高的现代化炼油厂。

作为中国石化践行“一带一路”倡议的代表性项目，FCC项目执行过程受到了广泛赞誉。2019年12月10日，FCC项目荣获“中国建设工程鲁班奖”（境外工程）。项目的实施不仅带动了一批“中国制造”跨洋出海，实现了价值约6亿元人民币的国内成套设备材料出口，有力推动了中国制造企业进入中亚市场，而且支持和培育了哈萨克斯坦制造企业和施工企业上台阶扩规模，成为当地政府和人民了解中国、认识中国的窗口，促进了中哈经济文化交流，产生了良好的社会效益。

执笔人：李建永　广州（洛阳）工程公司
审核人：肖雪军　炼化工程集团
　　　　史中洲　广州（洛阳）工程公司
审定人：朱　斐　炼化工程集团

# 乙烯裂解技术与装备国产化

中国石化成立之初，确定以乙烯裂解技术与装备国产化为突破口，通过设计建设原型炉开展工业试验，进而实现百万吨级乙烯装置工艺技术与装备国产化。中国石化裂解技术开发已走过近40年历程，实现了从无到有、从跟跑到领跑的飞跃。

## 背景

乙烯技术是石油化工的龙头技术。鉴于乙烯技术的重要性，中国石化成立伊始就把开发乙烯裂解技术确定为重点攻关项目，积极推进裂解技术与装备国产化，为发展乙烯工业打好基础。1983年底，原北京石化工程公司（现SEI）、北京化工研究院、兰州化工机械研究院（现兰州天华公司南京工业炉研究所）组成裂解技术北方研究小组；上海医药工业设计院（现上海工程公司）组成裂解技术南方研究小组。1984年，南、北两个研究小组在总结国外裂解技术发展趋势、消化吸收引进技术的基础上，各提出了一个新型裂解炉的技术方案，经反复研究论证，最终确定了南、北两种新型裂解炉的技术方案。1985—1986年，南、北两个研究小组进行了大量工艺和工程研究工作，使南、北裂解炉技术具备了开展工业试验的条件。

1987年，中国石化决定采用北方研究小组的技术在辽阳石化建设一台2万吨/年工业试验炉，称为北方炉（CBL-Ⅰ型炉）；采用南方研究小组的技术在高桥石化建设一台1万吨/年工业试验炉，称为南方炉（SH-Ⅰ型炉）。两台工业试验炉均获得成功，主要技术指标达到国际同类型裂解炉20世纪80年代先进水平，并相继通过了技术鉴定。两台工业试验炉的成功开发，标志着中国石化裂解技术开发迈出了重要一步。之后，CBL北方炉技术经过持续不断地研究开发、改进完善和推广应

2万吨/年CBL-Ⅰ型原型炉（北方炉）

出口马来西亚的CBL-R型
9万吨/年气体裂解炉

用，已发展成为具有国际领先水平的裂解技术。南方炉技术由于种种原因未得到进一步发展。

## 实施过程

经过近40年研究、改进和推广，CBL北方炉技术完全实现了工艺、工程设计及设备国产化，实现了炉型系列化、设计模块化、规模大型化。第一阶段（1984—1998年）主要解决了工艺问题，第二阶段（1998—2001年）主要解决了辐射段炉管弯曲问题，第三阶段（2002年以后）主要解决了裂解炉大型化问题和裂解炉技术成套问题（气体炉、裂解炉改造等），第四阶段（2010年开始）大面积推广和开拓国际市场。

世界最大的30万吨/年乙烷裂解炉

经过这些阶段的工作，CBL裂解炉从CBL-Ⅰ型发展到CBL-Ⅸ型，产能从最初2万吨/年发展到30万吨/年，原料可以适应从乙烷到加氢尾油等复杂原料，既有裂解气体原料的气体裂解炉，也有裂解液体原料的液体裂解炉，独创了以异型炉管为核心的复杂原料超大型、长周期、高效系列裂解炉技术，攻克了重质原料裂解运行周期短的难题，实现了裂解炉运行周期延长50%以上。CBL裂解技术还突破了高含烯烃原料不适合蒸汽裂解的理念，独创了高含烯烃原料裂解技术，拓宽了低成本原料来源，创新开发了裂解复杂原料的超大型分炉膛裂解/分炉膛烧焦裂解炉技术，具有操作灵活、减少投资的优势。CBL裂解技术得到广泛推广应用，并出口马来西亚、泰国。

## 成就与影响

截至2021年上半年，采用CBL技术设计和改造（辐射炉管）的裂解炉超过200台、总能力超过2000万吨/年，其中气体原料裂解炉53台、总能力超过600万吨/年，液体原料裂解炉148台、总能力超过1500万吨/年。采用CBL技术设计的新建和改造裂解炉的技术指标均达到国际领先水平，裂解炉清焦周期达到90天（加氢尾油）、110天（石脑油）和150天（乙烷）以上，热效率达到94%～96%。

执笔人：何细藕　工程建设公司
审核人：肖雪军　炼化工程集团
审定人：朱　斐　炼化工程集团

# 乙烯“三机”国产化

乙烯“三机”指裂解气压缩机组、丙烯制冷压缩机组和乙烯制冷压缩机组，是乙烯生产的核心设备。在中国石化积极组织和推动下，1999年12月大庆石化24万吨/年乙烯装置裂解气压缩机组、丙烯制冷压缩机组投用，标志着乙烯“三机”国产化迈出关键一步。经过20多年持续攻关，中国石化实现了从20万吨级到100万吨级乙烯“三机”的国产化，为我国乙烯工业的发展作出了重大贡献。

## 背景

乙烯“三机”技术含量高，设计难度大，制造工艺复杂，1998年以前只有美国、德国、日本等国家的几家国际知名大公司生产。从1973年燕山石化引进第一套30万吨/年大型乙烯装置到1995年期间，国内18套乙烯装置的50多台机组均从国外进口，成为制约我国乙烯行业发展的一个关键因素。20世纪80年代后期开始，中国石化着手推进乙烯“三机”国产化工作，组织科研、设计、制造、用户等单位，深入开展技术调研、方案论证，评估国产化攻关的可行性。1995年12月，中国石化在沈阳鼓风机厂（现为沈阳鼓风机集团股份有限公司，以下简称沈鼓）组织召开乙烯“三机”国产化现场工作会议。经过讨论、分析、研究，中国石化决定依托大庆石化乙烯改扩建工程，开展24万吨/年乙烯装置裂解气压缩机组国产化攻关，并与国外供应商合作制造丙烯制冷压缩机组，成立了由大庆石化、中国石化工程建设公司、沈鼓、杭州汽轮机厂（现为杭州汽轮机股份有限公司，以下简称杭汽）等单位组成的国产化攻关小组。

## 实施过程

1998年，攻关小组完成了大庆石化24万吨/年乙烯装置裂解气压缩机组国产化攻关，解决了裂解气40余种组分的高压物性参数的精确计算和热力参数计算、裂解气压缩机叶轮的结焦等一系列技术难题。1998年9月，国产裂解气压缩机组和中外合作制造的丙烯制冷压缩机组运至大庆石化交付安装。1999年12月，大庆乙烯顺利投产，国产压缩机组运行平稳。2000年12月，经过大庆石化、沈鼓、杭汽三家联合标定，压缩机组性能指标完全达到设计要求，满足生产工艺需要，国产化攻关取得成功，结束了我国不能生产乙烯“三机”的历史。

随着乙烯装置不断大型化以及以节能降耗、绿色环保为主要目标的技术改造项目建设，乙烯装置从20世纪90年代的45万吨/年扩大到150万吨/

大庆石化24万吨/年乙烯装置裂解气压缩机组

年，乙烯“三机”的规模也越来越大。为满足生产建设需要，中国石化持续开展了乙烯“三机”国产化攻关工作。

2005年，依托茂名石化64万吨/年乙烯装置，完成了我国首台60万吨级乙烯装置裂解气压缩机组研制，满足了整机多工况、宽运行范围要求，性能指标达到国际先进水平。打破了大型离心式压缩机组长期依赖进口的局面，是我国大型离心式压缩机组和驱动汽轮机设计制造技术的重大突破。

2009年，依托天津石化和镇海炼化乙烯项目，分别完成100万吨/年乙烯装置裂解气压缩机组和丙烯制冷压缩机组国产化攻关，攻克了百万吨级乙烯装置压缩机组技术方案优化、大加（抽）气量对压缩机组性能的影响等20多项技术难题，成功研制了拥有自主知识产权的百万吨乙烯装置压缩机组，正式宣告了百万吨乙烯装置“中国心”的诞生。天津石化百万吨乙烯装置裂解气压缩机组于2010年10月投入生产运行，2014年10月通过鉴定。镇海炼化百万吨乙烯装置丙烯制冷压缩机组于2010年4月投入生产运行，2013年4月通过鉴定。

继天津石化、镇海炼化乙烯项目之后，中国石化在中韩（武汉）石化、中科（广东）炼化80万吨/年乙烯项目中实现了乙烯“三机”全部国产化。

2020年，依托镇海基地项目开展了120万吨/年乙烯装置裂解气压缩机组和丙烯制冷压缩机组国产化攻关；依托海南乙烯项目开展了100万吨/年乙烯装置乙烯制冷压缩机组国产化攻关；在中沙（天津）石化大修中成功将100万吨/年乙烯裂解气压缩机组改造到130万吨/年；依托镇海炼化扩建二期开展150万吨/年乙烯“三机”国产化攻关的工作全面启动。

在乙烯“三机”国产化攻关过程中，中国石化积极推进延伸攻关，实现了干气密封、联轴器等核心部件的国产化。

## 成就与影响

在中国石化的有力推动下，经过多年国产化攻关，我国乙烯“三机”设计、制造水平持续提高，达到国外同类产品先进水平，部分指标优于进口压缩机组，在采购价格和供货周期方面优势明显，大幅提升了资源掌控能力，为推动我国乙烯工业发展、助力装备制造业振兴作出了重大贡献。

执笔人：陈亚林　工程建设公司
审核人：徐　野　物资装备部
审定人：周　琳　物资装备部

# 大型挤压造粒机组国产化

2010年5月，我国第一套国产大型挤压造粒机组在燕山石化20万吨/年聚丙烯装置成功投产，打破了该类机组长期被国外公司垄断的局面。这是中国石化走自主创新之路的又一次成功实践，是我国石化装备国产化的又一重大成就。

## 背景

挤压造粒机组的主要作用是将生产过程中催化聚合而成的聚乙烯或聚丙烯，根据生产需要与其他辅料按比例均匀混合，并对其进行混炼、塑化、挤出、水下切粒、分离干燥，最终加工成大小均匀的颗粒制品，是聚烯烃生产过程中不可或缺的核心设备，是集机、电、仪高度一体化的大型成套设备，设计、制造难度大，造价高。

20世纪70年代以来，我国石化行业所需的大型挤压造粒机组一直从国外进口。由于只有德国1家、日本2家供应商可以成套生产，采购价格高，供货周期长，石化行业发展长期受制于人，也影响到相关制造业的发展。为改变这一局面，中国石化在认真分析我国装备制造业整体水平，组织专家仔细研究大型挤压造粒机组的前期试验、理论研究成果、工程开发设计和生产制造能力的基础上，2007年决定依托燕山石化20万吨/年聚丙烯项目开展挤压造粒机组国产化攻关，并被列为“十一五”国家重大装备国产化攻关项目。

## 实施过程

为做好组织领导和技术支持，中国石化成立了挤压造粒机组国产化攻关领导小组和专家小组，同时成立了攻关小组，确定燕山石化为应用单位、工程建设公司（SEI）为工程设计单位、大连橡胶塑料机械有限公司为设计制造单位、北京化工大学为理论研究单位、天华化工机械及自动化研究设计院为配套研发单位、浙江中控技术有限公司为自控系统研发单位，联合开展攻关工作。按照“积极、稳妥、先进、可靠”的原则，攻关小组明确了机组的国产化研制目标，即先进性与可靠性要有机结合，国产化机组要达到国外同期机组的生产能力、性能指标和运行周期等技术水平，核心技术有所突破，必须拥有自主知识产权。

攻关小组调研了国内外机组运行状况，分析优点和不足，梳理攻关条件及制约因素，明确攻关目标、方向及重点。在研发过程中，利用多种先进软件对机组关键零部件及挤出工艺过程进行模拟仿真、分析研究，采用理论计算、模拟仿真、试验验证及专家组论证相结合的方法，突破了一道道技术难关。在设计过程中，针对关键零部件进行三维造型、应力分析、理论计算、模拟仿真，确保满足技术要求。在制造过程中，严把材料、热处理、加工、装配及试验验证等环节。机组通过出厂验收后，制造单位综合考虑项目地域环境，有针对性地进行涂漆和防锈包装，并运抵现场安装调试。

2010年2月，首台大型国产挤压造粒机组在燕山石化投料运行，经过多种牌号物料生产验证，运行平稳性、可靠性及技术性能完全达到立项要求，获得19项发明专利和12项实用新型专利，标志着挤压造粒机组国产化攻关取得重大突破和阶段性成功。

## 成就与影响

与同期进口挤压造粒机组相比，国产20万吨/年聚丙烯大型挤压造粒机组的采购价格只有进口机组的一半，节省投资4000余万元。国产挤压造粒机组整体技术指标达到国际先进水平，部分性能指标优于同类进口机组。大型挤压造粒机组研制成功，实现了我国乙烯工业又一重大装备国产化。

2012年，中国石化依托齐鲁石化合成树脂结构调整项目，完成25万吨/年高密度聚乙烯挤压造粒机组国产化攻关，走出了国产机组无法生产超低熔指牌号的困境。2016年、2019年分别完成中天合创30万吨/年聚乙烯和中安联合35万吨/年聚乙烯挤压造粒机组国产化攻关，每小时产量分别达49吨和57吨。2020年，依托中科（广东）炼化项目，完成35万吨/年聚丙烯挤压造粒机组国产化攻关，并在产品数字化交付、工业化外观设计、机组操作维护等方面得到进一步提升。

中科（广东）炼化年产35万吨/年聚丙烯挤压造粒机组

随着大型挤压造粒机组国产化攻关成功，我国成为世界上第3个掌握该项制造技术的国家，大连橡胶塑料机械有限公司也成为全球第4家具有设计、制造、安装、调试成套技术能力的供应商。整套机组的国产化率达到90%以上，也有力推动了热油、液压、气控、电仪控制等相关配套产业技术水平快速提升，经济及社会效益显著。

大型挤压造粒机组国产化在抑制进口机组价格方面也起到显著作用。2010年以前，20万吨/年聚丙烯进口挤压造粒机组的采购价格约1350万美元，合1亿元人民币左右，目前已经降至6000万~6500万元人民币。据统计，10年来各石化企业采购近30套国产大型挤压造粒机组，节约采购资金约4亿元人民币，平均节约率30%。与进口机组相比，国产机组在制造周期上也具有较大优势，一般比进口机组缩短30%左右，即5~6个月，同时安装调试、现场服务、运行维护等方面的效率大幅提高，对项目早日建成、早日投产、早日创效起到了积极作用。

目前，中国石化正在研究50万吨级聚乙烯、聚丙烯挤压造粒机组国产化攻关工作，进一步助力我国产业链、供应链现代化水平的提升。

执笔人：岑奇顺　广州分公司
审核人：徐　野　物资装备部
审定人：周　琳　物资装备部

# 大型往复式新氢压缩机国产化

从1993年镇海炼化新建80万吨/年加氢裂化装置完成国内首台4M50型新氢压缩机研制并投入运行开始，经过20多年持续攻关，我国往复式新氢压缩机国产化从50吨综合活塞力发展到150吨综合活塞力系列机型，大大增强了资源掌控能力，改变了受制于人的被动局面，为我国石油化工、煤化工等行业的发展作出了重要贡献。

## 背景

加氢裂化和渣油加氢等加氢装置是炼油深加工的主要装置，往复式新氢压缩机是加氢装置的核心设备，具有综合活塞力大、进出口压差大、排气压力高、机组结构复杂、易损件多等特点。20世纪90年代以前，50吨综合活塞力以上的往复式新氢压缩机基本依赖进口。国外只有几个发达国家的供应商具有制造能力，进口压缩机采购成本高、交货周期长，严重影响工程项目投资和建设进度，开展国产化攻关研制势在必行。

20世纪90年代开始，我国石化工业进入高速发展期，加氢装置建设也进入高峰期。在这种形势下，中国石化组织专家对原沈阳气体压缩机厂（后并入沈阳鼓风机集团股份有限公司，以下简称沈鼓）等供应商进行充分调研，评估研发和制造能力，开展多轮技术论证，决定依托镇海炼化80万吨/年加氢裂化装置，开展活塞力为50吨的4M50型往复式新氢压缩机国产化攻关。

## 实施过程

4M50型压缩机是当时最具有代表性的产品，其流量、压力、功率以及基础件载荷都是最大的，结构参数和工艺参数的复杂性，以及设计制造难度，对于当时国内装备制造企业具有很大挑战。国产化攻关工作启动后，镇海炼化、洛阳工程公司和沈鼓组成攻关小组，经过深入的技术研究，制订了详细的攻关技术方案。根据工艺生产运行要求确定压缩机主体参数和关键配置，就压缩机的设计与制造开展了一系列攻关。对主要零件（包括机身、曲轴、连杆、连杆螺栓、十字头等）进行了强度校核、应力计算和有限元分析；对主要连接件预紧力进行计算，包括连杆螺栓、联轴器螺栓、主轴承螺栓、地脚螺栓、机身上盖板螺栓、机身与接筒连接螺栓等，确定了紧固力矩及液压紧固值；对管线振动因素进行综合分析，确定了合理的气体管线方案。机组采用四列三级的对称平衡结构，最大许用活塞力为500千牛，电机功率为3080千瓦。在制造过程中，攻关小组克服当时装备水平偏低、加工

镇海炼化80万吨/年加氢裂化4M50型往复式新氢压缩机

能力不足等困难，机组制造质量与进度均满足了攻关要求。

经过一年的攻关，国内首台4M50型往复式新氢压缩机于1993年在镇海炼化80万吨/年加氢裂化装置投入运行，1996年8月通过专家技术鉴定。经过三年工业应用，压缩机运行平稳、振动小、噪声低，满足工业生产要求，填补了国内空白，达到国外同类产品水平，可以替代进口。

## 成就与影响

4M50型往复式新氢压缩机的研制成功，改变了大型往复式压缩机基本依赖进口的局面，价格只有同期进口机组的60%左右，而交货期则由18个月缩短至12个月以内。同时为下一步开展更大活塞力往复式新氢压缩机国产化攻关奠定了坚实基础。随着炼油技术的不断升级以及企业规模的不断扩大，加氢裂化装置和渣油加氢装置已从20世纪90年代的80万吨/年逐步扩大到300万～400万吨/年，往复式新氢压缩机也随之向大型化、系列化发展，国产化攻关不断取得新的突破。

1998年，依托茂名石化200万吨/年渣油加氢脱硫装置，成功研制综合活塞力为80吨的4M80新氢压缩机，采用四列三级双一级的对称平衡结构，活塞力为800千牛，电机功率为3600千瓦。1999年6月投入运行。2000年11月通过鉴定，技术上处于国内领先地位，达到国外同类产品水平。

2008年，依托金陵石化260万吨/年蜡油加氢处理装置，成功研制综合活塞力为125吨的2D125型新氢压缩机，综合活塞力1000千牛，单列最大功率3145千瓦，单列最大流量85000标准立方米。2009年6月投入运行。

2010年，依托长岭炼化170万吨/年渣油加氢项目，成功研制综合活塞力为125吨的4M125型新氢压缩机，并通过该机组开展了大型对接平衡型机身、大型曲轴、大直径活塞杆填料密封环等课题研究。2011年9月投入运行，2015年5月通过鉴定，整体指标达到国际先进水平。

大型往复式新氢压缩机组国产化成功后，从20世纪90年代中后期开始，中国石化累计采购超过120台，采购金额约13亿元，节约金额约5亿元，大大降低了投资成本和运维成本。

在中国石化与合作关联方的共同努力下，历经20多年持续攻关，我国成为世界上少数有能力设计、制造大型往复式新氢压缩机的国家，实现了大型往复式新氢压缩机系列化，达到国外同类产品先进水平，部分指标优于进口压缩机，而且在价格和供货周期方面具有明显优势。国产大型往复式压缩机已经广泛应用于石油化工、煤化工等行业，市场占有率超过80%，成为我国装备制造业的一颗璀璨明珠。

执笔人：余良俭　物资装备部
审核人：徐　野　物资装备部
审定人：周　琳　物资装备部

# 超大直径超大壁厚加氢反应器国产化



加氢反应器是加氢装置的核心装备，长期在高温、高压、临氢和硫化氢的苛刻工况下运行。2012年10月，金陵石化180万吨/年渣油加氢装置4台内径为5400毫米、壁厚为340毫米的超大直径、超大壁厚（“双超”）反应器投用；2014年7月，扬子石化200万吨/年渣油加氢装置4台相同内径及壁厚的“双超”反应器投用，标志着中国石化“双超”加氢反应器国产化攻关成功。

## 背景

中国石化在20世纪90年代完成2.25Cr-1Mo锻焊结构热壁加氢反应器国产化，改变了长期以来全部依赖进口的局面。但是，这种材料高温环境下强度较低、抗高温氢腐蚀的最高温度仅为454℃，不适合做大型加氢反应器，也不满足温度达482℃的煤液化加氢等新工艺要求。当时国外已研发了性能更优越的3Cr-1Mo-0.25V钢和2.25Cr-1Mo-0.25V钢材料，并制造了加钒钢加氢反应器。国内制造商从90年代中后期开始研究加钒钢，1999年研制出内径为2600毫米、壁厚为169毫米、重量为366吨的首台国产3Cr-1Mo-0.25V锻焊式热壁加氢反应器；2002年研制出内径为4000毫米、壁厚为150毫米、重量为526吨的首台国产2.25Cr-1Mo-0.25V锻焊式热壁加氢反应器，初步实现加钒钢锻焊结构热壁加氢反应器的国产化。

由于超大超厚锻件材料淬透性差、芯部易偏析，使得大厚度锻件材料的性能不稳定。至2009年，国内规模化应用的加钒钢锻焊加氢反应器极限内径仅为5000毫米，最大壁厚仅为255毫米，而国外2007年制造的加钒钢锻焊加氢反应器最大内径已达5200毫米，壁厚达347毫米。“双超”反应器严重制约了我国石化工业加氢装置大型化。

2008年，中国石化拟在扬子石化和金陵石化分别建设200万吨/年、180万吨/年渣油加氢装置，并将传统的两系列反应器改为单系列反应器，

双超加氢反应器（中国二重）

以减少建设用地、降低投资成本、提高经济效益。要实现此方案，需制造内径为5400毫米、壁厚为340毫米的2.25Cr-1Mo-0.25V加钒钢加氢反应器。为满足装置大型化的需求，赶上世界领先水平，2010年中国石化决定依托这两个项目的8台反应器，开展“双超”反应器国产化攻关，由扬子石化、金陵石化、洛阳工程公司、工程建设公司、中国一重、中国二重组成研制与应用攻关组。

## 实施过程

“双超”反应器在设计及制造标准、大型钢锭冶炼、超大锻件制造、焊接、无损检测等方面均大幅突破了国内原有技术水平的极限，对工程设计可行性、制造装备大型化、极端化、超厚截面焊接及热处理工艺的精准控制、超常规无损检测的有效性等方面都提出了挑战。

攻关组经过对国内资料、案例的分析研究，确定加氢反应器技术正在向着大型化、高参数、高可靠性的趋势发展，并据此开展了一系列关于锻件材料生产和反应器制造方面的研究，包括锻件材料方面7个课题、焊接方面7个课题、无损检测方面3个课题。

洛阳工程公司和工程建设公司广泛开展国内外技术交流，优化工程设计，结合装置工艺操作特点和要求，编制了“双超”反应器研制技术条件，提出了先进合理的技术指标和试验研究任务。中国一重和中国二重结合各自装备特点和多年生产加氢反应器经验，通过理论研究、试验探索、优化工艺方案和装备改造等措施，攻克了超大超厚锻件材料淬透性差、芯部偏析、性能不稳定的难题，研制出壁厚达425毫米的2.25Cr-1Mo-0.25V试验筒节。

在生产制造过程中，通过优化炼钢工艺和开发新的锻造工艺技术，大幅降低了钢水用量，单个过渡段可节约18%钢水，成对过渡段可节约29%钢水。通过优化焊接工艺，有效避免了再热裂纹的产生。通过开发“先直管堆焊后弯管”和“先弯管后

双超加氢反应器（中国一重）

堆焊”制造技术，攻克了全规格带堆焊层90°整体弯管的制造难题。通过优化焊接及热处理工艺，完善了大型封头拼焊技术，降低了封头制造成本。开发了400毫米和425毫米厚焊接接头的超声、射线、TOFD等成套无损检测技术，有效保证了产品制造质量。

8台“双超”反应器在金陵石化和扬子石化顺利投用，标志着“双超”反应器国产化攻关取得圆满成功。经现场应用考核和停工期间检验检测表明，反应器各项性能满足设计要求。与进口设备相比，节省投资近1亿元，制造周期缩短6个月，经济和社会效益显著。

## 成就与影响

通过国产化攻关，使我国掌握了“双超”反应器设计、大型筒节锻件制造、大型过渡段制造、超大厚度窄间隙埋弧焊、加钒钢横向再热裂纹防控、改进加钒钢高温持久及高温蠕变性能、带堆焊层的90°整体弯头制造、400毫米厚焊接接头无损检测等成套技术。经专家组鉴定，“双超”反应器成套建造技术属国内首创，具有自主知识产权，整体技术达到国际先进水平。

相关课题《极端条件下重要压力容器的设计、制造与维护》荣获国家科学技术进步奖一等奖，《超大加氢反应器研制及工程应用》和《重型压力容器轻量化设计制造关键技术及工程应用》分别荣获国家科学技术进步奖二等奖。

“双超”反应器的研制，消除了加氢装置大型化、系列化的瓶颈，推动了我国制造业在炼钢、锻造、热处理、无损检测等方面达到世界领先水平，我国重型装备制造业的竞争力显著提升，为后来我国成功研制出世界上内径最大（5800毫米）、壁厚最大（352毫米）的渣油加氢反应器以及重量最大（3025吨）的浆态床加氢反应器奠定了坚实基础。

执笔人：陈崇刚　广州（洛阳）工程公司
审核人：徐　野　物资装备部
审定人：周　琳　物资装备部

# 石化装置 DCS 系统国产化

集散式控制系统（Distributed Control System，简称DCS）是以控制分散、操作管理集中为基本设计思想，采用多层分级、合作自治结构形式，集控制、显示、通信和计算机等技术于一体的自动化仪表控制系统，是现代流程工业的“大脑”和“神经中枢”。2006年，中国石化启动DCS国产化攻关工作。2008年10月，国产DCS在武汉石化油品质量升级改造项目一次投用成功。之后十余年时间，中国石化多个DCS国产化项目均取得重大突破。

## 背景

20世纪80年代开始，随着我国石化工业快速发展，DCS需求量越来越大。2006年中国石化在用DCS近800套，其中82%（按系统数量计算，下同）为进口，仅美国和日本4家主要供应商的市场份额就达74%，市场占有率最高的2家（美国、日本各1家）达55%，基本形成垄断。进口DCS价格昂贵，一套催化裂化装置DCS接近100万美元，一套百万吨乙烯DCS高达近1000万美元。国产DCS虽然已有少量应用，但主要用在辅助装置、公用工程和无机化工行业，在大型炼油化工装置没有应用业绩。

为打破大型炼油化工装置DCS长期依赖进口，采购价格高、备件价格高、升级改造成本高、现场服务费用高的局面，中国石化组织专家对国产DCS的设计水平、制造能力、工程服务及应用情况进行了全面调研评估，确定按照“统筹规划、科学组织、防范风险、重点突破”的原则，将武汉石化油品质量升级改造项目DCS列为2007年度重大装备国产化一级项目，成立了由武汉石化、工程建设公司和浙江中控科技有限公司（以下简称浙江中控）组成的国产化攻关团队，启动了DCS国产化攻关工作。

## 实施过程

武汉石化油品质量升级改造项目包括500万吨/年常减压、190万吨/年煤柴油加氢、120万吨/年延迟焦化、6万吨/年硫黄回收等4套装置。为确保国产DCS在大型炼油装置首次应用成功，攻关小组制定了进一步优化DCS技术方案、全过程监造、配备工程经验丰富的技术骨干做好工程实施和现场服务工作、配备专职工程师驻现场时间不少于1年等措施。

在近2年时间里，攻关团队针对石化行业生产过程连续性强、温度高、压力高、易燃易爆等特点，在系统设计制造、软件组态、安装调试和开

川维30万吨/年醋酸乙烯项目中控室

工配合等环节上攻克了一系列难关。通过研究热冗余技术、嵌入式控制技术、工业实时确定性通信技术、大规模实时数据库技术、可编程控制技术、大规模安全组网容错、系统功能可配置和在线下载技术、工业现场抗干扰技术等，大幅提高了国产DCS的安全性、可靠性和精准性，满足了石化行业365天连续运行、在线维护等要求，解决了国产DCS对炼油装置的适用性问题。攻关过程中完成了《石化行业国产化控制系统技术标准》和《石化行业控制系统工程实施标准》，形成了自主知识产权的技术、产品和应用规范。2008年10月，国产DCS在4套装置全部一次投运成功，实现了国产DCS在大型石化主装置应用的突破。

## 成就与影响

随后，中国石化启动了多个DCS国产化攻关项目，从单套装置到全厂集中控制，从炼油到大型煤制烯烃、芳烃、乙烯，从2万控制点到近20万控制点，从常规DCS到现场总线，推动国产DCS在软硬件、工程集成、工程组态、工程服务等方面形成了完善的技术体系，形成了一系列自主知识产

中安联合项目中控室

权的成果，建立了技术研究、产品研发与企业应用相互支撑、相互促进、共同发展的良性互动机制，完全具备在高端市场与进口产品同台竞争的能力。

浙江中控快速推出技术水平更高、性能更先进、可以与进口DCS比肩的ECS-700型号产品，2010年在长岭炼化第一次应用于千万吨级炼油，获得2012年度国家科技进步二等奖；2011年应用于川维30万吨/年醋酸乙烯装置，在大型有机化工装置积累了经验；2012年在北海炼化第一次应用于大型炼化一体化企业全厂集中控制；2016年在中天合创第一次应用于大型煤制烯烃项目。

中国石化的DCS国产化工作，极大推动了国内DCS产业高速发展，和利时自动化有限公司（以下简称和利时）等其他供应商也很快进入石化行业。2009年青岛石化500万吨级炼油项目、2019年中安联合大型煤制烯烃项目、2013年海南炼化百万吨级芳烃装置等都使用了和利时公司的产品。

2020年，DCS国产化攻关最后一块硬骨头——百万吨级乙烯装置DCS国产化攻关，依托镇海炼化120万吨/年乙烯项目和海南炼化100万吨/年乙烯项目启动。其中，镇海炼化项目DCS采用第四代工业控制现场总线技术，2021年4月完成交货，DCS国产化攻关再一次实现质的飞跃。

中国石化以十年磨一剑的精神推进自主创新，在DCS国产化攻关的道路上不断探索、不断提升，千万吨炼油、百万吨乙烯、百万吨芳烃、大型煤制烯烃等领域的DCS全部实现国产化，打破了国外技术垄断，进一步提升了国产DCS的竞争力和市场占有率，为推动我国石化工业乃至流程工业的自动化技术进步作出了重要贡献。

执笔人：刘　欢　物资装备部
审核人：徐　野　物资装备部
审定人：周　琳　物资装备部

# 六

# 基础设施

# 长江流域天然气供应大动脉
## ——川气东送管道工程

川气东送管道工程是国家“十一五”重大项目，是长江流域最重要的东西向天然气干线通道，也是中国石化迄今建成的运营规模最大、投资最高、距离最长、施工难度最大的天然气长输管道，为保障能源供应安全、加快能源结构调整、促进长江经济带发展作出了重大贡献。

### 背景

21世纪初，中国石化在四川普光勘探发现特大型整装气田。2006年初，中国石化向国务院提报启动川气出川工程的设想。国务院高度重视，多次听取专题汇报，在统筹考虑国家发展布局、地区能源结构、气田探明储量以及市场需求的基础上，决定将长输管道自普光气田出发到湖北宜昌后，沿江而下直至上海，满足长三角等经济发展重要地区天然气市场需求。时任国务院副总理曾培炎对项目给予高度评价，认为这是与三峡工程、西气东输、南水北调、青藏铁路同等重要的国家基础建设项目，亲自为项目取名为川气东送工程。自此，这条连通东西的国家天然气供应大动脉、承载几代石油石化人的圆梦工程正式拉开建设大幕。

### 实施过程

川气东送管道工程2007年8月31日正式开工，2009年2月19日起开始分段投产试运，2010年8月31日全面投入商业运行，历时3年。项目总投资236亿元，共建成1条干线管道、6条支线管道、35座输气站场、103座线路截断阀室、1座金坛储气库和1座武汉调控中心，全长2267千米，设计输气能力120亿立方米/年，形成覆盖长江中下游区域的输气管网系统。

川气东送管道干线西起四川达州、东至上海，一路穿越巴山蜀水、鄂西武陵、江汉平原、大别山脉、江南水乡，长达1627千米、管径1016毫米、设计压力10兆帕，沿途山高路险、坡陡谷深、河川纵横、水网密布，施工难度堪称国内管道工程之最。参建队伍克服管材生产、设备运输、山区作业、隧道穿越、水网布管等诸多难题，创造了一系列国内乃至世界管道建设史上的奇迹。

管道干支线7次穿越长江，是国内穿越长江次数最多的管道工程；沿线山体隧道多达73条，仅在达州—宜昌800千米区域内就集中穿越67条隧道，创下国内管道穿越隧道数量最多、总长最长的纪录；野三河悬索桥全长332米、桥面净高120米，是当时世界上跨度最大的双管天然气管道

川气东送管道普光首站

川气东送管道梁平输气站

跨越工程；忠县长江隧道深达203.72米，是国内采取钻爆法施工净空面最大的长江隧道；安庆长江隧道、南京长江定向钻分别以2770米、3890米的长度，刷新国内盾构法施工、定向钻施工穿越长江的最长纪录；大溪亮隧道以46%的斜度创造管道工程山体隧道斜度最大的世界纪录；管道所用的90万吨X70钢材全部国产化生产，整体技术达到国际先进水平。一项项杰出成果凝聚了千万建设者的心血和汗水，彰显了中国石化为国为民的强烈责任担当。2013年，川气东送管道工程荣获国家优质工程金奖。

## 成就与影响

川气东送管道建成投运后，中国石化有序推进设施扩建，加快下游市场开发，实现了管道安全平稳运行、输销规模持续提升。通过开展增压工程施工、建设涪陵—王场和南川—涪陵管道、投用上海返输流程等措施，使管道沿线压气站从3座增至7座，由单一普光陆上气源扩大为由普光、元坝、涪陵、南川4大陆上气源，湖北、江苏、上海返输3大串换互保供气，以及1座金坛储气库应急调峰供气构成的“4+3+1”海陆多气源供气格局。积极

普光气田普陆3井施工现场

开拓华中、华东沿线城市的燃气、发电、分布式能源等终端用户，整体年供气能力由120亿立方米增至170亿立方米以上。截至2021年5月底，川气东送管道累计输销天然气1138亿立方米，日均销气量超过4200万立方米，惠及沿线80多座城市、3亿多人口和数千家大型工矿企业，为长江经济带发展作出了突出贡献。

川气东送管道的建成投产，进一步完善了我国天然气管网布局，有效增强了长江流域天然气供应保障能力，提升了沿线地区经济发展、环境质量和民生福祉水平。2020年9月30日，根据国家油气管网运营机制改革的统一部署，川气东送管道正式划转至国家管网集团公司，与西气东输一线、西气东输二线、中贵线一起，构成我国中部“一横三纵”的天然气主干输送网络。这条凝聚几代石油石化人智慧和汗水的钢铁巨龙，必将继续发挥连通东西、辐射南北的能源战略大通道作用，在全面建设社会主义现代化国家新征程中创造更加辉煌的业绩。

执笔人：卢彦博　天然气分公司
审核人：卢彦博　天然气分公司
审定人：王华清　天然气分公司

# 我国东部地区库容最大、工作气量最高、调峰能力最强的储气调峰设施
## ——文23储气库

文23储气库是我国东部地区迄今建成的库容最大、工作气量最高、调峰能力最强的储气调峰设施，也是国家“十三五”重点工程，设计总库容104亿立方米、有效工作气量45亿立方米，2019年完成一期工程建设并投产，对于保障华北天然气市场安全稳定供应、促进地区经济发展具有重要意义。

## 背景

随着我国能源结构转型升级，以天然气为代表的清洁低碳能源得到越来越广泛的应用，特别是西气东输、川气东送、陕京线等国家级干线管道陆续投产，我国东部地区对天然气采暖、燃气、工业燃料等需求大幅增加，冬夏季市场峰谷差逐年提高，民生保供压力越来越大。为缓解供需矛盾，中国石化充分利用东部油气田枯竭油藏区块优势、资源优势和技术优势，积极推进地下储气库建设，为保障国家能源安全、社会稳定、经济发展、民生福祉作出了不懈努力。

中国石化所属中原油田文23气藏位于华北平原核心区域，经过多年勘探开发，具有储层发育

文23储气库注采站全景

文23储气库注采站工艺区

良、砂层厚、平面稳定、低孔低渗、内部连通性好等特点，建库的地质、区位、资源等条件优越。早在“十一五”期间，中国石化就开始研究文23储气库项目的可行性；2010年12月，结合新疆煤制气外输管道项目建设，正式将文23储气库作为配套调峰工程上报国家能源局；2014年起，为应对华北天然气市场日益紧张的调峰形势，决定将文23储气库项目加速推进、单独核准，并于2015年10月获得核准批复；2017年5月，文23储气库一期工程在河南濮阳正式开工建设。

## 实施过程

文23储气库工程按照整体规划、分期实施原则分两期建设，一期工程设计库容84.3亿立方米、可用工作气量32.7亿立方米、最大日注气能力1800万立方米、最大日采气能力3000万立方米。建设期间，参建队伍以创建国家优质工程为目标，凝智慧、攻难关、争上游、抢进度、保安全，优质高效完成各项建设任务，确保了2019年7月31日一期工程全面投产注气，提前1个月完成国家发改委要求的建设目标。

首次在地面工程注采站建设中采用EPC联合

体管理模式，及时做好丛式井场跟踪、分析、纠偏，将井场工期由45天缩短至20天；根据气藏特点，改进钻井工艺，提高固井质量；在仅有9部修井机施工的条件下，合理分配资源，紧密衔接环节，有效保障注采完井按期完工。

加强关键点全面监控，项目入井液合格率100%，注采站外管线一次焊接合格率98.7%，注采站内焊接一次合格率98.08%，远超国家优质工程建设标准；井下工程封堵井合格率100%，新钻井固井质量持续提高，均达到国内同类项目施工质量一流水平，严格确保了设施源头本质安全。

建立标准化HSE管理机制，细化岗位责任矩阵，落实专业安全监督，严格高风险作业管理，推广视频监控、无土化施工、废弃泥浆及扬尘处理等先进措施，克服枯竭气藏施工作业风险高、钻井固井地质条件复杂、设备设施联调任务重等困难，确保了项目顺利高效推进。

树立“今日投资就是明天成本”的理念，推行项目精细化管理，通过不断深化气藏认识、优化开发和井场布局方案等措施，部署新井较原计划减少22口，土地使用减少600亩，节约投资超7亿元。

## 成就与影响

文23储气库建成投产2年来，持续完善管理机制、优化经营模式、提高生产效率，取得良好的社会效益、经济效益和环境效益。

在季节调峰方面，2019年冬季来临前完成注气30亿立方米、形成应急工作气量3亿立方米，12月实现日采气350万立方米，用于冀、鲁、豫等地区的冬季保供。截至目前，累计为华北冬季市场增供天然气资源13亿立方米，相当于满足120万户城镇居民冬季清洁供暖需求，实现减排二氧化碳175万吨。

文23储气库注采站压缩机房

文23储气库5号丛式井场

在稳定市场方面，发挥储气库超大库容优势，采取夏注冬采措施，充分释放上游气田、LNG接收站产能，稳定管网负荷，平衡市场供需，有效降低淡季消费需求减少带来的气田关井、设施压力大幅波动等生产风险，显著增强天然气全产业链增产保值创效能力。据测算，文23储气库在满负荷运行下，每年可增加气田、接收站综合产能约52亿立方米。

在应急保供方面，面对2020—2021年冬季我国遭遇多轮大范围寒潮天气袭击，坚决落实民生保供责任，充分挖掘设施潜力，将储气库最大日采气量提升至1843万立方米，相当于满足3600万户家庭、1亿多人口1天的用气量，彰显了国有企业的责任担当。

在创新发展方面，形成一套包括42项规范在内、具有中国石化特色、完整的储气库建设管理标准体系，组织开展井筒完整性评价、钻完井、储气库运营模式等多项关键技术攻关，研发出钻井液体系、多级段塞复合注入、在轨重物推移机就位压缩机、细丝埋弧自动焊接工艺等一系列先进的勘探、钻井、施工技术成果，多项技术填补国内空白，为未来大型地下储气库建设运营提供了管理经验和技术支持。

文23储气库的建成投用，进一步完善了华北地区天然气储运设施体系，有效增强了天然气资源供应、削峰填谷、应急保障的能力。2020年9月30日，根据国家油气管网运营机制改革的统一部署，文23储气库正式划转至国家管网集团公司。作为我国东部地区最大的储气调峰中枢设施，文23储气库必将起到更加重要的作用。

执笔人：齐得晟　天然气分公司
审核人：卢彦博　天然气分公司
审定人：王华清　天然气分公司

# 我国第一座国产化 LNG 接收站
## ——天津 LNG 接收站

中国石化在"十三五"期间建设投产的天津LNG接收站，是我国首座具有完全自主知识产权和成套工艺技术的LNG接收站，打破了国外公司在LNG接收站设计、建设、投产、运营领域的技术垄断，为我国天然气产业持续健康发展作出了重要贡献。

### 背景

近年来，我国天然气市场需求快速增长，对天然气资源尤其是进口液化天然气（LNG）资源的需求大幅上升。LNG接收站作为进口LNG资源的主要接转枢纽，其设计、建设、运营的核心技术及主要设备、材料长期依赖从国外进口，价格昂贵、供货周期长、服务不及时、维护成本高，极大制约了我国LNG产业的发展。开发具有完全自主知识产权的LNG接收站核心技术，打破国外公司技术垄断，成为赋予能源供应行业的艰巨任务和责任担当。

中国石化在进军LNG产业之初就确定"引进学习—吸收消化—自主研发"三步走策略，在主要依靠国外技术引进和队伍服务的基础上，建成投产山东青岛LNG接收站；通过广西北海LNG接收站的建设，努力消化国外技术、开发核心工艺、锻炼人才队伍，为天津LNG接收站建设打下了坚实基础。2012年，结合华北地区冬季调峰保供要求和进口LNG长约履约需要，中国石化决定全面启动天津LNG接收站建设，要求该站的设计、建设、运营坚持以我为主，全面推动自主技术的研发及应用。2014年7月7日，天津LNG接收站获得国家发改委核准，正式开工建设。

### 实施过程

天津LNG接收站被列入国家"十三五"重点工程项目，位于天津经济技术开发区南港工业区，一期工程核准LNG接卸能力600万吨/年，包括1座3-26.6万立方米LNG船舶码头、4座16万立方米LNG储罐及气化外输、液体槽车装载等工艺设施，设计规模、技术指标均位居国内同期LNG接收站前列。工程主体2017年完工，2018年2月6日实现首船接气，2018年2月14日实现LNG槽车首车外运，2018年3月12日实现管道气化外输，2018年4月7日正式投入商业运营。建设过程中，参建队伍以打造"国内领先、国际一流"LNG接收站为目标，开展国产化联合攻关，成功实现自主设计、自主建设、自主投产、自主运营。

天津LNG接收站全景

设计阶段，构建业主单位、设计单位、科研院所产学研一体化平台，建立设计数据库，对国内已有10多座LNG接收站进行完整性研究和全流程模拟分析，在消化吸收国际先进技术的基础上，成功开发具有完全自主知识产权的国内首座LNG接收站成套包工艺核心技术。

施工阶段，采用项目群管理模式，成立以中国石化所属工程单位为主体的建设团队和由国内主要设备制造商、材料生产商组成的设备国产化项目组，分工合作开展浸没燃烧式汽化器（SCV）、海水汽化器（IFV）、高压大口径超低温阀门等关键设备自主生产，推动进口9Ni钢板、低温钢筋、保冷材料等主要材料国产化替代，LNG储罐、海水引入等工程自主施工，创下接收站国产化率90.7%的最高纪录。

投产运营阶段，发挥建管一体优势，借鉴吸收国内LNG接收站在开车投产过程中的经验，成功实现自主开车投产一次成功，创造了国内LNG接收站投产时间最短、全部关键设备投料试车一次成功等7项纪录。天津LNG接收站工程荣获第二十六届国家级现代化管理成果一等奖，取得专利8项、专有技术7项、省部级及以上技术创新成果21项。

## 成就与影响

天津LNG接收站投产3年来，持续挖掘设施运行潜力，提高安全生产水平，实现“当年投产、当年达产、当年盈利”“淡旺季全周期满负荷运行”，先后刷新安全接卸世界最大的Q-Max型LNG船舶、冬季单码头单月接船12艘、夏季单码

天津LNG接收站储罐建设

头单月接船11艘、单站日装车量超400车、冬季强风海冰状态下安全接船等国内行业纪录，LNG接转总量连年高居全国同类接收站前三名。截至2021年5月，天津LNG接收站连续安全生产1209天，累计接卸进口LNG资源2008万吨、气化外输管道气215亿立方米、LNG液体槽车外销485万吨，累计实现利润30亿元、上缴税费6.4亿元，成为中国石化在华北区域的天然气资源供应基地、调峰保障基地和人才培养基地，为优化环渤海地区能源结构、改善大气环境、促进社会经济发展、提升人民生活质量作出了重要贡献。

天津LNG接收站的建成投营，开创了国内接收站自主设计、建设运营的先河，有力推动了民族工业在LNG工艺设备、低温材料、施工技术等领域的发展，为我国LNG产业高质量发展奠定了坚实基础。

执笔人：刘文婷

中石化天津液化天然气有限责任公司

审核人：卢彦博　天然气分公司

审定人：王华清　天然气分公司

2018年2月6日，天津LNG接收站实现首船接气

# 我国第一个大型多功能油品泊位码头
## ——镇海炼化算山码头

1990年12月5日，镇海炼化算山码头15万吨级泊位正式投用，系当时我国最大的多功能油品泊位码头。1991年11月，成功接卸15万吨级澳大利亚“菲林德斯”号油轮，系当时我国油港直接靠岸的最大吨级油轮。1994年12月，泊位改造成为25万吨级并顺利投用。算山码头为镇海炼化逐步发展成为我国最大的炼化企业提供了有力支持。

### 背景

算山码头前身为原油码头，距离镇海炼化主生产区18千米，与宁波舟山港同在一条黄金海岸线。1977年5月13日，第一泊位打下第一根桩；9月26日，第一泊位建成；12月23日，举行接卸首船大庆45#轮1.5万吨原油庆祝大会；12月29日，首次通过输油管线向主生产区输送原油。1981年，中央军委、国务院批准开放虾峙门军港航道，成品油出口外部条件已经具备，将2.4万吨级泊位改造升级为5万吨级泊位，并投资30万元在泊位前沿安装具有国际先进水平的两套声呐，解决5万吨级油轮靠离码头的安全问题。1984年，原油码头改名为算山码头。1988年12月12日，装载5万多吨马来西亚塔比斯原油的新加坡“海王号”油轮抵靠算山码头，镇海炼化开始承接国外原油来料加工业务，原有的5万吨级泊位无法满足大型油轮停靠要求。同时，中国石化所属长江沿岸炼油厂也有中转国外原油的需求，建设15万吨级1#泊位码头就此应运而生。

原油码头建设工地

### 实施过程

1989年，中国石化决定在算山码头建设年吞吐量250万～300万吨进口原油集散基地，建设内容主要包括3台5万立方米贮油罐、1个中转泵房及其他配套工程，总投资5000万元。1990年4月8日，原油集散基地打下第一根桩。

算山码头1#泊位建于1990年12月，初建规模15万吨级。镇海炼化“九五”规划炼油加工能力1600万吨/年，主要加工中东原油。为适应国际油轮大型化发展趋势，满足接卸原油的需求，镇海炼化1994年对1#泊位进行了25万吨级的扩建改造，成功建成我国最大的油品码头。

1991年5月8日，95号车用无铅汽油出口新加坡；7月27日，原油中转集散基地3台5万立方米原油罐投用；10月17日，老鼠山成品油罐区首批4台3万立方米油罐进油投用；11月15日，“波罗的海”外轮首次装船一次成功。1994年12月4日，25万吨级伊朗籍“比索通号”巨轮装载着19万吨阿曼原油顺利靠上1#泊位。1997年12月31日，镇海炼化当年油品吞吐总量首次突破1000万吨，算山码头跨入千万吨级码头的行列。2002年11月18日，油品吞吐量突破2000万吨大关，占宁波港吞吐量的1/6，实现新跨越。2007年3月17日，2#泊位顺利靠泊满载原油的30万吨级油轮，标志着升级改造后的2#泊位结束试运行阶段，正式投入运行，这是镇海炼化充分利用算山码头现有岸线、最大限度发挥泊位潜能的又一成果。

15万吨级泊位投运仪式

30万吨级泊位改造施工现场

## 成就与影响

经过40多年发展，算山码头年吞吐量达4500万吨，拥有6个泊位，56个原油、成品油储罐，总罐容超210万立方米。算山码头是镇海炼化油品进出的咽喉，也是中国石化油品中转基地。除海上油品物流通道外，算山码头还拥有两条陆上油品大动脉的首站，分别是年设计输送量760万吨的甬绍金衢首站和460万吨的甬台温首站，形成“一进三出”布局。2020年，码头累计吞吐量突破6亿吨，创造国内企业自备油码头吞吐量的最高纪录。

执笔人：黄海鹰、钱红武　镇海炼化分公司

审核人：李　鹏　炼油事业部

审定人：伊光明　炼油事业部

# 我国第一个海上浮动码头
## ——茂名石化单点系泊原油码头

20世纪90年代中期，茂名石化建成我国首个25万吨级单点系泊原油码头，实现原油接卸能力从无到有，为原油加工能力突破1000万吨/年创造了条件。

1994年11月11日，单点靠泊第一艘油轮“捷龙号”

## 背景

20世纪80年代末，茂名石化原油加工能力达到850万吨/年，但由于原油接卸运输不畅，每年原油加工量仅600万吨左右。茂名石化希望达到1350万吨以上的年加工规模，但由于没有深水港，原油进厂受到运输条件和成本的极大限制。当时的情形是，茂名水东港进2万吨油轮都很困难，百里之外的湛江港仅有5万吨级码头，每年还要支付大量清淤费。若想在茂名或湛江新建大吨位的固定深水泊位，既不经济也无投资能力。运输条件是现代石化产业的咽喉和血脉，如果不能接卸20万吨以上的超级油轮，仅中东原油的运输成本，每吨就要多支出7~10美元，茂名建设现代石化城的设想就成为“空中楼阁”，很难提高加工规模。

当时的中国，改革开放开阔了人们的视野。在一次对新加坡炼油行业的考察中，离海岸不远的钢铁浮筒引起茂名石化时任领导的关注，国内尚未采用的海上原油接卸技术——单点系泊由此打动了急于开辟进口原油大通道的茂名石化人的心弦。经过研究，茂名石化决定采用这种既适应超级油轮远距离运输，又具有接卸能力大、投资少、工期短等优点的新技术，突破原油运输瓶颈。然而，一个新单点国外厂家报价1200万美元。正在谋划如何降低投资成本时，从国外传来好消息，法国一家炼油厂倒闭，有一个25万吨级单点浮筒处理，只需100万美元。专家实地考察后，证明设备没有损坏，配件齐全，完全可以再利用。茂名石化当机立断，果断作出定购单点的决定。

## 实施过程

茂名石化与外商合资成立茂名金明石油有限公司承担单点投资建设与运营管理任务。1993年2月决定启动单点系泊项目，建设年接卸原油1000万吨的海上原油接卸系统。金明公司需投资2500万美元，建设25万吨级单点系泊原油接卸系统；茂名石化需投资近4亿元，建设北山岭油库及北山岭至茂名炼厂输油管线。工程包括3个部分：一是海上工程，由一条管径为864毫米、长15.238千米的海底管线和一个单点系泊组成；单点系泊浮筒是一个直径11.5米、高3.65米的全焊接钢结构，连接两条长约294米、管径500毫米（20英寸）的漂浮软管，浮筒下面连接有两条长27米、管径500毫米的水下软管。二是建造岸上原油库区，即北山岭库区。三是铺设一条大口径原油长输管线，由北山岭罐区至茂名炼油厂内，管径529毫米，全长63.87千米。

项目获得批准后，海上、海底、岸上施工同步推进，仅用18个月就完成全部工程。1994年1月，渤海石油海上工程公司调集6艘工作船，抵达水东湾外海域展开施工，克服台风暴雨频频袭击、海面浪涌大等困难，仅用124天就完成海底管线铺设、单点浮筒安装、锚桩固定、软管连接等高难度项目。1994年9月24日，工程通过中国船级社和挪威船级社共同验收。茂名石化和外方股东共同努力，闯过立项、科研、设计、设备选型及进口、施工、验收和投产一道道难关，终于建成我国首个25万吨级单点系泊码头。

随着炼油行业的发展以及国际社会对海洋环境保护措施的加强，世界各大船企开始建造新的30万吨以上大型双壳油轮，运输市场很难再找到20万~25万吨的单壳油轮来承运原油。同时，随着茂名石化100万吨/年乙烯扩建工程投产，原油加工量进一步增加，原25万吨级单点系泊设施的接卸能力已不能满足生产需要。2006年10月，广东海事局组织验收，同意提升船舶通航能力和系泊能力。单点系泊吨位当月由25万吨级升级到30万吨级，油轮到达吃水由19.6米增加到19.8米（冬季）、20.5米（夏季）。为解决原有海底管线超过设计寿命的安全隐患，提高卸油效率，2017年5月19日茂名石化完成新海底管线建设，管线直径由34英寸（863.6毫米）升级到48英寸（1219.2毫米），达到目前世界海底管线的最大直径纪录。

## 成就与影响

茂名单点系泊工程建设是一部艰苦的创业史，建设者克服施工环境艰苦、连续遭受台风强对流天气等困难，仅用一年半的时间就完成海底和陆域管线铺设、单点浮动检修安装、大型油罐建造等高难度工程。茂名单点系泊于1994年12月24日正式投产，茂名石化原油年加工能力由850万吨提升到1350万吨，成为我国第一个超千万吨级的炼厂。2003年，我国进口原油9739万吨，其中茂名石化完成1070万吨，占比11%。单点设施升级和新海底管线的投用，使单点卸油速度提高1倍，大大减少了油轮滞期时间，有效降低了原油进厂成本。

茂名单点系泊工程的建设，结束了茂名石化没有海上通道而长期受原油进厂问题困扰的历史。单点系泊作为我国第一个海上浮动码头，对提高海上运输效率起到重要的借鉴作用。

执笔人：孙　鑫、张文泉　茂名石化公司

审核人：李　鹏　炼油事业部

审定人：伊光明　炼油事业部

# 我国第一条长距离进口原油管道
## ——甬沪宁原油管道



2004年5月20日，作为国家重点工程的甬沪宁进口原油管道成功投产。这条管道南起宁波大榭岛，向北越过杭州湾后到达高桥石化，再经过南京直抵扬子石化，全长648公里，纵贯我国经济发达的浙、沪、苏地区，连接了镇海炼化、上海石化、高桥石化、金陵石化、扬子石化五大企业，是我国当时口径最大、距离最长，连接炼化企业、码头和油库最多的进口原油管道，带来了我国进口原油输送降耗增效、安全环保的一次飞跃。

### 背景

长三角地区是我国经济发展的中心区域。1966年，国家批准建设鲁沪原油管道，以缓解南方工业发达城市燃油短缺的状况，但由于设备和技术的限制，管道停步在长江天堑前，“鲁沪管道”缩短成了“鲁宁管道”。随着该地区经济的快速发展，对石油产品的需求逐年上升，迫切需要增加这一地区炼化企业的原油供应，以缓解该地区石油产品供应紧张的状况。为满足上海石化、高桥石化、金陵石化、扬子石化4家企业“十五”期间年进口原油3600万吨的巨大需求，中国石化决定建设甬沪宁进口原油管道，充分利用宁波–舟山深水港域的优势，在舟山册子岛和大榭岛两地建设25万～30万吨级的大型原油接卸码头和储运设施，通过跨越杭州湾的海底管道及陆域管道，与4家炼化企业组成接卸、储运的原油管网系统。

甬沪宁原油管道起点位于宁波大榭岛油库内的大榭岛首站。首站出来后，穿越黄峙水道登陆北仑，再经镇海炼化，穿过杭州湾到达位于上海石化的白沙湾油库内的白沙湾分输站，并由此分输三路：一路通过白沙湾油库直接进入上海石化；一路沿沪杭大道去高桥石化海滨油库内的高桥末站；一路沿浙江省的嘉兴、湖州，江苏省的吴江、溧阳、句容，到达位于南京炼油厂石埠桥油库边的石埠桥分输站，并再次分输，分输管线穿过长江去扬子石化江边油库的扬子末站。管道全长648千米，沿途设大榭岛首站、镇海中转油库（含调度控制中心）、白沙湾分输站（含抢维修中心）、长兴泵站、石埠桥分输站、扬子末站、高桥末站。管道设计输量2000万吨/年。全线设7座阴极保护站，19座线路截断阀室（其中远控阀室6座），14座光通信站（与工艺站场及截断阀室合址建设），3座微波站。

### 实施过程

建设过程中，各参建单位克服种种困难，确保了工程施工顺利推进。2001年7月，上海浦东外环段开工建设，浦东外环管廊施工带情况相当拥挤而复杂，与甬沪宁管道同时建设的管线竟有7条，管道储运公司制定严密的施工方案，在夜间加班加点挖开便道穿越管线，并按原貌恢复便道的平整，赢得了公路建设方的好评。2001年12月，管道储运公司所属华东管道工程有限责任公司承担长江穿越施工任务，经多次现场实地勘察，制定出穿越施工技术方案，2002年2月26日穿越正式开钻，3月12日穿越成功。受“非典”影响，大榭岛首站建设的高峰期延迟到2003年8月，遇上华东地区50年不遇的高温天气，仅用40天建成了正常管道工期为3个月的35千伏变电所，1个月时间完成了原定3个月的仪表和工艺管网安装。

甬沪宁原油管道因整个工程完成工期不同，投产分段完成。2004年3月20日完成大榭岛油库至岚山输油站管段投产；2004年5月21日完成岚山输油站至白沙湾输油站的投产，成功实现海底管道投产；5月24日完成大榭岛油库至白沙湾输油站的首次顺序输送任务，并于26日完成白沙湾输油站至高桥计量站管段的投产任务，将原油送至高桥石化；6月18日完成白沙湾输油站至石埠桥输油站管段投产，实现向金陵石化供油；6月29日完成石埠桥输油站至扬子计量站管段投产（长江穿越管段），将原油送至扬子石化；同日完成从岚山输油站至镇海炼化连接线的投产，将原油送至镇海炼化。至此，甬沪宁进口原油管网实现全线投产，历时100天，实现了向五大炼化企业输油的目标。

甬沪宁管网输油站场

甬沪宁管网原油码头

## 成就与影响

甬沪宁原油管道建成投运，实现了我国和世界管道建设史上的新突破。首次实现管道穿越长江。首次采用海底管线自埋技术，在杭州湾管线工程中创造了海上拖管和海底定向穿越施工的世界最长纪录。53.5千米的杭州湾海底管线是我国在强潮流区海湾建成的口径最大、最长的海底原油管道，并创造了海上拖管3562米、海底定向钻穿越1999米的世界同类施工最高纪录。

甬沪宁进口原油管道作为我国南方地区建成的首条长输原油管道，管线长，承担的输油量大，品种多，交油点多，还有穿江、过海的管线，有效解决了上海石化、高桥石化、金陵石化、扬子石化进口原油的接卸和运输问题，为企业发展提供了资源保障，大幅降低了原油运输成本，为长三角地区经济发展提供了有力的能源保障。

执笔人：于　悦　石油销售公司
审核人：李　鹏　炼油事业部
审定人：伊光明　炼油事业部

# 开启我国商业石油储备进程
## ——镇海岚山、白沙湾原油商业储备库

镇海岚山、白沙湾原油商业储备库是中国石化首批建成投用的原油商业储备库，开启了商业石油储备作为国家战略石油储备补充的进程。

### 背景

进入21世纪，世界经济快速发展，石油需求不断增长，原油价格随之攀升且剧烈震荡，我国石油安全保障和稳定供应受到较大影响。为了提高原油储备能力，国家在积极建设战略储备基地的同时，鼓励石油石化企业自主建设原油商业储备库，以有效规避国际原油市场价格波动风险，形成对国家战略石油储备的有效补充，增强国家能源安全保障能力。

中国石化担当着保障国家能源安全的重要责任，积极部署原油商业储备库建设。镇海岚山、白沙湾所处华东地区经济发达、人口密集、石油消费需求大，周边有镇海炼化、高桥石化、上海石化等多家大型炼化企业，对原油稳定供应需求较高。同时，华东地区有良好的深水原油码头、便捷的原油接卸和转输设施、完善的甬沪宁原油管网，建设原油商业储备库有利于保障地区原油稳定供应。经研究，中国石化拟在镇海岚山和白沙湾建设第一批原油商业储备库。2007年1月11日，中国石化所属管道储运有限公司（以下简称管道储运公司）组织镇海岚山、白沙湾原油商业储备库建设可行性研究，准备在镇海岚山建设380万立方米原油商业储备库，在白沙湾建设200万立方米原油商业储备库。经论证，白沙湾原油商业储备库北区105万立方米库区建设在环境上不可行，可建设95万立方米原油商业储备库。2007年11月19日、11月22日，镇海岚山和白沙湾原油商业储备库可行性研究报告分别得到批复，由中国石化集团石油商业储备有限公司（简称商储公司）负责镇海岚山和白沙湾原油商业储备库建设。

### 实施过程

镇海岚山和白沙湾原油商业储备库是中国石化首批原油商业储备库建设项目，必须建成一流原油储备库，为全面推进原油商业储备库建设立标杆、出经验。商储公司是委托管道储运公司具体组织建设。管道储运公司分别成立镇海岚山和白沙湾项目部，负责组织建设和管理工作，采用“E+P+C+监理”项目建设管理模式。

镇海岚山原油商业储备库主要包括38座10万

立方米原油储罐及配套储运工艺、总图竖向、给排水、自控、消防等设施；白沙湾原油商业储备库主要包括4座15万立方米、3座10万立方米、1座5万立方米原油储罐及配套工艺、自控、消防、给排水等设施。项目建筑工程量巨大，安装设备数量庞大，参建单位多，工程征地、补偿等协调任务艰巨。各参建单位克服诸多困难，高标准、严要求推进项目建设。以本质安全环保、系统先进、流程最优开展工程设计，严把物资采购关口，在合理范围内择优订货，严肃施工质量保证体系运行，确保了项目建设质量。优化工期控制，打破常规、超前行动，各单项工程交叉进行，立体施工，统筹设计、物资采购、工程施工各阶段，全面推进与重点突破相结合，确保了整体效率最优。加强项目投资控制，通过优化施工设计、加强工程招投标管理、有效协商处理索赔和政策性补偿、合理安排物资到货及配送，压减投资费用，确保了最大限度将投资用到刀刃上。镇海岚山项目33个单位工程、白沙湾项目7个单位工程，验收全部合格，两个原油商业储备库经考核标定，工艺运行、供配电、自控、安全、环保、消防各项指标均达到设计要求。

白沙湾原油商储基地

## 成就与影响

镇海岚山原油商业储备库2007年8月16日开工建设，2008年12月23日建成中交，2008年12月29日一次投产成功。白沙湾原油商业储备库2007年4月28日开工建设，2009年3月19日建成中交，2009年6月24日一次投产成功。两个项目均实现提前投产。镇海岚山项目批复投资306741.47万元，实际投资274169.73万元，节约32571.71万元；白沙湾项目批复投资93121.21万元，实际投资76115.73万元，节约14505.48万元。镇海岚山项目在16个月内完成38座10万立方米原油储罐及配套工程建设任务，获得中国企业联合会发布的“第十四批中国企业新纪录——国内原油储备基地建设速度新纪录”。白沙湾项目15万立方米储罐是国内最大罐容首次使用高强钢建设，标志着中国石化大型原油储罐建设技术和能力达到了新的高度。

镇海岚山和白沙湾原油商业储备库是中国石化首批建成投产的原油储备基地，有效保障了甬沪宁地区及沿江企业原油资源供应，降低了企业原油采购成本，对中国石化乃至国内原油商业储备库建设和运行探索积累了宝贵经验。

执笔人：巫红军　石油销售公司
审核人：李　鹏　炼油事业部
审定人：伊光明　炼油事业部

镇海岚山原油商储基地

# 我国成品油管道建设新高度
## ——西南成品油管道

西南成品油管道是我国自主建设的距离最长、站点最多、自动化水平最高、工艺运行难度最大的成品油管道，是我国成品油管道高标准发展的一次成功探索与实践，为我国成品油管道建设事业发展作出了积极贡献。

### 背景

进入21世纪，随着我国西部大开发战略的实施和交通条件的改善，滇、黔、桂三省（区）经济发展加快，成品油消费逐年增长。在西南成品油管道建设之前，滇、黔、桂是我国唯一没有大中型原油加工企业的地区，成品油资源长期以来主要依靠铁路从区外调入。由于铁路运力不足和油品损耗高，成品油及时稳定供应得不到保障，一定程度上制约了地方经济社会发展。管道运输具有运量大、运行连续、启动迅速、经济、安全、可靠以及占地少、投资小、自动化水平高等优势，修建成品油管道来解决西南地区油品供应问题成为多方共识。

中国石化综合考虑区域炼厂配置和西南地区成品油需求情况，认为建设西南成品油管道将带来显著的经济和社会效益。尽管当时国内尚无在云贵高原这类高海拔、大落差地区建设高度自动化水平的成品油管道的先例，但是中国石化凭借精细管理、科学技术和人才队伍等方面的优势，有信心完成管道高标准建设工作。2001年4月，中国石化向国家发改委提报了《关于大西南成品油管道工程项目建议书》；2003年5月，国家发改委向国务院报告了《关于审批西南成品油管道工程项目可行性研究报告的请示》，同年6月国务院批准该项目。

### 实施过程

西南成品油管道距离长、站点多，工艺复杂、自控水平高、施工难度大。管道所经地域以丘陵和山地为主，沿线地形地貌复杂，山地段达910多千米，超全线长度的50%；两广段穿越大江大河多、穿越铁路公路多；云贵段为高原山地，山大沟深，雨水天气多，石方工程多；沿线地质条件较恶劣，经过煤矿采空区、地震断裂带等不良地质段，地质灾害点较多。

在建设过程中，率先采用全球卫星定位系统（GPS）、GPS实时差分定位（RTK）等新技术，采用航拍、卫星成图等技术优化路由，较项目建议书调整线路近400千米。管道穿跨越工程较多，根据具体情况采用了顶管、水平螺旋钻、定向钻等新技术，最大限度减少了对沿线建筑物及人民生产、生活的干扰，缩短了工期，降低了施工成本，

2003年9月19日，西南成品油管道工程开工典礼

具有重要的推广应用价值。

项目实行业主管理模式，采用项目法人制，推行工程监理和专业外包，中国石化销售公司在广东茂名设立西南管道经理部作为项目法人，全面负责管道的筹建、建设、生产准备、交工投用等工作，并根据项目特点，结合可调用的资源和所处的社会环境，创新管理模式，严控施工进度、质量、安全和投资，实现了全线无安全事故、无质量事故、无环境破坏和污染事故，成功避让沿线自然保护区、风景名胜区和古生物化石区等环境敏感区域，最大限度保护生态环境，顺利实现了各项HSE控制目标。其中，管道水保工程荣获水利部全国生产建设项目水土保持示范工程。

## 成就与影响

从2003年9月19日开工建设，历经831天施工工期，到2005年12月28日贵阳以西投油成功，标志着总长1740千米的西南成品油管道建设完成。管道全线采用泵到泵的密闭输送工艺，支线与干线之间正常工况下采取密闭连续输送的方式，极大提升了运输效率、减少了油品损耗。管道建成后，每年可向西南地区输送成品油近1000万吨，在保障地区成品油稳定供应的同时，节约运费近23亿元。

项目建成后，滇、黔、桂三省（区）70%以上的成品油需求依靠该管道运输，极大降低了成品油运输成本，释放了大量铁路运力，缓解了地区铁路运力紧张状况，彻底解决了西南地区成品油稳定供应问题，对国家西部大开发战略实施和西南地区经济社会发展起到了巨大促进作用。特别是2008年初，南方遭受大范围雨雪冰冻灾害，西南地区受灾严重，铁路和公路运输几近瘫痪，西南成品油管道几乎成为当时西南地区成品油供应的唯一渠道，在民生保障、经济和社会稳定方面起到了重要作用。

成功建成并投运长距离、大落差、高度自动化成品油管道，在我国成品油管道建设和运营史上具有里程碑意义，为后续其他成品油管道建设提供了宝贵的技术和管理经验。

执笔人：龙　震　油品销售事业部
　　　　何子敏　销售华南分公司
审核人：段义彭　油品销售事业部
审定人：冯　云　油品销售事业部

# 石化荣光

# 七

# 绿色发展

# “碧水蓝天”环保专项行动

2013—2016年，中国石化实施“碧水蓝天”环保专项行动，三年累计投入209.2亿元，完成870个环保综合整治项目，重点围绕污染物总量减排和提标改造、挥发性有机污染物检测与控制、异味治理及环境风险防控等方面进行专项治理。这是中国石化历史上规模最大的环保治理行动，也是迄今我国企业一次性投入最密集、涉及范围最大的环保专项治理行动。

## 背景

党的十八大将生态文明建设纳入“五位一体”总体布局，对生态文明建设作出全面部署。国家相继出台系列环保法律法规，对企业环保管理提出了更高要求。“十二五”期间，中国石化将绿色低碳作为发展战略之一，努力以最少的能源、资源消耗，用最先进的生产工艺，生产最多的清洁产品，同时将污染物排放降到最低水平，在绿色发展上取得明显成效。但是，由于技术条件限制、对环保重要性认识不足等多方原因，与国家要求、公众期盼还有较大差距，历史欠账仍很多。环境保护对中国石化可持续高质量发展的制约逐步显现，甚至威胁到部分企业的生存，开展“碧水蓝天”环保专项行动、对环保历史遗留问题进行集中治理，迫在眉睫。2013年7月22日，中国石化审议通过专项行动方案。7月30日，在联合国全球契约中国网络主办的“生态文明·美丽家园”关注气候中国峰会上，中国石化宣布正式启动“碧水蓝天”环保专项行动。

## 实施过程

专项行动启动后，中国石化在严把项目建设内容、技术方案和投资审核的前提下，加快项目审批，抓紧实施进度管理。同时，强化技术统筹，组织大宗物资集中采购，适时开展跟踪审计和效能监察，保证实施进度和质量。2016年7月底，专项行动圆满完成。共实施116个主要污染物减排项目，包括国家责任书要求的34个废水和36个废气治理项目，京津冀、长三角、珠三角及周边地区重点行业大气污染限期治理方案涉及的13家企业45台锅炉烟气治理项目等，全面完成了国家责任书中8个方面的主要任务。经原国家环保部核定，2015年化学需氧量（COD）、氨氮、二氧化硫、氮氧化物排放量较2010年同比降低12.6%、13.1%、35.8%和31.0%，超额完成“十二五”主要污染物总量减排考核目标。

专项行动实施应急物资配备、事故池建设、清污分流改造等项目167个，环境风险防控水平

燕山石化牛口峪湿地公园



和应急能力大幅提升。2014年底，污染物在线监控平台投入运行，实现污染物排放实时监控和超标预警，环境风险防控能力得到增强，企业污染防治能力和本质环保水平明显提升。

## 成就与影响

专项行动实施后，中国石化新增污染物减排能力分别为化学需氧量（COD）3400吨/年、氨氮4900吨/年、二氧化硫42000吨/年、氮氧化物71000吨/年、挥发性有机物（VOCs）25000吨/年。各企业达标排放、依法合规生产水平大幅提升，区域、厂界和职工作业场所环境质量明显改善。

镇海炼化蓝天白鹭与石化装置交相辉映

“碧水蓝天”环保专项行动是中国石化践行习近平生态文明思想、推进生态文明建设的重要举措，取得了良好的环境效益和显著的社会效益，成为中国石化勇担社会责任的一张靓丽名片。2014年，“碧水蓝天”环保专项行动荣获联合国全球契约中国网络“关注气候与环境保护最佳实践”案例奖；2016年，荣获2016（第四期）美丽中国环境论坛“2015美丽中国环境社会责任十大典范案例奖”。

执笔人：邢　毅　能源管理与环境保护部
审核人：陈孝彦　能源管理与环境保护部
审定人：刘春平　能源管理与环境保护部

# 能效提升专项计划

中国石化2014年启动能效提升专项计划，秉承“节约是最大的资源”理念，通过管理节能、结构节能、技术节能、节能工程、循环经济和开展合同能源管理六大措施，促进转型升级、提质增效。“能效提升专项计划”是中国石化落实国家能源“双控”目标、践行绿色发展战略和兑现节能承诺的重要举措。

## 背景

提高能效是实现节能、减排和降碳的总抓手。2014年，习近平总书记在中央财经委员会第六次会议上指出，推动能源消费革命，抑制不合理能源消费；坚决控制能源消费总量，有效落实节能优先方针，把节能贯穿于经济社会发展全过程和各领域。国务院《“十三五”节能减排综合工作方案》要求，对能源消费总量和强度实施“双控”，把能源消费总量、强度目标作为经济社会发展的重要约束性指标，推动形成经济转型升级的倒逼机制。国家发改委等七部委联合发布了《重点用能单位节能管理办法》，加强重点用能单位的节能管理，提高能源利用效率。

“十二五”以来，由于油品质量升级、环保指标提升以及新建和改扩建装置投产等因素影响，中国石化能源消费总量处于上升趋势。为此，中国石化2014年决定加快能效提升工作，制定了“能效提升”计划的目标任务、实施方案、组织机构和措施保障。

## 实施过程

中国石化坚持多措并举，确保了“能效提升”计划顺利推进。

一是建立工作机制，加强组织领导。总部成立节能减排工作领导小组（2021年更名为碳达峰与碳中和工作领导小组），统一研究和部署节能减排工作。各事业部、企业也相应成立领导小组，制定各自的能效提升子计划，逐级传递压力，层层落实责任，并加大考核力度，将考核结果纳入年度绩效考核。各事业部、企业均确定能源管理主管部门和节能管理岗位，从顶层设计上搭建能源管理组织体系。企业内部将节能工作责任落实到工段、班组、操作岗位，形成多层次、上下衔接、运转有效的节能减排工作体系。

二是突出重点、分类指导，推动形成以资源节约、环境友好为导向的供应、生产、销售体系。在油田企业，大力推广网电钻机、网电修井机、模块化油气集输等新装备，推动以电代油、以电代气工程实施，建设绿色油气田。在炼化企业，以全局用能最优为原则，对能量系统进行优化，全流程减少能源使用量；开展“以汽定电、内汽外电”工作，推进企业热电系统优化运行、节能减排。在销售企业，持续优化物流运输，推进乙醇汽油、生物柴油、车用天然气等销售，探索氢能试点应用及推广，打造综合能源应用示范站。

三是加大技术创新和推广力度，促进产学研成果转化。编印下发十大节能技术推广目录，促进成熟、适用先进节能技术在更多企业开花结果。开展节能技术服务，组织专家深入企业交流能量系统全局优化、低温余热综合利用、炼厂氢气资源优化利用、污水汽提-溶剂再生装置蒸汽优化等成熟适用节能技术。尊重基层首创精神，推进基层管理创新实践，积极探索节能降耗新方法、新途径和新模式。开展全厂能量系统整体优化，优化总加工流程，减少工艺用能；优化匹配公用工程系统，优化配备燃料、氢气和蒸汽，最大限度降低系统能耗；优化能量回收环节，采用有机朗肯循环发电、溴化锂制冷、液力透平、卡琳娜循环发电等技术，回收低温热水、乏汽、烟气等余热余压资源，确保对余热余压资源综合利用。“十三五”期间，炼油综合能耗、乙烯燃动能耗明显下降。

青岛炼化重整装置四合一炉余热回收改造

四是加强源头管控，减少能源消费。关停部分高耗能、高污染和亏损严重的小炼油、小化工、小热电装置；淘汰落后电机、变压器和泵；改造油田企业的低效加热炉；推进燃煤锅炉“上大压小”项目，提高机组效率，减少污染物排放。开展节能监测，对炼化企业大机组、主要动力设备和油田企业注水系统、机采系统、集输系统能源利用状况进行监测，挖掘节能潜力。

五是建设能源管理中心，提高能源管理信息化水平。以“能效最大化、能流可视化、在线可优化”为目标，以“先试点、后推广，整体规划、分步实施”为原则，开展能源管理系统建设。通过能源管理系统，深化企业端与总部端的数据共享，实现总部-企业节能业务协同；改变企业原有分散、模糊的能源管理模式，由线下改为线上，固化能源管理业务流程，实现了节能标准化管理，提高工作效率；规范能源优化小组组织体系和工作职责，指导基层操作岗位开展优化实操，实现优化效益。

## 成就与影响

“十三五”期间，中国石化实施节能项目2892项，实现节能548万吨标煤。工业万元产值综合能耗下降5%，用较少的能源消费支撑了较快的工业增长。

一是能效领先行业水平。在国家发改委、工信部、国务院国资委组织的原油加工、乙烯生产等业务能效对标中，中国石化能效水平居于行业领先地位。青岛炼化连续5年荣获国务院国资委能效最优企业称号，茂名石化、镇海炼化荣获乙烯生产能效最优企业称号。青岛炼化、茂名石化、镇海炼化连续5年荣获石化行业“能效领跑者标杆企业”称号。

镇海炼化乙烯装置

二是节能新工艺、新型催化剂研发硕果累累。自主开发的绿色高效百万吨级乙烯成套技术、大型高效节能环保芳烃成套技术、低能耗高效加氢裂化（改质）成套技术在新建和改扩建项目中得到推广应用；开发的芳烃装置节能型RAX-4000吸附剂、节能型聚丙烯催化剂等提高了反应活性，实现了工艺节能；开发了乙烯裂解炉扭曲片、高效分壁蒸馏塔、高通量再沸器、阻垢型高效冷凝冷却器、新型蒸馏塔盘等节能设备，实现了本质节能；开发了全厂蒸汽系统、氢气系统、电力系统、低温余热等优化技术，实现了系统节能；开发并推广应用地热、太阳能利用技术，提高了用能结构的清洁化水平。

三是能源管理信息化成效显著。研发出具有自主知识产权的能源管理软件套件，打破了国外软件垄断，提升了节能增效空间。实现了能源计划、能源运行、能源统计、评价分析和能源优化五大功能，尤其通过蒸汽优化模型对热电厂运行进行在线优化，累计实现动力优化效益超过亿元。利用能源管理系统进行能源月度结算，结算时间由原来的2天缩短到几个小时。

“十三五”以来，中国石化被评为“节能中国十大贡献单位”，“节能减排突出贡献企业”。连续10年被评为“中国低碳榜样”。能效提升专项计划获得“中国企业十大绿色行动奖”。“渐进追赶”能源管理模式被评为国际“双十佳”节能实践；S-Zorb低温余热发电技术和油田注采输一体化能效提升技术被评为国家“双十佳”节能实践。

执笔人：刘　琳　能源管理与环境保护部
审核人：张向农　能源管理与环境保护部
审定人：陈广卫　能源管理与环境保护部

# 绿色企业行动计划

2018年4月，中国石化正式启动“绿色企业行动计划”，明确了清洁能源、绿色产品、资源能源利用、污染物排放、温室气体排放等5大发展目标，通过实施绿色发展、绿色能源、绿色生产、绿色服务、绿色科技、绿色文化6大计划和25项具体措施，计划到2023年建成清洁、高效、低碳、循环的绿色企业，实现高质量发展、绿色发展，提升绿色竞争优势。

## 背景

党中央明确提出创新、协调、绿色、开放、共享的新发展理念，党的十九大将生态文明建设作为中华民族永续发展的千年大计。在完成“碧水蓝天”环保专项行动后，中国石化决定实施“绿色企业行动计划”，加快构建科技含量高、资源消耗低、环境污染少的绿色生产体系，推进供给侧结构性改革，实现节能降耗、降本增效，增加绿色产品有效供给，提升国际竞争力。

## 实施过程

2018年3月8日，中国石化审定通过“绿色企业行动计划”工作方案。2018年4月2日，中国石化宣布正式启动“绿色企业行动计划”。

中国石化在研究国内外同行业先进企业的绿色发展目标、指标，剖析绿色发展方面存在的薄弱环节的基础上，结合国家相关政策、国家工信部绿色制造体系及绿色工厂、国家生态环境部三年污染防治攻坚战等要求，制定了由绿色发展、绿色能源、绿色生产、绿色服务、绿色科技、绿色文化六大计划组成的《中国石化绿色企业行动计划》。同时，同步制定《绿色企业评价指南》，包括《绿色企业评价办法》和《绿色企业评价指标》两部分；推出10个绿色基层评价办法，要求各基层单位推动绿色企业行动向纵深发展。

中国石化所属各单位依据《中国石化绿色企业行动计划》和《绿色企业评价指南》，制定本单位的绿色企业行动实施方案、实施方案任务分解清单和实施方案项目清单，将绿色企业行动与日常工作融合、协同推进。总部对实施情况统一指导、监督，组织专家开展现场服务，提升绿色企业创建质量。

截至2020年底，中国石化已有76家企业完成绿色企业创建，创建率达到66%，其中2018年产生10家绿色企业，2019年产生27家绿色企业，2020年产生39家绿色企业。已有8800余个基层单位完成绿色基层创建，创建率达到37%。

绿色企业行动计划

## 成就与影响

“绿色企业行动计划”实施以来，5个方面的目标指标全面按照计划推进：

在清洁能源方面，2020年生产天然气302亿立方米、较2017年提升17.4%；经营天然气538亿立方米，国内市场份额16.8%；地热供暖能力达到6044万平方米，较2017年提升45%；光伏发电装机容量95.7兆瓦，年发电量突破1亿度；快速布局新能源网点，广东、浙江、上海陆续投营10座油氢合建站，拥有油电合建站28座、充电桩190个。

在绿色产品方面，圆满完成汽柴油质量升级，全面供应高品质油品；2020年销售低硫船燃662万吨；有色腈纶纤维、水性环氧树脂、低VOC含量低气味聚醚、新型环保抗氧体系的SBS充油胶等绿色化工产品产能大幅提升。

在资源能源利用方面，2020年能源消费总量8893万吨标煤，与2017年相比减少116万吨标煤；万元产值能耗0.519吨标煤，与2017年相比下降2.4%。工业取水量较2017年减少3000万立方米，污水回用率提升1.7个百分点、达到44.5%，非常规水资源使用量增加583万立方米。

在污染物排放方面，2020年在废水排放量较2017年增加18%的情况下，COD、氨氮排放量分别下降16%、32%，二氧化硫排放量下降64%，氮氧化物排放量下降55%，VOCs排放量下降27%；固废规范化管理水平持续提升，2020年固废合规处置率100%，工业固废综合利用率达81%以上，固废综合利用量增加305万吨。

在温室气体排放方面，2020年炼化企业捕集二氧化碳129万吨，油田企业驱油用注入二氧化碳29.8万吨，回收甲烷6亿立方米，较2017年分别增加378%、57%、173%。积极参与试点地区碳市场履约，全年碳交易量359.6万吨，交易额1.2亿元。截至2020年底，绿地总面积11647万平方米，3年累计新建或改造绿地面积达562万平方米，完成义务植树521万株。

胜利油田义11井绿色注采井场

中国石化在绿色发展方面取得了显著成绩，先后荣获“中国环境社会责任企业”和“绿色发展典型案例企业”称号，连续10年荣获“中国低碳榜样”称号。镇海炼化等8家企业荣获国家“绿色工厂”称号；胜利春风油田等3家油田荣获国家“绿色矿山”称号；江苏油田等11家企业荣获石化行业“绿色工厂”称号；川维化工等5家企业6种产品合计20个牌号荣获石化行业“绿色产品”称号。镇海炼化、燕山石化被评为国家“水效领跑者”企业。青岛炼化、镇海炼化、茂名石化、海南炼化等被评为石化行业“能效领跑者”标杆企业。

中国石化实施“绿色企业行动计划”，是践行习近平生态文明思想的具体行动，既服务于国家生态环境质量改善的总体目标，又实现了公司发展和生态环境保护协同推进。实施“绿色企业行动计划”以来，绿色氛围初步形成，绿色底色基本铸就，各企业的绿色形象得到所在地政府、公众的高度认可，中国石化的美誉度不断提升，绿色品牌建设取得了明显成效。

执笔人：李俊伟　能源管理与环境保护部
审核人：陈孝彦　能源管理与环境保护部
审定人：陈　俊　能源管理与环境保护部

# 我国第一个燃煤电厂 CCUS 示范工程在胜利油田建成

2010年9月，国内首个燃煤电厂烟气二氧化碳（$CO_2$）捕集、驱油与封存（CCUS）示范工程在胜利油田建成投运，为$CO_2$减排和资源化利用探索了一条有效途径，对推动我国CCUS工程化应用作出了积极贡献。

## 背景

20世纪以来，全球频频发生极端气候事件，气候变化问题日益严峻，成为威胁人类可持续发展的主要因素之一，减少温室气体排放已经成为国际社会的共识。在众多温室气体减排途径中，CCUS技术是未来减少$CO_2$排放的重要选择。同时，对于油田企业，$CO_2$驱油是先进的三次采油技术，国外已有成功应用案例，可提高原油收率10%～30%。2000年以来，胜利油田已开展多项$CO_2$三次采油先导试验，取得了很好成效，但是稳定、大量的$CO_2$来源成为制约该技术大规模推广应用的瓶颈。结合碳减排需求及油田$CO_2$驱油开发需要，中国石化提出燃煤电厂烟气CCUS实施路径，集中力量组织开展了科研攻关及工程示范。

## 实施过程

胜利油田的胜利电厂每年排放$CO_2$约400万吨，但燃煤电厂烟气$CO_2$分压低、烟气成分复杂，是碳捕集领域的一块硬骨头。当时国际上燃煤电厂烟气$CO_2$捕集技术处于小规模试验阶段，存在能耗高、设备庞大、生产成本高等问题。面对这个世界性难题，中国石化科研人员进行了不懈探索，依托国家“十一五”科技支撑项目“烟气二氧化碳超重力法捕集纯化技术及应用示范”及中国石化重大先导试验项目“低渗透油藏$CO_2$驱提高采收率先导试验”，结合燃煤电厂烟气组成特点及产品纯度要求，从高效碳捕集溶剂、烟气预处理、能量综合利用、系统稳定运行控制等方面开展了技术攻关，形成具有完全自主知识产权的低成本燃煤烟气$CO_2$捕集技术。2009年4月10日，组织专家对燃煤电厂烟气二氧化碳捕集回收方案进行技术论证，认为以该项新技术为基础的胜利电厂烟气$CO_2$捕集纯化工程（4万吨$CO_2$/年）方案可行，在国内外处于领先水平。

2009年，胜利电厂4万吨/年$CO_2$捕集工程可行性研究报告获批。为高效、优质实现项目建成投产，中国石化成立专项组加强统筹安排，各参建单位通力配合，工程设计、大件设备采购、建设报批、安全评价及环境影响评价等有序穿插，大幅缩短建设时间。2010年4月8日，工程开工建设。2010年9月16日，第一批次液态$CO_2$运输至胜利油田高89-1区块注入地下驱油，国内首个燃煤电厂烟气$CO_2$捕集、驱油与封存（CCUS）示范工程顺利投产。

## 成就与影响

胜利电厂烟气$CO_2$捕集纯化工程采用具有完全自主知识产权的CCUS技术，对烟气中体积浓度约14%的$CO_2$进行捕集、压缩、液化，最终将纯度达99.5%的$CO_2$输送至胜利油田低渗透油藏进行驱油和封存。与当时其他燃煤烟气$CO_2$捕集技术相比，捕集再生能耗降低20%，捕集成本降低30%，提高采收率8%～15%。工程的成功实施，开拓了$CO_2$捕集及资源化利用有机结合的新途径，使$CO_2$从“上天为害”转变为“入地为宝”，为我国大规模开展$CO_2$捕集及驱油提供了技术保证及工程示范经验，为全球应对气候变化提供了中国企业实践。

胜利电厂烟气100吨/天$CO_2$捕集纯化装置

执笔人：刘海丽　中石化石油工程设计有限公司
审核人：孙志斌　能源管理与环境保护部
审定人：陈广卫　能源管理与环境保护部

# 碱渣湿式氧化处理技术

20世纪90年代以来，为解决石化行业快速发展带来的碱渣处理问题，中国石化大连（抚顺）石油化工研究院开发了多项以湿式氧化技术为核心的碱渣处理技术，为炼化企业污水处理系统的稳定运转和达标排放提供了有力的技术支撑，取得了良好的社会效益和环境效益。

## 背景

我国的炼油厂和以馏分油为原料的化工厂，为了减少燃料油和化工原料的硫含量或达到油品的某一指标（酸值、腐蚀性等），在产品精制过程中采用碱精制工艺（液态烃碱精制、催化汽油碱精制、柴油碱精制和乙烯裂解气碱精制等），常排出大量高污染物含量的废碱渣，其化学需氧量（COD）、硫化物和酚的排放量占整厂污染物排放总量的20%～30%，不仅成为企业的主要恶臭污染源，而且还直接影响污水处理设施的正常运转和污水处理合格率。

对于炼化企业产生的碱渣，早期技术主要着眼于碱渣中酚和环烷酸的回收，但对尾气所产生的二次污染问题和酸性水的处理问题没有更为妥当的办法。当时，引进日本企业开发的废碱渣湿式氧化技术的专利费高达500万美元，且在技术上不能完全掌握，导致装置建成后2～3年尚不能正常运转，造成污染转移、资源流失或污水处理系统无法正常运行。在1999年中国石化第一次环保工作会议上，将碱渣无害化处理列为环保重点攻关项目之一。1999年9月14日，“炼油厂碱渣及废水处理技术工业应用”科研项目正式立项。

## 实施过程

大连（抚顺）石油化工研究院在页岩干馏污水湿式氧化工艺技术成果的基础上，与高桥石化合作，完成“炼油厂碱渣及废水处理技术工业应用”课题研究，建成年处理碱渣量16000立方米的工业试验装置，对炼油厂催化汽油碱渣和液态烃碱渣的混合碱渣进行处理，取得预期效果。工业试验解决了缓和湿式氧化反应器结构、脱臭后气液混合物料的冷却与分离、氧化尾气的净化等工程问题，形成了内循环湿式氧化反应器、脱臭后气液混合物分离与冷却及尾气净化循环冷却塔和缓和湿式氧化工艺计算机控制等3项专有设备和工艺技术，取得了“石油炼制工业油品精制废碱液的处理方法”和“一种炼油厂碱渣废水的处理方法”两项废碱渣处理技术专利。

燕山石化乙烯碱渣湿式氧化处理装置

湛江东兴炼油碱渣湿式氧化处理装置

2016年，大连（抚顺）石油化工研究院开发的“乙烯废碱渣缓和湿式空气氧化处理技术”在燕山石化实现工业化，用于处理乙烯废碱渣，较外委处理乙烯废碱渣每年可节省成本2200万元。作为中国石化自主研发的乙烯废碱渣湿式氧化处理技术，解决了乙烯废碱渣污染物浓度高、难处理这一行业难题，同时打破了国外公司垄断，实现了全部设备的国产化。废碱渣经处理后，各项指标均达到设计要求，处理后的废水经中和后可以直接排入污水处理场进行生物处理，为企业清洁生产提供了有力的技术支撑。

扬子石化丙烷脱氢碱渣湿式氧化处理装置

## 成就与影响

目前，采用碱渣湿式氧化处理技术已建成33套炼油废碱渣、乙烯废碱渣和烷烃脱氢废碱渣工业化处理装置，处理后出水中$S^{2-}$浓度小于1毫克/升，COD去除率为50%～95%，在实现废碱渣脱硫除臭的同时，显著改善了废水的可生化降解性能，为后续达标处理提供了良好保障。

碱渣湿式氧化处理技术在解决石化行业不同发展阶段的碱渣处理问题中实现了不断进步，为我国石化行业的高质量发展提供了环保技术支撑，也为其他技术的开发和创新提供了有益参考。

执笔人：周　彤　大连石油化工研究院
审核人：邢　毅　能源管理与环境保护部
审定人：刘春平　能源管理与环境保护部

# 硫黄回收装置尾气治理技术

针对排放标准提高、硫黄回收装置烟气二氧化硫（$SO_2$）排放浓度不达标的难题，在国家863及国家重大科技攻关计划的支持下，齐鲁石化突破尾气加氢催化剂适应复杂工艺、耐低温活性、硫回收催化剂有机硫水解活性、低温尾气处理、硫黄装置开停工全程达标技术等关键难题，成功开发硫黄回收装置尾气治理技术——LS-DeGAS降低硫黄回收装置烟气$SO_2$排放成套技术，达到国际领先水平，有力推动了我国硫回收技术的发展。

## 背景

2015年7月1日，《石油炼制工业污染物排放标准》（GB 31570—2015）正式实施，规定硫黄回收装置烟气$SO_2$排放限值为400毫克/立方米；特殊地区$SO_2$特别排放限值为100毫克/立方米。与原执行的《大气污染物综合排放标准》（GB 16297—1996）中$SO_2$排放浓度不大于960毫克/立方米规定相比，该标准提升近10倍，成为国内外最严格标准。由于硫黄回收装置采用的工艺技术及配套催化剂性能均按原排放标准设计，该标准一出台就卡住了硫黄回收装置的命门，硫黄回收装置尾气无法实现达新标排放，国外也无成熟技术可供借鉴，硫黄回收装置到了生死存亡的关键时刻。

面对严苛的排放标准，齐鲁石化研究院研发了LS-DeGAS降低硫黄回收装置烟气$SO_2$排放成套技术，成功实现硫黄回收装置烟气$SO_2$排放低于100毫克/立方米，成为当时国内唯一可以满足这一要求的技术，推动了我国含硫废气治理技术进步，为硫黄回收装置尾气达标排放提供了技术支撑。

## 实施过程

由960毫克/立方米降到100毫克/立方米以下，这一近10倍的降幅是很大的挑战。2011年，齐鲁石化研究院未雨绸缪，着手开展硫黄尾气低浓处理的技术攻关研究。通过逐家调研系统内硫黄回收装置，全面分析现场监测数据，摸清了影响装置烟气$SO_2$排放的原因是净化尾气含有的COS和$H_2S$，以及液硫脱气废气中含有一定量的硫化物。针对存在的问题，从催化剂这一硫黄回收装置的核心入手，为实现液硫脱气废气引入加氢反应器处理，创造性研发出具有耐氧功能的低温尾气加氢催化剂，开发了新型液硫脱气工艺，实现了烟气$SO_2$达标排放，完成了含硫废气的资源化利用。同时，液硫中$H_2S$含量小于10ppm，消除了液硫在储存、运输和加工过程中的安全隐患以及现场的

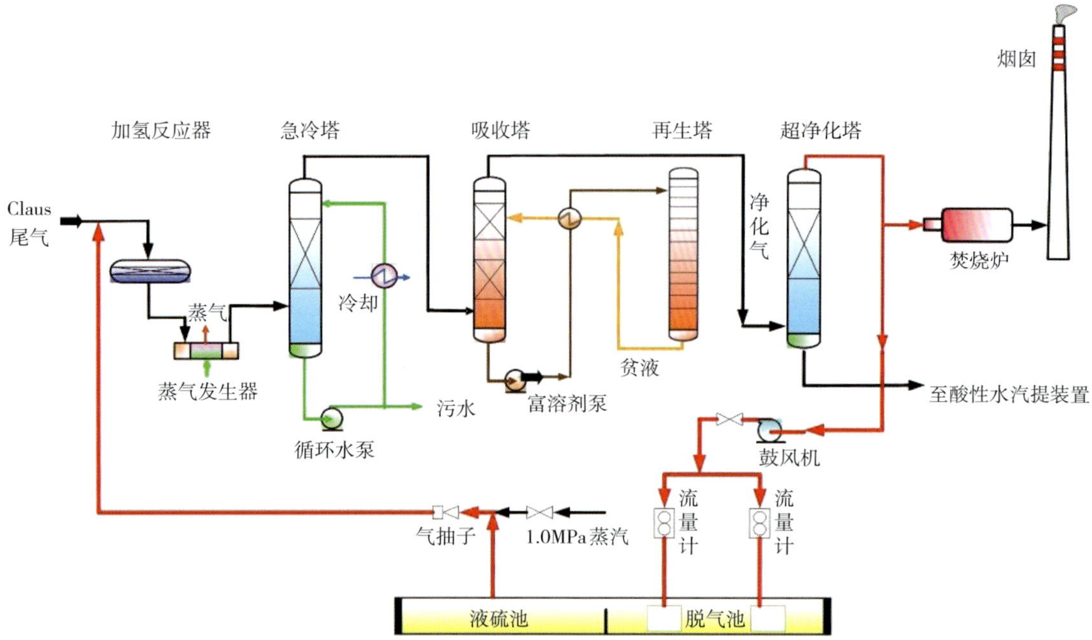


LS-DeGAS降低硫黄回收装置烟气$SO_2$排放浓度成套技术工艺流程

异味。在系列制硫及尾气加氢催化剂开发基础上，对催化剂、设备及系列工艺进行了集成创新，形成了“LS-DeGAS降低硫黄回收装置烟气$SO_2$排放浓度成套技术”。

2013年3月，LS-DeGAS成套技术在齐鲁石化硫黄回收装置进行首次工业应用，烟气处理后$SO_2$排放浓度低于100毫克/立方米，废气硫回收率达99.99%，该技术首秀获得圆满成功。2015年开始，中国石化建议统一采用LS-DeGAS成套技术进行硫黄尾气处理。中国石化、中国石油、中国海油、中国化工及地方炼油厂的多套硫黄回收装置相继使用该技术开展尾气治理，实现达标排放。

LS-DeGAS成套技术首次工业应用装置

在推广过程中，针对煤化工酸性气的硫黄回收装置烟气中$SO_2$排放浓度明显高于清洁酸性气的硫黄回收装置的新情况，齐鲁石化研究院在实验室、齐鲁四硫黄装置开展了深入研究，成功研发出适用于高$CO_2$含量酸性气的催化剂，解决了煤化工酸性气硫黄回收装置尾气处理技术难题。针对不同再热方式显著影响催化剂使用性能的问题，齐鲁石化研究院开发了适宜的催化剂剂配方案，并于2017年对九江石化2×70万吨/年硫黄回收装置催化剂级配方案进行了优化改造，烟气$SO_2$实现瞬时值达标（小于100毫克/立方米）合格率99.9%以上，小时平均值合格率100%，在没有设置前后碱洗的情况下，实际排烟$SO_2$基本稳定在15～35毫克/立方米。同时，齐鲁石化研究院还对不同企业硫黄回收装置关键工艺指标控制进行优化，加强装置平稳操作，降低装置的$SO_2$排放。天津石化20万吨/年硫黄回收装置改造期间，通过增加闭式水冷塔系统，降低急冷水、贫液温度，在未增加碱洗设施的情况下，烟气$SO_2$排放浓度稳定低于20毫克/立方米。

针对硫黄回收装置传统开停工中烟气$SO_2$排放往往超过30000毫克/立方米的情况，齐鲁石化研究院进一步开展LS-DeGAS技术优化研究，助力实现装置绿色开停工。通过开发免硫化型克劳斯尾气加氢催化剂，使装置省去了常规的预硫化操作，可以缩短开工周期48小时，开工投料烟气$SO_2$排放直接合格，按8万吨/年硫黄回收装置计，使用免硫化催化剂开工期间$SO_2$可减排24.5吨，具有显著的经济效益和社会效益。创新形成硫黄回收装置停工新型热氮吹硫技术，攻克了停工吹硫期间$SO_2$穿透、加氢催化剂遇氧超温等技术瓶颈，停工期间烟气$SO_2$排放低于100毫克/立方米，实现吹硫钝化全过程零碱液消耗、零废水排放，装置停工全过程烟气$SO_2$达标排放，解决了硫黄回收装置停工期间$SO_2$超标排放问题。

元坝净化厂硫黄回收装置全景图

同时，积极开展技术外延，将LS-DeGAS技术应用于含硫气田硫黄回收装置尾气处理。针对普光气田净化厂酸性气性质、装置设计流程及工艺条件等实际情况，齐鲁石化研究院开发出适用于天然气硫黄回收装置制硫催化剂和尾气加氢催化剂，成功实现催化剂国产化。2014年12月，自主研发的硫黄回收系列催化剂及工艺包成功应用于元坝气田天然气净化装置。元坝天然气净化装置硫回收工艺技术也成为我国第一套自主研发的天然气净化装置工艺包，填补了国内多项空白。2018年，自主研发的天然气净化厂硫黄回收装置停工热氮吹硫技术在普光净化厂成功应用，与全部依赖碱洗相比，减少碱耗12.5吨，减排废水222吨；与传统燃料气吹硫相比，减少$SO_2$排放10吨，回收硫黄5吨。

## 成就与影响

历时十几年研发，通过不断完善与创新，LS-DeGAS技术能够实现$SO_2$排放低于50毫克/立方米，意味着一套年产能10万吨级的硫黄回收装置，每年可减少$SO_2$排放380吨，回收的硫资源也变废为宝，变身硫黄产品，助力企业增收创效。

LS-DeGAS成套技术先后申请国内专利100多项，并获得美国、法国、加拿大、荷兰等国家和地区的专利，2019年荣获国家科学技术进步奖二等奖。目前，LS系列硫黄回收催化剂已推广应用于300余套装置，成套技术推广应用于64套装置，整体技术指标达到国际领先水平。

采用LS-DeGAS技术既可大幅减少硫黄回收装置烟气中$SO_2$的排放，又能解决装置停工或减产带来的环保达标瓶颈问题，在大幅降低对环境影响的同时，又可回收宝贵的硫资源，实现了“保护优先”“节约优先”，为留住蓝天碧水、实现人与自然和谐共生作出了重要贡献。

执笔人：刘爱华　齐鲁石化公司
审核人：陈孝彦　能源管理与环境保护部
审定人：陈　俊　能源管理与环境保护部

# 石化行业挥发性有机物治理成套技术

大连（抚顺）石油化工研究院（以下简称大连院）从20世纪90年代开始，先后针对污水处理场废气、储罐废气、油品和化学品装载废气、橡胶生产尾气、生产工艺尾气等石化行业挥发性有机物（VOCs）开展治理技术研发，并进行了大规模推广应用，形成了具有自主知识产权的石化行业挥发性有机物治理成套技术。

## 背景

VOCs有异味和毒性，易生成光化学烟雾、PM2.5和雾霾，是环保管控的重点污染物。石化行业装置规模大，生产工艺复杂，排放的VOCs废气种类来源多、组分复杂、排放量大、浓度和气量波动大，是VOCs的重要来源之一。20世纪90年代开始，大连院开展了石化行业VOCs废气治理技术的开发和推广应用工作。

## 实施过程

石化行业VOCs废气的治理分为两个阶段：第一阶段是2015年之前，主要侧重废气臭味脱除和主要VOCs污染源开展治理。针对石化污水处理场废气、聚酯生产尾气、橡胶生产尾气、环氧丙烷苯乙烯（PO/SM）废气、炼油中间罐区恶臭气体、炼油企业恶臭污染综合治理及化工装置尾气综合治理等，大连院进行了技术开发，形成了一系列VOCs治理专利技术。

第二阶段是2015年以来，石化行业开始全行业VOCs污染源治理。这一时期，国家“十三五”规划将VOCs纳入重点管控对象，《石油炼制工业污染物排放标准》等3项石化行业排放标准相继发布，北京、上海、河北等地也先后制定地方VOCs排放标准。中国石化以从严管控为导向，提出了VOCs排放的内控排放指标，非甲烷总烃、“三苯”等的排放限值远低于国家和地方排放标准。在先前工作的基础上，大连院进行了油品和化学品罐区废气深度治理、油品和化学品装载作业VOCs回收和超低排放、炼化企业VOCs废气集中治理等技术开发，并开展了大规模推广应用。

针对严苛的VOCs内控排放要求，首先开发了催化氧化、蓄热氧化、加热炉焚烧等热氧化作为末端深度治理技术，确保废气的达标排放；对轻质油品储存和装载废气，开发了低温柴油吸收、活性炭吸附、冷凝等预处理技术，在回收资源的同时降低了后续热氧化装置的规模，确保热氧化过程的安全。

催化剂是催化氧化技术的核心。大连院配套开发了WSH系列催化氧化催化剂，可应用于不同类型VOCs废气的治理。同时，大部分石化行业VOCs废气中含有硫化氢和有机硫化物，大连院开发了多种脱硫技术，包括低温柴油吸收、固态脱硫剂脱硫、碱液或胺液吸收等不同工艺，解决了硫化物带来的催化剂活性降低或失活、治理设备腐蚀、排放气$SO_2$超标等问题。

浓度波动是石化行业VOCs废气的排放特点，也是治理难点，直接关系治理装置的安全和稳定运行。大连院首次提出“总烃浓度均化”的概念，并配套开发了FSTS系列总烃浓度均化剂，在进入热氧化装置之前对废气VOCs浓度进行均匀化处理，保障了后续热氧化装置的安全稳定运行。秉承以上治理思路，大连院先后开发了石化行业污水处理场废气“溶剂吸收—脱硫及总烃浓度均化—催化氧化”全面治理技术、油品和化学品储罐/装载废气“低温柴油吸收-脱硫及总烃浓度均化—热氧化（催化氧化、蓄热氧化、进装置加热炉）”技术、生产工艺尾气热氧化处理技术，在中国石化、中国石油、中国中化等建成投用了200余套工业应用装置。

化工罐区废气处理装置

PO/SM废气处理装置

## 成就与影响

自2003年至今，建成投用32套污水处理场废气处理装置，排放气非甲烷总烃浓度最低小于15毫克/立方米，远低于国家排放标准（120毫克/立方米），累计处理VOCs废气约30亿立方米，每年可减排VOCs约6600吨。2010年建成投用的PO/SM尾气双系列催化氧化处理装置（单套规模86000标准立方米/小时），符合世界最先进的环保设计理念，每个系列都能将尾气100%处理，每年减排VOCs 770.9吨，其中苯减排27.2吨、甲苯减排0.8吨。

大连院开发的石化行业VOCs治理成套技术，先后申请专利200余件，主编了国家《石油炼制工业废气治理工程技术规范》（HJ 1094—2020），为石油炼制企业VOCs等废气的治理提出了技术要求、制定了技术对策。系列挥发性有机物治理成套技术的开发，解决了石化企业存在的各种无组织和有组织VOCs排放问题，减少了恶臭气体和VOCs排放，改善了企业周边大气环境，有利于提高员工身心健康和企业形象，具有明显的环境效益和社会效益，也为中国石化成功实施“碧水蓝天”环保专项行动作出了重要贡献。

执笔人：王　新　大连石油化工研究院
审核人：邢　毅　能源管理与环境保护部
审定人：刘春平　能源管理与环境保护部

# 煤化工高盐废水零排放成套技术

2020年11月20日，依托北京化工研究院（以下简称北化院）“纳滤预处理和纳滤分质分盐成套技术”，中国石化“十条龙”攻关项目“中安联合煤化工高盐废水零排放技术研究”通过鉴定，整体技术达到国际领先水平，为煤化工高盐废水分质分盐零排放提供了整体解决方案。

## 背景

中安联合煤化有限责任公司（以下简称中安联合）是中国石化与皖北煤电成立的合资公司，毗邻淮河流域，生态环境脆弱，环保要求非常严格。2009年2月，中安联合煤化工项目环境影响评价批复明确要求，该项目供排水系统要“清污分流、雨污分流、一水多用”，在任何情况下污染物都不得进入淮河。由于当时的环保技术不能支持污水零排放的要求，加上当时市场、技术等综合因素影响，项目从2015年10月起暂缓建设。2017年初，中国石化决定恢复建设中安联合煤化工项目，解决煤化工高盐废水的分质分盐处理技术难题，实现污水“全部回用、不得外排”，不让一滴污水流入淮河就成为当务之急。

## 实施过程

2017年，我国煤化工高盐废水的分质分盐处理技术基本处于空白。实现中安联合煤化工污水零排放，不仅对中国石化是第一次，放眼整个煤化工行业，长周期稳定运行分盐、零排放也没有成熟案例可以借鉴。而淮河流域的自然禀赋条件，使中安联合与其他煤化工企业相比，具有环境风险高、气化废水水量水质波动大，以及处理过程产生的高盐水水质成分复杂、浓度高、波动大等技术难点。既要解决高盐条件下有机物高效协同去除的系统性技术障碍，又要兼顾处理产品的全部回用，困难重重。

北化院临阵受命，综合自身在污水处理及资源化利用领域的多项自主技术，开发了具有自主知识产权的煤化工高盐废水“预处理—反渗透浓缩—纳滤预处理—纳滤分盐浓缩—热法分质结晶”分质分盐零排放成套技术。该技术将高强度有机膜过滤和化学除硬创新性结合，形成了低压力、大通量高效膜法快速除硬除硅反应过滤一体化工艺技术（NMF），实现了钙镁硅氟等多种污染物的协同去除，出水钙镁离子小于10毫克/升、溶硅小于20毫克/升，保证了纳滤单元的稳定运行；开发了前置纳滤分盐二级二段工艺，将一、二价离子高效分离，解决了淮河水丰、枯水季盐硝倒挂问题，实现了后续盐硝的分质结晶，产品质量高于工业日晒盐国家标准。

按照工期要求，中安联合煤化工项目要在2018年建成中交，2019年7月投料试车。按照《环境保护法》要求，环保设施必须与主体装置同时设计、同时施工、同时投产使用，中安联合高盐水处理项目建设工期紧、难度大。2018年12月开始，施工单位克服工艺技术路线复杂、工期紧张、工程量大等困难，仅用一年时间完成了35万寸管道焊接、8万立方米混凝土浇筑、1190台工艺设备安装、542千米电气电缆和597千米仪表电缆铺设等施工作业任务，确保了污水处理场项目顺利建成投用。同时，为保证主体装置试车进度不受影响，还在污水装置现场新建了8台共40万立方米的储罐，用于暂存气化装置试生产期间浓缩过的高盐污水。2019年12月25日，中安联合高盐水系列蒸发结晶单元成功分离出硫酸钠、氯化钠产品，成为首家攻克煤化工污水“分质化处理、资源化利用”这个世界难题的企业。

## 成就与影响

煤化工高盐废水零排放技术在中安联合成功实现工业化应用以来，氯化钠平均收率为90.41%，产品质量高于工业日晒盐二级标准要求；硫酸钠平均收率75.25%，产品质量优于国家标准Ⅲ类合格品质量标准；盐硝总质量收率为77.62%，总体污水回收率超过97%以上，回用水水质达到《炼化企业

煤化工高盐废水零排放处理装置

污水暂存罐

节水减排考核指标与回用水质控制指标》（Q/SH 0104—2007）要求，可用作循环水补充水，实现了高盐水分质化处理、资源化利用和废水零排放目标。项目实施的产水回用于生产，产品氯化钠和硫酸钠实现外销，直接效益741.7万元/年，同时避免了混盐处理费用，间接效益8952万元/年。

中安联合煤化工高盐废水零排放项目的成功实施，引领了现代绿色煤化工发展方向，对淮河流域生态改善及保持具有重大的推动作用，成为中国石化绿色发展的新名片。

执笔人：张新妙　北京化工研究院

审核人：邢　毅　能源管理与环境保护部

审定人：刘春平　能源管理与环境保护部

# 附　录

# 附录 1
## 国家技术发明奖一等奖与国家科技进步奖特等奖、一等奖

### 国家技术发明奖一等奖

| 序号 | 年度 | 项目名称 |
| --- | --- | --- |
| 1 | 1995 | 石油重质组分催化裂解（I型）制取低碳烯烃工艺及催化剂 |
| 2 | 2005 | 非晶态合金催化剂和磁稳定床反应工艺的创新与集成 |
| 3 | 2014 | 甲醇制取低碳烯烃（DMTO）技术（参与） |

### 国家科技进步奖特等奖

| 序号 | 年度 | 项目名称 |
| --- | --- | --- |
| 1 | 1985 | 渤海湾盆地复式油气聚集（区）带勘探理论及实践——以济阳等拗陷复杂断块油田的勘探开发为例（参与） |
| 2 | 1985 | 顺丁橡胶工业生产新技术（参与） |
| 3 | 1990 | 武钢一米七轧机系统技术开发与创新（参与） |
| 4 | 2012 | 特大型超深高含硫气田安全高效开发技术及工业化应用 |
| 5 | 2015 | 高效环保芳烃成套技术开发及应用 |

### 国家科技进步奖一等奖

| 序号 | 年度 | 项目名称 |
| --- | --- | --- |
| 1 | 1985 | 东海及南海北部大陆架含油气盆地的发现及油气资源评价（参与） |
| 2 | 1985 | 喷射钻井技术的研究与应用（参与） |
| 3 | 1985 | 数子地震勘探技术的应用与发展（参与） |
| 4 | 1985 | 稠油注蒸气吞吐工艺技术（参与） |

续表

| 序号 | 年度 | 项目名称 |
|---|---|---|
| 5 | 1985 | 兰州炼油厂50万吨/年同轴式提升管催化裂化装 |
| 6 | 1985 | 常减压蒸馏装置节能改造技术的应用与推广 |
| 7 | 1987 | 塔里木盆地和准噶尔盆地沙漠腹地地震勘探新技术 |
| 8 | 1987 | 中国煤成气的开发研究（参与） |
| 9 | 1987 | 大庆常压渣油催化裂化技术 |
| 10 | 1989 | 丙纶级聚丙烯树脂的研制，工业化生产和应用（参与） |
| 11 | 1989 | 中国石油天然气资源评价研究（参与） |
| 12 | 1989 | 孤东海滩油田高效勘探开发与建设 |
| 13 | 1989 | 年产52万吨二氧化碳气提法尿素装置机械设备 |
| 14 | 1990 | 炼油、石油化工用双相不锈钢的开发和应用（参与） |
| 15 | 1990 | 重交通道路沥青的研制 |
| 16 | 1991 | RN-1加氢精制催化剂及工艺 |
| 17 | 1991 | 定向井、丛式井钻井技术研究（参与） |
| 18 | 1992 | SH-1型裂解炉技术开发 |
| 19 | 1993 | 四川化工总厂年产二十万吨合成氨国产化装置（参与） |
| 20 | 1993 | MB-86丙烯腈催化剂研究及工业应用 |
| 21 | 1995 | 水煤浆加压气化及气体净化制合成氨新工艺（参与） |
| 22 | 1996 | 年产一万吨SBS成套工业生产技术开发 |
| 23 | 1997 | 石油水平井钻井成套技术 |
| 24 | 1997 | 大中型天然气田形成条件、分布规律和勘探技术研究（参与） |
| 25 | 1997 | 镇海80万吨/年加氢裂化成套技术 |
| 26 | 1998 | 聚合物驱油技术（参与） |
| 27 | 2000 | 7万吨/年环管法聚丙烯成套技术 |
| 28 | 2001 | 大庆减压渣油催化裂化成套技术开发及工业应用 |
| 29 | 2002 | 200万吨/年渣油加氢处理（S-RHT）成套技术开发 |
| 30 | 2004 | 秦山600Mwe核电站设计与建造（参与） |
| 31 | 2004 | 陆相断陷盆地隐蔽油气藏形成机制与勘探 |

续表

| 序号 | 年度 | 项目名称 |
|---|---|---|
| 32 | 2006 | 海相深层碳酸盐岩天然气成藏机理、勘探技术与普光大气田的发现 |
| 33 | 2007 | 石油焦化冷焦污水封闭分离成套技术与应用（参与） |
| 34 | 2009 | 石脑油催化重整成套技术的开发与应用 |
| 35 | 2010 | 塔河奥陶系碳酸盐岩特大型油气田勘探与开发 |
| 36 | 2011 | 环烷基稠油生产高端产品技术研究开发与工业化应用（参与） |
| 37 | 2014 | 极端条件下重要压力容器的设计、制造与维护（参与） |
| 38 | 2014 | 超深井超稠油高效化学降粘技术研发与工业应用 |
| 39 | 2014 | 元坝超深层生物礁大气田高效勘探及关键技术 |
| 40 | 2017 | 涪陵大型海相页岩气田高效勘探开发 |
| 41 | 2017 | 煤制油品/烯烃大型现代煤化工成套技术开发及应用（参与） |
| 42 | 2017 | 高效甲醇制烯烃全流程技术 |

# 附录 2
## 专利获奖——金奖

| 序号 | 项目名称 | 获奖时间 |
|---|---|---|
| 1 | 一种馏分油加氢精制催化剂 | 1989 |
| 2 | 制取低碳烯烃的烃类催化转化方法 | 1991 |
| 3 | 步行坐底式钻井平台 | 1991 |
| 4 | 一种石脑油重整催化剂 | 1993 |
| 5 | 液压蓄能石油修井机或钻井机 | 1995 |
| 6 | 石油烃的催化转化方法 | 1995 |
| 7 | 丙烯腈流化床催化剂 | 1997 |
| 8 | 乙烯氧化制环氧乙烷高效银催化剂的制法 | 1997 |
| 9 | 用于烷基芳烃的脱氢催化剂 | 1999 |
| 10 | 炔烃选择加氢催化剂 | 2003 |
| 11 | 一种重质馏分油中压加氢裂化方法 | 2005 |
| 12 | 甲苯与碳九及其以上重质芳烃歧化和烷基转移工艺 | 2007 |
| 13 | 含铂、锡的多金属重整催化剂及其制备与应用 | 2010 |
| 14 | 全硫化可控粒径粉末橡胶及其制备方法和用途 | 2011 |
| 15 | 苯和乙烯制乙苯的烷基化方法 | 2012 |
| 16 | 一种己内酰胺加氢精制方法 | 2012 |
| 17 | C4 烯烃催化裂解生产丙烯的方法 | 2014 |
| 18 | 一种重质油及渣油加氢转化催化剂及其制备方法 | 2015 |
| 19 | 一种用于流化催化转化的提升管反应器 | 2016 |
| 20 | 一种降低重质原料油中沥青质和残炭含量的方法 | 2019 |

# 附录 3
## 国家优质工程

### 国家优质工程金奖

| 序号 | 项目名称 | 获奖时间 |
|---|---|---|
| 1 | 上海石油化工总厂涤纶二厂工程 | 1990 |
| 2 | 中国石化镇海炼化100万吨/年乙烯工程 | 2012 |
| 3 | 川气东送工程 | 2013 |
| 4 | 中国石化武汉80万吨/年乙烯及配套工程 | 2016 |
| 5 | 黄岛国家石油储备地下水封洞库工程 | 2017 |
| 6 | 涪陵页岩气田焦石坝区块一期工程产能建设项目 | 2018 |

### 国家优质工程奖

| 序号 | 项目名称 | 获奖时间 |
|---|---|---|
| 1 | 胜利炼油厂加氢精制及配套工程 | 1984 |
| 2 | 广东茂名加氢裂化工程 | 1985 |
| 3 | 浙江镇海石油化工总厂大化肥工程 | 1988 |
| 4 | 金陵石化公司南京炼油厂加氢裂化工程 | 1988 |
| 5 | 天津石油化工公司炼油厂烷基化装置工程 | 1989 |
| 6 | 孤东油田500万吨产能建设二期工程 | 1990 |
| 7 | 上海石油化工总厂芳烃联合装置工程 | 1990 |
| 8 | 上海石油化工总厂涤纶厂长丝装置工程 | 1990 |
| 9 | 上海石油化工总厂海运码头工程 | 1990 |
| 10 | 济南炼油厂重油催化裂化工程 | 1991 |
| 11 | 北京燕山石油化工公司苯乙烯、聚苯乙烯装置工程 | 1991 |

续表

| 序号 | 项目名称 | 获奖时间 |
|---|---|---|
| 12 | 胜利海滩油田海堤防扩工程 | 1991 |
| 13 | 茂名乙烯14万吨/年聚丙烯装置工程 | 1999 |
| 14 | 九江石化总厂52万吨/年尿素装置工程 | 1999 |
| 15 | 上海石化80万吨/年重油催化裂化装置工程 | 1999 |
| 16 | 扬子石油化工公司50万吨/年焦化馏分油加氢精制装置工程 | 1999 |
| 17 | 茂名石化乙烯工业公司乙烯乙二醇装置工程 | 2000 |
| 18 | 茂名乙烯MTBE/丁烯–1装置 | 2000 |
| 19 | 上海石油化工股份有限公司万吨乙烯低温储运设施工程 | 2000 |
| 20 | 上海高化公司炼油厂60万吨/年连续重整–100万吨/年加氢精制 | 2000 |
| 21 | 广州11.5万吨/年乙烯工程聚乙烯装置工程 | 2001 |
| 22 | 胜利油田埕北采油修井一体化平台 | 2001 |
| 23 | 荆门石油化工总厂7万吨/年聚丙烯装置 | 2002 |
| 24 | 茂名石油化工公司硫黄回收装置（II）工程 | 2002 |
| 25 | 齐鲁高压聚乙烯装置 | 2002 |
| 26 | 江苏石油勘探局扬州基地综合楼 | 2002 |
| 27 | 中原油田第三气体处理厂改扩建工程 | 2003 |
| 28 | 茂名石化公司200万吨/年渣油加氢脱硫装置装置 | 2004 |
| 29 | 齐鲁石化60万吨/年催化重整装置 | 2005 |
| 30 | 胜利油田东胜公司综合楼 | 2005 |
| 31 | 仪征化纤股份有限公司45万吨/年PTA装置 | 2005 |
| 32 | 镇海炼化扩建800万吨/年炼油工程歧化烷基转移装置 | 2007 |
| 33 | 南堡35–2油气田开发项目CEP/WHPB平台组块建造工程 | 2007 |
| 34 | 扬子石化股份有限公司扩建45万吨/年精对苯二甲酸生产线氧化工段安装工程 | 2010 |
| 35 | 镇海国家石油储备基地 | 2010 |
| 36 | 垦东12区块海油陆采工程 | 2011 |
| 37 | 茂名30万吨/年乙烯工程 | 2011 |
| 38 | 黄岛国家石油储备基地工程 | 2011 |

续表

| 序号 | 项目名称 | 获奖时间 |
| --- | --- | --- |
| 39 | 沙特拉比格世界级石油化工一体化项目炼油装置工程 | 2011<br>境外工程 |
| 40 | 胜利老河口油田老168块新区产能建设（进海路及海油陆采平台）工程 | 2012 |
| 41 | 中国石油化工股份有限公司上海高桥分公司20万吨/年ABS项目 | 2012 |
| 42 | 环北京成品油及航煤管道工程 | 2012 |
| 43 | 中国石油化工股份有限公司洛阳分公司油品质量升级改造工程 | 2013 |
| 44 | 肯尼亚内罗毕—西卡道路项目 | 2013<br>境外工程 |
| 45 | 九江分公司150万吨/年柴油加氢装置 | 2014 |
| 46 | 中国石油化工股份有限公司齐鲁分公司合成树脂产品结构调整25万吨/年高密度聚乙烯装置 | 2015 |
| 47 | 中国石化武汉分公司油品质量升级改造二期工程 | 2016 |
| 48 | 榆林–济南输气管道工程 | 2016 |
| 49 | 桥东油田青东5块新区产能建设地面工程 | 2016 |
| 50 | 海南原油商业储备基地 | 2016 |
| 51 | 埕岛中心三号平台及海上配套工程 | 2017 |
| 52 | 塔河油田四号联合站及系统配套工程 | 2017 |
| 53 | 九江石化油品质量升级改造工程 | 2018 |
| 54 | 元坝气田产能建设工程 | 2018 |
| 55 | 山东液化天然气（LNG）项目一期工程 | 2020 |
| 56 | 中石化（香港）洋浦成品油保税库项目配套码头工程和洋浦神头港区神北三港池南防波堤工程 | 2020 |

# 附录 4
## 中国石化主导制定有较大影响的国家标准

### （一）

| 序号 | 标准号 | 标准中文名称 |
|---|---|---|
| 1 | GB 17930-2016 | 车用汽油 |
| 2 | GB 19147-2016 | 车用柴油 |
| 3 | GB 18351-2017 | 车用乙醇汽油（E10） |
| 4 | GB 22030-2017 | 车用乙醇汽油调合组分油 |
| 5 | GB 25199-2017 | B5 柴油 |
| 6 | GB 253-2008 | 煤油 |
| 7 | GB 1787-2018 | 航空活塞式发动机燃料 |
| 8 | GB 6537-2018 | 3 号喷气燃料 |
| 9 | GB 1788-1979 | 2 号喷气燃料 |
| 10 | GB 17411-2015 | 船用燃料油 |
| 11 | GB 19592-2019 | 车用汽油清净剂 |
| 12 | GB/T 32859-2016 | 柴油清净剂 |
| 13 | GB 11174-2011 | 液化石油气 |
| 14 | GB 11121-2006 | 汽油机油 |
| 15 | GB 11122-2006 | 柴油机油 |
| 16 | GB/T 7607-2010 | 柴油机油换油指标 |
| 17 | GB/T 8028-2010 | 汽油机油换油指标 |
| 18 | GB 11118.1-2011 | 液压油（L-HL、L-HM、L-HV、L-HS、L-HG） |
| 19 | GB 11120-2011 | 涡轮机油 |
| 20 | GB 12981-2012 | 机动车辆制动液 |
| 21 | GB 13895-2018 | 重负荷车辆齿轮油（GL-5） |
| 22 | GB/T 33540.2-2017 | 风力发电机组专用润滑剂 第 2 部分：开式齿轮润滑脂 |

续表

| 序号 | 标准号 | 标准中文名称 |
| --- | --- | --- |
| 23 | GB/T 33540.3–2017 | 风力发电机组专用润滑剂 第3部分：变速箱齿轮油 |
| 24 | GB/T 33540.4–2017 | 风力发电机组专用润滑剂 第4部分：液压油 |
| 25 | GB/T 254–2010 | 半精炼石蜡 |
| 26 | GB/T 446–2010 | 全精炼石蜡 |
| 27 | GB/T 1202–2016 | 粗石蜡 |
| 28 | GB/T 4985–2010 | 石油蜡针入度测定法 |
| 29 | GB/T 4016–2019 | 石油产品术语 |
| 30 | GB/T 4756–2015 | 石油液体手工取样法 |
| 31 | GB/T 1884–2000 | 原油和液体石油产品密度实验室测定法（密度计法） |
| 32 | GB/T 1885–1998 | 石油计量表 |
| 33 | GB/T 6536–2010 | 石油产品常压蒸馏特性测定法 |
| 34 | GB/T 6683–1997 | 石油产品试验方法精密度数据确定法 |
| 35 | GB/T 11132–2008 | 液体石油产品烃类的测定 荧光指示剂吸附法 |
| 36 | GB/T 34097–2017 | 石油产品光安定性测定法 |
| 37 | GB/T 34100–2017 | 轻质烃及发动机燃料和其他油品中总硫含量的测定 紫外荧光法 |
| 38 | GB/T 3915–2011 | 工业用苯乙烯 |
| 39 | GB/T 4649–2018 | 工业用乙二醇 |
| 40 | GB/T 7715–2014 | 工业用乙烯 |
| 41 | GB/T 7716–2014 | 聚合级丙烯 |
| 42 | GB/T 7717.1–2008 | 工业用丙烯腈 第1部分：规格 |
| 43 | GB/T 13291–2008 | 工业用丁二烯 |
| 44 | GB/T 32685–2016 | 工业用精对苯二甲酸（PTA） |
| 45 | GB/T 11115–2009 | 聚乙烯（PE）树脂 |
| 46 | GB/T 12670–2008 | 聚丙烯（PP）树脂 |
| 47 | GB/T 12671–2008 | 聚苯乙烯（PS）树脂 |
| 48 | GB/T 30923–2014 | 塑料 聚丙烯（PP）熔喷专用料 |
| 49 | GB/T 17931–2018 | 瓶用聚对苯二甲酸乙二酯（PET）树脂 |
| 50 | GB/T 37197–2018 | 乙烯–乙酸乙烯酯（EVAC）树脂 |
| 51 | GB/T 32679–2016 | 超高分子量聚乙烯（PE–UHMW）树脂 |

续表

| 序号 | 标准号 | 标准中文名称 |
|---|---|---|
| 52 | GB/T 8659-2018 | 丁二烯橡胶 BR9000 |
| 53 | GB/T 30922-2014 | 异丁烯－异戊二烯橡胶 |

## （二）

| 序号 | 标准编号 | 标准名称 |
|---|---|---|
| 1 | GB 50074-2014 | 石油库设计规范 |
| 2 | GB 50156-2021 | 汽车加油加气加氢站技术标准 |
| 3 | GB 50160-2008（2018局部修订） | 石油化工企业设计防火标准 |
| 4 | GB/T 50393-2017 | 钢质石油储罐防腐蚀工程技术标准 |
| 5 | GB/T 50441-2016 | 石油化工设计能耗计算标准 |
| 6 | GB 50453-2008 | 石油化工建（构）筑物抗震设防分类标准 |
| 7 | GB 50461-2008 | 石油化工静设备安装工程施工质量验收规范 |
| 8 | GB 50473-2008 | 钢制储罐地基基础设计规范 |
| 9 | GB 50474-2008 | 隔热耐磨衬里技术规范 |
| 10 | GB 50475-2008 | 石油化工全厂性仓库及堆场设计规范 |
| 11 | GB/T 50484-2019 | 石油化工建设工程施工安全技术标准 |
| 12 | GB/T 50493-2019 | 石油化工可燃气体和有毒气体检测报警设计标准 |
| 13 | GB/T 50507-2019 | 铁路罐车清洗设施设计标准 |
| 14 | GB/T 50517-2021 | 石油化工金属管道工程施工质量验收规范 |
| 15 | GB 50542-2009 | 石油化工厂区管线综合技术规范 |
| 16 | GB 50556-2010 | 工业企业电气设备抗震设计规范 |
| 17 | GB/T 50609-2010 | 石油化工工厂信息系统设计规范 |
| 18 | GB/T 50610-2010 | 车用乙醇汽油储运设计规范 |
| 19 | GB 50645-2011 | 石油化工绝热工程施工质量验收规范 |
| 20 | GB/T 50650-2021 | 石油化工装置防雷设计规范 |
| 21 | GB 50690-2011 | 石油化工非金属管道施工质量验收规范 |
| 22 | GB 50737-2011 | 石油储备库设计规范 |

续表

| 序号 | 标准编号 | 标准名称 |
|---|---|---|
| 23 | GB/T 50746-2012 | 石油化工循环水场设计规范 |
| 24 | GB 50747-2012 | 石油化工污水处理设计规范 |
| 25 | GB/T 50756-2012 | 钢制储罐地基处理技术规范 |
| 26 | GB/T 50759-2021 | 油气回收处理设施技术标准 |
| 27 | GB/T 50761-2018 | 石油化工钢制设备抗震设计标准 |
| 28 | GB/T 50770-2013 | 石油化工安全仪表系统设计规范 |
| 29 | GB/T 50779-2021 | 石油化工建筑物抗爆设计标准 |
| 30 | GB 50798-2012 | 石油化工大型设备吊装工程规范 |
| 31 | GB 50813-2012 | 石油化工粉体料仓防静电燃爆设计规范 |
| 32 | GB/T 50933-2013 | 石油化工装置设计文件编制标准 |
| 33 | GB/T 50934-2013 | 石油化工工程防渗技术规范 |
| 34 | GB/T 50938-2013 | 石油化工钢制低温储罐技术规范 |
| 35 | GB 50984-2014 | 石油化工工厂布置设计规范 |
| 36 | GB 50992-2014 | 石油化工工程地震破坏鉴定标准 |
| 37 | GB50994-2014 | 工业企业电气设备抗震鉴定标准 |
| 38 | GB 51006-2014 | 石油化工建（构）筑物荷载规范 |
| 39 | GB/T 51007-2014 | 石油化工用机泵工程设计规范 |
| 40 | GB/T51026-2014 | 石油库设计文件编制标准 |
| 41 | GB/T 51027-2014 | 石油化工企业总图制图标准 |
| 42 | GB/T 51175-2016 | 炼油装置火焰加热炉工程技术规范 |
| 43 | GB/T 51246-2017 | 石油化工液体物料铁路装卸车设施设计规范 |
| 44 | GB/T 51273-2018 | 石油化工钢制设备抗震鉴定标准 |
| 45 | GB/T 51296-2018 | 石油化工工程数字化交付标准 |
| 46 | GB/T 51316-2018 | 烟气二氧化碳捕集纯化工程设计标准 |
| 47 | GB/T 51344-2019 | 加油站在役油罐防渗漏改造工程技术标准 |
| 48 | GB/T 51359—2019 | 石油化工厂际管道工程技术标准 |
| 49 | GB/T 51384-2019 | 石油化工大型设备吊装现场地基处理技术标准 |